世界一わかりやすい
Photoshop | 操作と
デザインの
教科書

柘植ヒロポン / 上原ゼンジ
吉田浩章 / 大西すみこ
坂本可南子　著

CC/CS6
対応版

技術評論社

> **注意** ご購入・ご利用前に必ずお読みください

本書の内容について

●本書記載の情報は、2017年1月11日現在のものになりますので、ご利用時には変更されている場合もあります。また、ソフトウェアはバージョンアップされる場合があり、本書での説明とは機能内容や画面図などが異なってしまうこともあり得ます。本書ご購入の前に必ずソフトウェアのバージョン番号をご確認ください。

●本書に記載された内容は、情報の提供のみを目的としています。本書の運用については、必ずお客様自身の責任と判断によって行ってください。これら情報の運用の結果について、技術評論社および著者はいかなる責任も負いかねます。また、本書内容を超えた個別のトレーニングにあたるものについても、対応できかねます。あらかじめご承知おきください。

レッスンファイルについて

●本書で使用しているレッスンファイルの利用には、別途アドビ システムズ社のPhotoshop CCまたはCS6が必要です。Photoshopはご自分でご用意ください。

●レッスンファイルの利用は、必ずお客様自身の責任と判断によって行ってください。これらのファイルを使用した結果生じたいかなる直接的・間接的損害も、技術評論社、著者、プログラムの開発者、ファイルの制作に関わったすべての個人と企業は、一切その責任を負いかねます。

> 以上の注意事項をご承諾いただいた上で、本書をご利用願います。これらの注意事項をお読みいただかずに、お問い合わせいただいても、技術評論社および著者は対処しかねます。あらかじめ、ご承知おきください。

> 本書は小社発行の『世界一わかりやすいPhotoshop 操作とデザインの教科書』(2014年2月25日初版)の内容を最新バージョンにあわせて見直し、改訂したものです。そのため学習内容や素材が共通または類似しているところがあります。あらかじめご了承ください。

Photoshop CC (2017) の動作に必要なシステム構成

【Windows】

- Intel Core 2またはAMD Athlon 64プロセッサー(2GHz以上のプロセッサー)
- Microsoft Windows 7 Service Pack 1 日本語版、Windows 8.1またはWindows 10 日本語版
- 2GB以上のRAM (8GB以上を推奨)
- 32bit版:インストール用2.6GBの空き容量のあるハードディスク、64bit版:インストール用3.1GBの空き容量のあるハードディスク。ただし、インストール時に追加の空き容量が必要(大文字小文字が区別されるファイルシステムを使用するボリュームにはインストール不可)
- 1024×768 以上の画像解像度をサポートしているディスプレイ(1280×800以上を推奨)および16bitカラー、512MB以上の専用VRAM (2GB以上)を推奨※
- OpenGL 2.0対応のシステム
- 必要なソフトウェアのライセンス認証、サブスクリプションの検証、およびオンラインサービスの利用には、インターネット接続および登録が必要です。

※3D機能は、32bitプラットフォームおよびVRAMの容量が512MB未満のコンピューターでは無効。32bit Windowsシステムでは、ビデオ機能はサポートされていません。

【Mac OS】

- 64ビットをサポートしているIntelマルチコアプロセッサー
- MacOS X バージョン 10.12 (Sierra)、Mac OS X バージョン 10.11 (El Capitan)、またはMac OS X バージョン 10.10 (Yosemite)
- 2GB以上のRAM (8GB以上を推奨)
- 4GB以上の空き容量のあるハードディスク。ただし、インストール時には追加の空き容量が必要(大文字と小文字が区別されるファイルシステムを使用するボリュームにはインストール不可)
- 1024×768以上の画像解像度をサポートしているディスプレイ(1280×800以上を推奨)および16bitカラー、512MB以上の専用VRAM (2GB以上)を推奨
- OpenGL 2.0対応のシステム
- ソフトウェアのライセンス認証、メンバーシップの検証、およびオンラインサービスの利用には、インターネット接続および登録が必要です。

詳しくは以下のページをご確認ください。
https://helpx.adobe.com/jp/photoshop/system-requirements.html

Adobe Creative Cloud、Adobe Creative Suite、Apple Mac・Mac OS X、Microsoft Windowsおよびその他の本文中に記載されている製品名、会社名は、すべて関係各社の商標または登録商標です。

PREFACE　はじめに

はじめに

Photoshopは画像を扱うアプリケーションソフトです。写真の加工、修正のほか、
印刷物の制作やWeb制作、イラスト作成、映像などのコンテンツ制作など、
クリエイティブな現場で広く活用されています。

Photoshop最新版のCC 2017では、
新規作成時にAdobe Stockのテンプレートを選択できたり（無償もアリ）、
アプリケーション内に強力な検索機能が追加されて、ますます利便性が向上しました。
また、Creative Cloudライブラリの強化により、
他のユーザー同士でアセットの更新内容が共有できるようになりました。
しかし、進化を重ねる反面、基本的な使い方を見落としていたり、
いつも同じ機能しか使用していない方も多いのではないでしょうか。

本書は、さまざまなデザインの現場で使用することを前提に、共通してよく使う機能を選んだ
15のLessonで構成しています。Lesson01から基本操作をしっかりマスターし、
後半はその応用として、学んだ基本操作を組み合わせた作例で演習して実践力を
身につけられるようになっています。また、Lessonの最後には1〜2題の練習問題を設け、
Lessonで学んだ内容を確認することができます。

ただ操作方法を摸倣するだけでなく、どういった目的のために、どのような機能を
学んでいるのかという明確な意識を持って学習に取り組むことで、
おのずとツールや機能の使い方が身につき、それを活用したデザインができるようになります。

いままで自己流でPhotoshopを操作してきた方や、Photoshopの初心者、苦手意識を
持たれている方でも、一定スキルを習得できるように、わかりやすく丁寧に解説しています。

本書が「Photoshop使えます！」と、胸を張っていえる一助になることを心から願っております。

最後に、本書の刊行にあたりご尽力いただきました技術評論社の和田規氏、
ならびに関係者のみなさまに、この場をお借りして厚く御礼申し上げます。

2017年1月　柘植 ヒロポン

本書の使い方

■ Lessonパート ■

① 節
Lessonはいくつかの節に分かれています。機能紹介や解説を行うものと、操作手順を段階的にStepで区切っているものがあります。

② Step / 見出し
Stepはその節の作業を細かく分けたもので、より小さな単位で学習が進められるようになっています。Stepによっては実習ファイルが用意されていますので、開いて学習を進めてください。機能解説の節は見出しだけでStep番号はありません。

③ Before / After
学習する作例のスタート地点のイメージと、ゴールとなる完成イメージを確認することができます。作例によってはAfterしかないものもあります。
これから学ぶPhotoshopの知識およびテクニックで、どのような作例を作成するかイメージしてから学習しましょう。

④ 実習ファイル
その節またはStepで使用する実習ファイルの名前を記しています。該当のファイルを開いて、操作を行います（ファイルの利用方法については、P.6を参照してください）。

⑤ コラム
解説を補うための2種類のコラムがあります。

CHECK!
Lessonの操作手順の中で
注意すべきポイントを紹介しています。

COLUMN
Lessonの内容に関連して、
知っておきたいテクニックや知識を紹介しています。

HOW TO USE　本書の使い方

本書は、Photoshopの基本操作とよく使う機能を習得できる初学者のための入門書です。
ダウンロードできるレッスンファイルを使えば、実際に手を動かしながら学習が進められます。
さらにレッスン末の練習問題で学習内容を確認し、実践力を身につけることができます。
なお、本書では基本的に画面をWindowsで紹介していますが、Mac OSでもお使いいただけます。

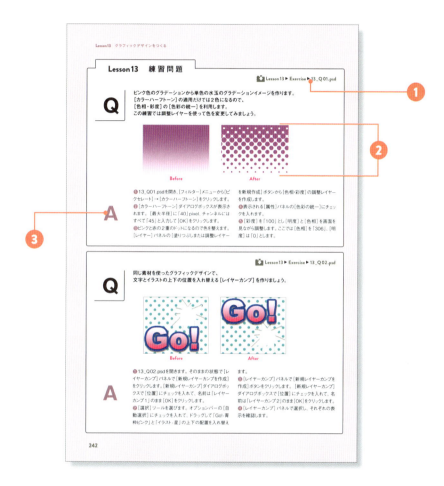

❶ 練習問題ファイル

練習問題で使用するファイル名を記しています。該当のファイルを開いて、操作を行いましょう（ファイルについては、P.6を参照してください）。

❷ Before / After

練習問題のスタート地点と完成地点のイメージを確認できます。Lessonで学んだテクニックを復習しながら作成してみましょう。

❸ A（Answer）

練習問題を解くための手順を記しています。問題を読んだだけでは手順がわからない場合は、この手順や完成見本ファイルを確認してから再度チャレンジしてみてください。

レッスンファイルのダウンロード

1 Webブラウザを起動し、下記の本書Webサイトにアクセスします。

http://gihyo.jp/book/2017/978-4-7741-8630-6

2 Webサイトが表示されたら、写真右の[本書のサポートページ]のリンクをクリックしてください。

3 レッスンファイルのダウンロード用ページが表示されます。ファイル容量が大きいため、いくつかのレッスンごとに分割されています。ファイルごとに下記のIDとパスワードを入力して[ダウンロード]ボタンをクリックしてください。

ID—pscc17　パスワード—easy2cc2

4 ブラウザによって確認ダイアログが表示されますので、[保存]をクリックします。ダウンロードが開始されます。

5 Macでは、ダウンロードされたファイルは、自動的に展開されて「ダウンロード」フォルダに保存されます。WindowsのEdgeではダウンロード後[フォルダーを開く]ボタンで、保存したフォルダが開きます。

6 Windowsでは保存されたZIPファイルを右クリックして[すべて展開]を実行すると、展開されて元のフォルダになります。

ダウンロードの注意点

● ファイル容量が大きいため、ダウンロードには時間がかかります。ブラウザが止まったように見えてもしばらくお待ちください。
● インターネットの通信状況によってうまくダウンロードできないことがあります。その場合はしばらく時間を置いてからお試しください。
● Macで自動展開されない場合は、ダブルクリックで展開できます。

HOW TO DOWNLOAD　レッスンファイルのダウンロード

本書で使用しているレッスンファイルは、小社Webサイトの本書専用ページより
ダウンロードできます。ダウンロードの際は、記載のIDとパスワードを入力してください。
IDとパスワードは半角の小文字で正確に入力してください。

ダウンロードファイルの内容

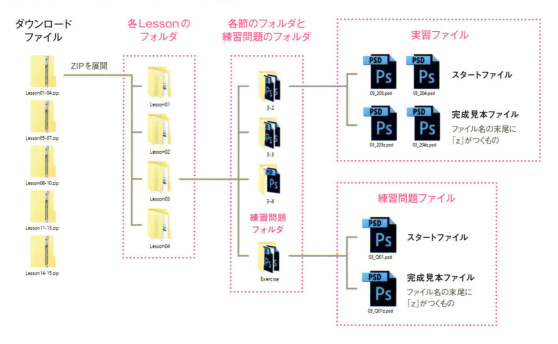

・ダウンロードしたZIPファイルを展開すると、Lessonごとのフォルダが現れます。
・Lessonフォルダを開くと「3-1」などの節と練習問題「Exercise」のフォルダに分かれています。
・本書中の「Step」や「練習問題」の最初に、利用するフォルダとファイル名が記載されています。
・内容によっては、レッスンファイルや練習問題ファイルがないところもあります。
・末尾に「z」がつくのは完成見本ファイルです。正しく操作された結果として参考にしてください。

Adobe Photoshop CC 日本語版 無償体験版について

Adobe Photoshop CC日本語版 体験版（7日間無償）は以下の
Webサイトよりダウンロードすることができます。
http://www.adobe.com/jp/downloads.html
Webブラウザ（Microsoft Edgeなど）で上記Webページにアクセ
スし、Photoshop CCを選択してWebページの指示にしたがってく
ださい。なお、Adobe IDの取得（無償）、Creative Cloudメンバー
シップ無償体験版への登録が必要になります。

体験版は1台のマシンに1回限り、インス
トール後7日間、製品版と同様の機能を
無償でご使用いただけます。この体験版
に関するサポートは一切行われません。
サポートおよび動作保証が必要な場合
は、必ず製品版をお買い求めください。

※ Adobe Creative Cloud、Adobe Photoshop CCの製品版および体験版については、
　アドビ システムズ社にお問い合わせください。著者および技術評論社ではお答えできません。

CONTENTS

はじめに …………………………………………………… 003
本書の使い方 ……………………………………………… 004
レッスンファイルのダウンロード ………………………… 006

Lesson 01　Photoshopという道具を知る …………… 011

- 1-1　Photoshopの画面構成 …………………………… 012
- 1-2　パネルの操作 ……………………………………… 018
- 1-3　デジタル画像のしくみ …………………………… 020
- 1-4　画像解像度、ドキュメントサイズ、カンバスサイズ … 021
- 1-5　カラーモード ……………………………………… 023
- 1-6　操作の履歴を管理する …………………………… 025
- 1-7　ファイルの保存形式 ……………………………… 027
- Q　練習問題 …………………………………………… 030

Lesson 02　選択範囲をマスターする ………………… 031

- 2-1　選択範囲の基本テクニック ……………………… 032
- 2-2　さまざまな選択の方法 …………………………… 037
- 2-3　選択範囲を調整する ……………………………… 043
- Q　練習問題 …………………………………………… 048

Lesson 03　色の設定と描画の操作 …………………… 049

- 3-1　色の設定 …………………………………………… 050
- 3-2　塗りつぶし ………………………………………… 054
- 3-3　描画系ツールの操作 ……………………………… 058
- 3-4　カラーの情報を読み取る ………………………… 064
- Q　練習問題 …………………………………………… 066

Lesson 04　レイヤーの操作 …………………………… 067

- 4-1　レイヤーとはなにか？ …………………………… 068
- 4-2　レイヤーの基本操作 ……………………………… 070
- 4-3　レイヤー操作の実践 ……………………………… 074
- 4-4　さまざまなレイヤーの機能 ……………………… 078
- Q　練習問題 …………………………………………… 084

Lesson 05　文字とパス、シェイプ …………………… 085

- 5-1　文字の入力と編集 ………………………………… 086
- 5-2　文字の変形 ………………………………………… 089
- 5-3　パスとシェイプ …………………………………… 092
- 5-4　パスの作成と編集 ………………………………… 094
- 5-5　シェイプツールの使い方 ………………………… 100
- Q　練習問題 …………………………………………… 102

CONTENTS 目次

グラデーションとパターン …… 103
- 6-1 グラデーションの描画 …… 104
- 6-2 グラデーションの編集と登録 …… 107
- 6-3 パターンの描画 …… 110
- 6-4 グラデーションで写真を補正する …… 112
- Q 練習問題 …… 114

Lesson 06

マスクと切り抜き …… 115
- 7-1 マスクとは …… 116
- 7-2 クイックマスク …… 117
- 7-3 アルファチャンネル …… 119
- 7-4 パスから選択範囲やマスクを作成する …… 122
- 7-5 レイヤーマスクによる切り抜き合成 …… 123
- 7-6 グラデーション状のレイヤーマスクを利用する …… 127
- 7-7 調整レイヤーでのレイヤーマスクの利用 …… 129
- Q 練習問題 …… 132

Lesson 07

フィルター …… 133
- 8-1 フィルターの基本操作 …… 134
- 8-2 スマートフィルター …… 137
- 8-3 定番のフィルター …… 140
- 8-4 フィルターの効果 …… 143
- Q 練習問題 …… 152

Lesson 08

よく使う作画の技法 …… 153
- 9-1 シャドウをつける …… 154
- 9-2 レイヤースタイルの組み合わせ …… 157
- 9-3 立体感の表現 …… 159
- 9-4 光沢と刻印の表現 …… 162
- 9-5 レイヤースタイルのコピーと保存 …… 165
- 9-6 3Dオブジェクトにする …… 168
- Q 練習問題 …… 170

Lesson 09

写真の色を補正する …… 171
- 10-1 明るさ・コントラストを調整する …… 172
- 10-2 レベル補正で階調を補う …… 173
- 10-3 トーンカーブで自由に調整する …… 174
- 10-4 シャドウ・ハイライトで階調を調整する …… 178
- 10-5 色相・彩度で色を調整する …… 180
- 10-6 レンズフィルターで色かぶりを補正する …… 183
- 10-7 カラーバランスで階調別に色かぶりを補正する …… 184
- 10-8 白黒でカラー画像をモノクロ画像に変換する …… 185
- 10-9 Camera Rawフィルターで詳細な調整をする …… 186
- Q 練習問題 …… 188

Lesson 10

009

Lesson 11 写真の修正・加工 ... 189

- 11-1 ゴミや不要物を消す ... 190
- 11-2 被写体の位置をずらす ... 194
- 11-3 ノイズを軽減する ... 196
- 11-4 パースとレンズ描写の補正 ... 197
- 11-5 ぶれの軽減 ... 199
- 11-6 商品に反射をつける ... 202
- Q 練習問題 ... 206

Lesson 12 画像の合成 ... 207

- 12-1 曇天の空を晴れた山並みにする ... 208
- 12-2 背景をぼかす ... 212
- 12-3 2つの写真を自然に合成する ... 217
- Q 練習問題 ... 224

Lesson 13 グラフィックデザインをつくる ... 225

- 13-1 スタイルで手軽に定番効果を出す ... 226
- 13-2 スタイルで輪郭の作成と応用 ... 229
- 13-3 さまざまな水玉模様の背景をつくる ... 232
- 13-4 ワンポイントイラストを描く ... 236
- 13-5 グラフィックデザインをつくる ... 239
- Q 練習問題 ... 242

Lesson 14 Webのデザインをつくる ... 243

- 14-1 Webデザインのための事前準備 ... 244
- 14-2 ワイヤーフレームをつくる ... 246
- 14-3 ロゴをつくる ... 248
- 14-4 メイン画像をつくる ... 251
- 14-5 ナビゲーションをつくる ... 255
- 14-6 画像の書き出し ... 257
- Q 練習問題 ... 260

Lesson 15 媒体に合わせて出力する ... 261

- 15-1 色を合わせるために ... 262
- 15-2 カラーマネージメントの基本 ... 264
- 15-3 カラーマネージメントの実践 ... 268
- 15-4 メディア向けの処理 ... 273

付録：Photoshop CC 主要ショートカットキー一覧 ... 279
索引 ... 284

Photoshopという道具を知る

An easy-to-understand guide to Photoshop

Lesson 01

Photoshopは、デジタルカメラで撮影した写真やスキャナで取り込んだ写真、イラストなどを画像データに変換して、加工や色補正、合成などを行い画像の再現性を高めたり、新しいイメージに変えるといった画像編集をするためのアプリケーションソフトです。Photoshopを使用する前に、まずはPhotoshopの基本知識を理解しておきましょう。

Lesson 01 Photoshopという道具を知る

1-1 Photoshopの画面構成

Photoshop全体の作業画面のことを「ワークスペース」と呼びますが、ワークスペースはメニューバー、オプションバー、ツールバー、ドキュメントウィンドウ、各種パネルなどで構成されており、画像編集するためのたくさんの機能があります。

Photoshopの起動画面（ファイルを開いていないとき）

［スタート］ワークスペース

Photoshopを起動すると次のような画面が表示されます（CC2015以上）。［スタート］ワークスペースと呼ばれ、ここから新規ファイルを作成したり、ファイルを開いたりすることができます。ファイルを閉じると、再びこのワークスペースになります。Escキーを押すと従来からのワークスペース画面になります。

［スタート］ワークスペースを表示させたくない場合は、Ctrl（command）＋Kキーで［環境設定］ダイアログボックスを開いて、［一般］にある［ドキュメントが開いていない時に「スタート」ワークスペースを表示する］のチェックを外します。

新しいファイルを作成する

［新規］をクリックすると、新たに画像ファイルを作成することができます。上部にあるカテゴリーを選んで❶、表示されるプリセットから目的に合った規格を選びます❷。画面右側で、数値や設定を自由に指定することもできます❸。［作成］をクリックすると❹、新規画像ファイルが作成されて開きます。

COLUMN

ドラッグ&ドロップで開く

ファイルのアイコンをPhotoshopウィンドウにドラッグ&ドロップして開くこともできます。ただし、すでに開いているファイルの画像ウィンドウにドロップすると、スマートオブジェクト（P.82参照）として配置されます。複数のファイルを同時に開くには、ツールバーやパネルなど画像ウィンドウ以外の場所（Macではタブ横の空きスペースのみ）にドロップします。

1-1 Photoshopの画面構成

Photoshopの操作画面（ワークスペース） CC CS6

ファイル編集時のワークスペース

ファイルを開いたときの、Photoshop（CC 2017）の［初期設定］ワークスペースの画面構成です。各部の名称や基本的な役割を覚えましょう。

メニューバー
各メニューには、内容に応じた項目が分類されています。

タブ
ファイル名が表示され、複数のファイルを開くと横に並びます。クリックして作業するファイルを切り替えられます。

オプションバー
選択しているツールに合わせて、その作業のオプション項目が表示されます。

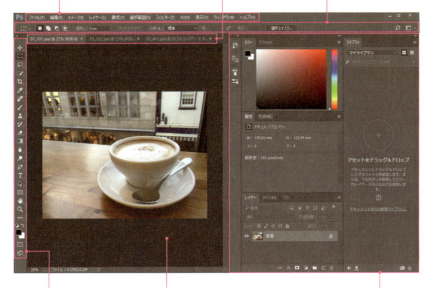

ツールバー
画像の選択や描画など、画像を操作するさまざまなツール群がまとめられています。

画像ウィンドウ
ツールを選択して画面上で画像を操作します。タブをドラッグすると独立したウィンドウになります。

パネル
アートワークの編集に必要な機能が、各種パネルにまとめられています。

複数ファイルの表示のしかた

複数のファイルを開いたとき、画像ウィンドウの上部に複数のタブが並んで表示されます。タブをクリックすることで編集するファイルを選択します。選択したファイル以外の画像は後ろに隠れている状態になります。複数のファイルを同時に表示したい場合は、ウィンドウを分離します。それにはタブをドラッグして外に出し、任意の場所でドロップします❶。分離したウィンドウのタイトルバーをつかんでタブの位置にドラッグすると❷再びタブに戻ります。

選択したタブ以外の画像は後ろに隠れて見えない

タブをドラッグするとウィンドウに分離します。

分離したウィンドウをタブの位置にドラッグするとタブに戻ります。

［ウィンドウ］メニューの［アレンジ］から、画像ウィンドウの並べ方をさまざまに選択することができます。

Lesson 01 Photoshopという道具を知る

ツールバーの詳細 CC CS6

ツールの右下に三角印の付いているツールは、関連したサブツールがあります。
サブツールにあるツール名の後のアルファベット文字は、ショートカットキーを示しています。

❶レイヤーやガイドを移動するツールとアートボードを作成するツール

[移動]ツールは、選択範囲やレイヤー、ガイドを移動します。[アートボード]ツールは、新規でアートボードを作成します。複数のアートボードを作成することもできます。

❷図形の選択範囲を作成するツール

[長方形選択]ツールは、四角形の選択範囲を作成し、[楕円形選択]ツールは、円の選択範囲を作成します。[一行選択]ツールは、横1ピクセルの一行の選択範囲を作成し、[一列選択]ツールは、縦1ピクセルの一列の選択範囲を作成します。

❸フリーハンドで選択範囲を作成するツール

[なげなわ]ツールは、ドラッグして選択範囲を作成し、[多角形選択]ツールは、クリックして直線で選択範囲を作成します。[マグネット選択]ツールは、ドラッグして画像の境界線に沿って選択範囲を作成します。

❹自動で選択範囲を作成するツール

[クイック選択]ツールは、ドラッグした範囲の近似色を選択し、[自動選択]ツールは、クリックした点の近似色を選択します。

❺画像を切り抜くツール

[切り抜き]ツールは、画像をトリミングして切り抜きます。[遠近法の切り抜き]ツールは、CS6で搭載されたツールで、角度補正をして画像を切り抜きます。[スライス]ツールは、Webページ用に使用するために画像を複数に分割し(スライス)、[スライス選択]ツールでスライスを選択します。

❻情報をサンプリングするツール

[スポイト]ツールと[カラーサンプラー]ツールは、クリックした点の色をサンプリングし、[カラーサンプラー]ツールは、4つまでの色をサンプリングします。[3Dマテリアルスポイト]ツールは、3Dマテリアルの属性を記憶します。[ものさし]ツールは、画像内の距離、座標、角度を測定します。[注釈]ツールは、画像に注釈を追加します。[カウント]ツールは、画像内のオブジェクトをカウントします。

❼補正をするツール

[スポット修復ブラシ]ツールは、サンプルにする画像の一部を選択し、[修復ブラシ]ツールは、自動的に周囲の色をサンプリングして画像の汚れやゴミを除去します。[パッチ]ツールは、別の領域を使用して、選択した領域を修復します。CS6で搭載された[コンテンツに応じた移動]ツールは、画像内の一部に選択範囲を作成し、移動すると周囲になじむように合成されます。[赤目修正]ツールは、人間や動物の目の赤目を補正します。

❽描画に使用するツール

[ブラシ]ツールは、ブラシで描いたような線を表現したり、マスクを作成する際にも使用します。[鉛筆]ツールは、鉛筆で描いたような線を表現します。[色の置き換え]ツールは、選択した色を別の色に置き換えます。[混合ブラシ]ツールは、カラーの混合やにじみ度合いを調整して描画を行います。

❾複製して描画するツール

[コピースタンプ]ツールは、クリックした範囲をコピーして別の場所に複製します。[パターンスタンプ]ツールは、ブラシでパターンを描くことができます。

❿ヒストリー画像を描画するツール

[ヒストリーブラシ]ツールは、ドラッグした軌跡を過去のヒストリー画像と置き換えるツールです。[アートヒストリーブラシ]ツールは、基本的には[ヒストリーブラシ]ツールと同様ですが、置き換える際、さまざまなスタイルの描画効果を加えることができます。

⓫消去するツール

[消しゴム]ツールは、ドラッグした範囲を消去または、[背景色]にします。[背景消しゴム]ツールは、ドラッグした範囲を透明にし、[マジック消しゴム]ツールは、クリックした隣接範囲をまとめて透明にします。

014

⓬ 色に関するツール

［グラデーション］ツールは、グラデーションを作成し、［塗りつぶし］ツールは、近似色の範囲を［描画色］で塗りつぶします。［3Dマテリアルドロップ］ツールは、3Dオブジェクト上でマテリアルをサンプリングしたり適用します。

⓭ ぼかしたりシャープにするツール

［ぼかし］ツールは、ドラッグした部分をぼかし、［シャープ］ツールは、ドラッグした部分をはっきりさせ、［指先］ツールは、ドラッグした部分の色を混ぜ合わせます。

⓮ 色補正をするツール

［覆い焼き］ツールは、選択範囲を明るくし、［焼き込み］ツールは、選択範囲を暗くします。［スポンジ］ツールは、選択範囲の彩度を調節します。

⓯ パスの描画とアンカーポイントの編集を行うツール

［ペン］ツールは、パスを作成し、［フリーフォームペン］ツールは、フリーハンドでパスを作成します。［アンカーポイントの追加］ツール、［アンカーポイントの削除］ツールは、アンカーポイントを追加、削除します。［アンカーポイントの切り替え］ツールは、コーナーポイントとスムーズポイントを切り替えます。

⓰ 文字入力のツール

［横書き文字］ツールは、横書きのテキストを作成し、［縦書き横文字］ツールは、縦書きのテキストを作成します。［横書き文字マスク］ツール、［縦書き文字マスク］ツールは、それぞれのテキストの選択範囲を作成します。

⓱ パスの選択についてのツール

［パスコンポーネント選択］ツールは、ひとつのパスコンポーネント（パスで構成された図形）全体の選択と移動を行い、［パス選択］ツールは、アンカーポイントやハンドルの選択や移動を行います。

⓲ シェイプを作成する描画ツール

［長方形］ツールは、長方形のシェイプの作成、［角丸長方形］ツールは、角丸長方形のシェイプの作成、［楕円形］ツールは、楕円形のシェイプの作成、［多角形］ツールは、多角形のシェイプの作成、［ライン］ツールは、線のシェイプの作成、［カスタムシェイプ］ツールは、さまざまな形のシェイプの作成をします。

⓳ 画像の見え方を調整するツール

［手のひら］ツールは、ドラッグしてアートワークの表示位置を移動し、［回転ビュー］ツールは、カンバスの向きを回転します。

⓴ ［ズーム］ツール

アートワークの表示倍率を変更します。

㉑ ［ツールバーを編集］（CC2015以上）

［ツールバーをカスタマイズ］ダイアログボックスが表示され、ツールバーをカスタマイズできます。

㉒ ［描画色と背景色を初期設定に戻す］

［描画色］を黒、［背景色］を白の初期設定に設定します。

㉓ ［描画色と背景色を入れ替え］

現在の［描画色］と［背景色］を入れ替えます。

㉔ ［描画色を設定］

［描画色］を［カラーピッカー（描画色）］ダイアログボックスや［スポイト］ツールで選択して設定します。

㉕ ［背景色を設定］

［背景色］を［カラーピッカー（背景色）］ダイアログボックスや［スポイト］ツールで選択して設定します。

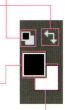

㉖ ［クイックマスクモードで編集］／［画像描画モードで編集］

クイックマスクモードと画像描画モードの切り替えを行います。

㉗ ［スクリーンモードを切り替え］

ウィンドウの表示モードを切り替えます。初期設定は［標準スクリーン］モードで、［F］キーで表示モードが切り替えられます。

各種パネル CC CS6

Photoshopには、さまざまな機能のパネルが用意されています。表示されていないパネルは［ウィンドウ］メニューの項目から選択することができます。ここでは使用頻度の高いパネルを紹介します。

パネルメニューの表示

パネル右上部の［パネルメニュー］ボタンをクリックすると、パネルメニューが表示されます。

> **CHECK!**
> ### ［ライブラリ］パネルとは
> CC2014から初期設定で表示されている［ライブラリ］パネルは、ユーザーのよく使うカラー、カラーテーマ、テキストスタイル、ブラシ、グラフィックをオンラインのCreative Cloudライブラリに保存しておいて、他のCCアプリや機器でも使えるようにするものです。Adobeのタブレットアプリと連携したり、他のユーザーと共有することもできます。

［カラー］パネル
スライダーを動かしたり、数値入力して色を設定します。

［スウォッチ］パネル
あらかじめ登録されている色見本。新規で登録することもできます。

［色調補正］パネル
画像補整をするための調整レイヤーを作成します。

［スタイル］パネル
レイヤースタイルを適用します。登録することもできます。

［チャンネル］パネル
画像のチャンネルが表示されます。選択範囲を保存すると「アルファチャンネル」として保存されます。

［レイヤー］パネル
画像や階層ごとに管理します。Photoshopのパネルの中でもっとも使用する重要なパネルです。

［パス］パネル
パスを管理します。パスから選択範囲を作成することもできます。

1-1 Photoshopの画面構成

[ヒストリー] パネル
作業工程を記録します。作業の途中段階に戻ることもできます。

[ブラシ] パネル
ブラシの種類やサイズ、角度などを設定します。

[ブラシプリセット] パネル
ブラシプリセットの管理を行い、通常、[ブラシ] パネルと併用して使用します。

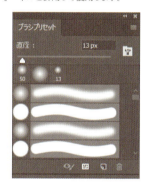

[文字] パネル
フォントの種類やサイズ、行送りなどの設定を行います。

[段落] パネル
文字の揃え方やインデント（字下げの設定）、禁則などの設定を行います。

[ナビゲーター] パネル
アートワークを拡大表示した際、どの部分が表示されているのかを確認できます。また、赤い枠をドラッグすると、連動して表示位置を移動することができます。

[情報] パネル
カーソルの位置の座標や色成分を表示します。

[アクション] パネル
操作を記録して自動化することができます。通常、バッチ処理機能（一括処理する機能）と併用し、複数の画像に使用します。

[ヒストグラム] パネル
画像のヒストグラム（色の分布図）を表示します。

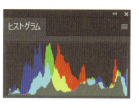

[属性] パネル
レイヤーに設定しているさまざまな属性（調整レイヤー、レイヤーマスク、シェイプレイヤーなど）を表示します。

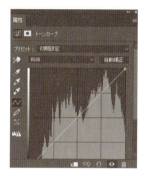

[コピーソース] パネル
[コピースタンプ] ツール、[修復ブラシ] ツールのオプションを設定します。

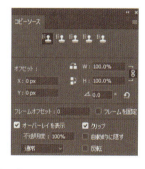

[3D] パネル
3Dシェイプの編集を行います。

017

Lesson 01　Photoshopという道具を知る

1-2 パネルの操作

ツールバーや各種パネルは、ユーザーの好みに合わせて表示方法をカスタマイズすることができます。
使用頻度の高いパネル順に連結し、使用しないパネルは非表示にするなど、
ワークスペースを使いやすいようにカスタマイズしましょう。

各種パネル　CC　CS6

ツールバーは、初期設定では1列ですが、2列に表示することができます。ボタンの右下に三角印の付いているツールを長押しすると、関連したサブツールが表示されるので、スライドして目的のツールを選択します。

ツールを2列に表示する

ツールバーの左上部にある2重の三角印（▶▶）ボタンをクリックして、1列または、2列に切り替えます。

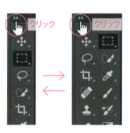

サブツールを表示して選択する

右下に三角印の付いているツールを長押しして、サブツールを表示して選択します。

> **CHECK！** サブツールを順に切り替える
> サブツールのあるツールを Alt （option）キーを押しながらクリックすると、ツールが順番に切り替わって表示されます。

パネルの基本操作　CC　CS6

パネルの展開とアイコン化

パネルの右上部にある［アイコンパネル化］ボタンをクリックするとアイコン化され、アイコン化されているパネルの右上部にある［パネルを展開］ボタンをクリックするとパネルが展開されます（同じ位置のボタンです）。ワークスペースを広く使用したいときは、パネルをアイコン化するとよいでしょう。

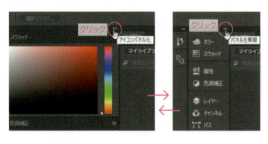

パネルを切り離す

パネルは、複数のパネルグループとしてドックに格納され、タブ形式になっています。タブをパネルグループの外にドラッグ＆ドロップすると、パネルを切り離すことができ、作業しやすい位置にパネルを移動することができます。

タブをドラッグ＆ドロップしてドックからパネルを切り離します。

> **CHECK！** ドックとは
> 複数のパネルまたは、パネルグループの集合で、通常は縦方向に並べて表示されます。

パネルを連結する・移動する

切り離したパネルを連結するには、タブを他のタブにドラッグして、パネルの枠が青くなったらドロップします。

同様にしてグループ内のパネルを別のグループに移動することもできます。

CHECK！

タブの順序

同じグループ内のタブの順番を変更したい場合は、タブを水平にドラッグします。

ワークスペースを初期設定に戻す

パネル配置を変更しても、[ウィンドウ]メニューの[ワークスペース]→[初期設定をリセット]を選択すると、初期設定の状態に戻ります。

パネルを切り離して新規ドックを作成する

パネルグループからパネルを切り離し、新しくドックを作成することができます。パネルをドックの左側にドラッグし、縦に青い線が表示されたらドロップします。

ワークスペースを保存する　CC　CS6

作業しやすいようにパネルを配置したら、その状態のワークスペースを保存しておくことができます。
作業の内容ごとに名前を付けて保存しておけば、カスタマイズしたワークスペースをすぐに呼び出せて便利です。

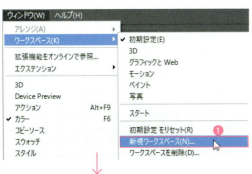

[ウィンドウ]メニューの[ワークスペース]→[新規ワークスペース]を選択します❶。[新規ワークスペース]ダイアログボックスで任意の名前を付けて❷、[保存]をクリックするとワークスペースが保存されます。

[ウィンドウ]メニューの[ワークスペース]に保存したワークスペース名が表示され、選択すると呼び出せます。

CHECK！

不要になったワークスペースを削除する

[ウィンドウ]メニューの[ワークスペース]→[ワークスペースを削除]を選択して、[ワークスペースを削除]ダイアログボックスで、削除したいワークスペース名を選択して[削除]をクリックします。この操作は削除したいワークスペース以外のワークスペースの状態で行います。

Lesson 01 Photoshopという道具を知る

1-3 デジタル画像のしくみ

コンピュータで使用するデジタル画像は、「ビットマップ画像」と「ベクトル画像」に大別されます。この2つの種類の画像は、それぞれ性質が異なり、短所や長所があります。Photoshopが扱うのはビットマップ画像です。

ビットマップ画像とベクトル画像　CC　CS6

Lesson 01 ▶ 1-3 ▶ 01_301.psd、01_301.ai

ビットマップ画像

Photoshopで扱うデータは「ビットマップ画像」と呼ばれ、「ピクセル(pixel)」という小さな四角形の集合体で構成されています。このピクセルひとつひとつは、色相・彩度・明度といった色情報を持ち、ピクセルの密度が高いほど画像の色を鮮やかに美しく表現することができます。ただし、ビットマップ画像は、拡大・縮小や変形を繰り返すと、ピクセルとピクセルが補間されてしまうので画像が劣化する欠点があります。

ベクトル画像

Illustratorで扱うデータは「ベクトル画像」と呼ばれ、「アンカーポイント」の点とそれをつなぐ「セグメント」の線で面を作成し、数式化して表示されています。表示する度に再計算されるので、拡大・縮小しても滑らかな曲線を保つことができ、イラストやロゴなどの作成に適しています。ただし、複雑な階調や図形の場合は、処理時間がかかってしまう場合があります。

ビットマップ画像は、拡大すると画像が劣化します。

ベクトル画像は、拡大しても滑らかな線を保ちます。

画像解像度とは　CC　CS6

Lesson 01 ▶ 1-3 ▶ 01_302.psd

ビットマップ画像を構成する素となるピクセルの密度のことを「画像解像度」といいます。単位は「pixel／inch(pixel per inch＝ppi)」で、1インチの長さにいくつピクセルが並んでいるかを示します。画像解像度が高いほど画像は細部まで美しく表示され、画像解像度が低いとピクセルが目立つ粗い画像になります。

画像解像度：72 pixel／inch

画像解像度：350 pixel／inch

CHECK! 1インチの長さ

1インチ＝2.54cmです。

1-4 画像解像度、ドキュメントサイズ、カンバスサイズ

画像解像度とドキュメントサイズの設定は、[イメージ]メニューの[画像解像度]を選択して表示される[画像解像度]ダイアログボックスで行います。
画像解像度の設定は、画像を扱う際、もっとも重要な設定になります。

画像解像度の基本　CC　CS6　Lesson 01 ▶ 1-4 ▶ 01_401.psd

ピクセル数と画像解像度の確認

現在開いている画像のピクセル数（画素数）と解像度は、ウィンドウの下部にある[ステータスバー]をクリックすると表示され、ピクセルの数は、[幅]と[高さ]で表示されます。一般的に、Web用の画像などモニタに表示するための画像解像度は、使用する画像サイズで72ppi、印刷用の画像解像度は、使用するサイズで350ppiに設定します。

画像の幅、高さ、チャンネル、画像解像度が表示されます。

画像解像度とドキュメントサイズを変更する

[イメージ]メニューの[画像解像度]を選択して[画像解像度]ダイアログボックスを表示します❶。まずドキュメントサイズを変更します。[再サンプル]（CS6以下は[画像の再サンプル]）のチェックを外して❷、目的のドキュメントサイズの[幅]もしくは、[高さ]のどちらか一方に数値を入力すると❸、もう一方は自動入力されます。続いて解像度を変更します。再び[再サンプル]にチェックして❹、[解像度]に数値を入力して❺[OK]をクリックします。

[再サンプル]にチェックすると解像度が変更できます。ここでは、印刷用の画像として[解像度]を350pixel/inchに設定しています。CCから[画像解像度]ダイアログボックスにプレビュー画面が追加され、ダイアログボックスのサイズが拡大できるようになりました。

CHECK!

[画像解像度]ダイアログボックスの表示

Ctrl（command）＋Alt（option）＋Iがショートカットキーです。

COLUMN　低解像度の画像を拡大する

CC以上では、補間方式の設定オプションの中に[ディテールを保持（拡大）]が搭載され、低解像度を拡大したり、高解像度に設定しても美しい画質で印刷できるようになりました。また、[ノイズを軽減]でノイズを除去し、画像のシャープさを保持して拡大することができます。

[ディテールを保持（拡大）]と[ノイズを軽減]

補間方式とは

補間方式とは、画像を拡大・縮小した際、新しく増えたピクセルまたは、失われたピクセルを元画像のピクセルを参照してどのようにピクセルの隙間を補間するのかを設定する方式です。ここでは代表的な3つの方式を紹介します。

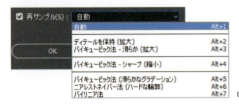

CC 2017の補間方式

バイキュービック法	色調などのすべての要素を緻密に計算した精度の高い低速な補間方式で、内容に合わせて [バイキュービック法 - 滑らか（拡大）]、[バイキュービック法 - シャープ（縮小）]、[バイキュービック法（滑らかなグラデーション）]、CS6では [バイキュービック自動] があります。
ニアレストネイバー法（ハードな輪郭）	隣接するピクセルをコピーして補間する、もっとも粗く高速な補間方式でジャギー（輪郭がギザギザすること）が目立ちます。
バイリニア法	ニアレストネイバー法とバイキュービック法の中間的な精度で、ピクセルの色調を平均して追加する方式です。

カンバスサイズを変更する　CC　CS6　Lesson 01 ▶ 1-4 ▶ 01_401.psd

カンバスとは画像の領域のことで、[カンバス] ダイアログでサイズ変更することができます。
主に、画像の背景を引き伸ばすためカンバスを大きくしたり、画像のまわりに余白を付ける場合にカンバスサイズを変更します。

画像のまわりに余白をつける

画像を開き、[イメージ]メニューの[カンバスサイズ] ❶を選択して [カンバスサイズ] ダイアログを表示します。[相対]にチェックを入れて❷、[幅]と[高さ]に増やしたい数値を入力して❸ [OK] をクリックすると画像のまわりに余白が作成されます。[相対]にチェックを入れると、現在のカンバスサイズの [幅][高さ] に数値が足されます。−（マイナス）の値を入力すると、カンバスサイズから引かれます（その際「画像の一部が切り取られます。」という警告が出ます）。

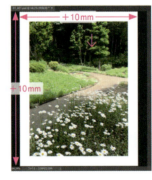

拡張された部分は、[カンバス拡張カラー] で設定した色（初期設定は [背景色]）になります。

CHECK!

[相対]にチェックを入れない場合
[幅]と[高さ]に目的のカンバスサイズを入力して、カンバスサイズを変更します。

[カンバスサイズ]ダイアログの表示
Ctrl (command) + Alt (option) + C がショートカットキーです。

COLUMN

基準位置を指定してカンバスサイズを変更する

[カンバスサイズ] ダイアログの [基準位置] は、9つの位置を指定してカンバスサイズを変更することができます。初期設定では、中央のボタンが選択されており、中心を基準にサイズが変更されます。

[基準位置] の上段左のボタンをクリックすると、左上が固定され右下にカンバスが拡大されます。

1-5 カラーモード

Photoshopにはさまざまなカラーモードが用意されていますが、色を扱う代表的なカラーモードは「RGB」と「CMYK」です。モニタ画面の色とプリント出力した色が違うのは、この2つのカラーモードの性質が異なるため生じます。ここでは、各カラーモードの特徴を紹介します。

RGBとCMYK CC CS6

カラーモードとは

画像の「カラーモード」とは色情報の持ち方のことです。複数のカラーモードがあり、[イメージ]メニューの[モード]で確認、変更することができます。

[イメージ]メニューの[モード]にあるカラーモード。用途に応じて選びます。チャンネルのビット数は大きいほど階調が細かくなりますが、データ量も増えます。

RGBカラー

モニタで表示するときの標準的なカラーモードです。色光の3原色のR（レッド）G（グリーン）B（ブルー）の混合で色を表現します。CMYKよりも色域が広く鮮やかな色再現ができ、Photoshopのすべてのフィルターが使用できるので、一般的に補正や加工などの作業はRGBカラーで行います。

RGBカラー／加法混色
色光（RGB）は混ぜ合わせるほど明るく、白くなります。これを「加法混色」といいます。

RGBカラーの[カラー]と[チャンネル]パネル。[カラー]パネルはパネルメニューからスライダーの種類を選べます。

CMYKカラー

カラー印刷用のモードです。色材の3原色のC（シアン）M（マゼンタ）Y（イエロー）に、K（ブラック）を加えた4色の混合で色を表現します。実際の印刷では、CMYだけでは黒に近い色の再現が不完全なので、Kを加えた4色が使われます。

CMYKカラー／減法混色
色材（CMY）は混ぜ合わせるほど暗く、黒に近い色なります。これを「減法混色」といいます。

CMYKカラーの[カラー]と[チャンネル]パネル。

CMYKカラーの画像は、[フィルター]メニューで使用できない項目はグレー表示になっています。

印刷用にCMYKカラーに変換する

通常、Photoshopでの作業はRGBカラーで行い、印刷用で使用する画像はCMYKカラーに変換します。それには［編集］メニューの［プロファイル変換］❶を選択します。［プロファイル変換］ダイアログボックスで、「変換後のカラースペース」の「プロファイル」から［Japan Color 2001 Coated］❷を選択し［OK］をクリックします。カラーモードの変換を繰り返すと画像が劣化しますので、この作業は一番最後に行います。

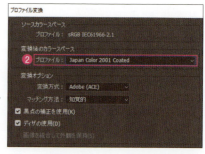

オフセット印刷の標準的なカラープロファイルは、「Japan Color 2001 Coated」です。インキ使用総領域350%、ポジ版、コート紙の条件で高品質な色分解を行います

その他のカラーモード　CC　CS6

グレースケール

白から黒の256色階調で色表現し、「8ビット画像」ともいいます。モノクロ印刷用のデータに利用します。カラー情報を持たないので、データ容量が小さくなります。カラーからグレースケールに変換するには、［イメージ］メニューの［モード］→［グレースケール］❶を選択します。

カラー情報を破棄するための警告が表示されるので、［破棄］をクリックします❷。

カラー情報を破棄せずにモノクロにする場合は、［イメージ］メニューの［色調補正］→［白黒］❸を選択して［白黒］ダイアログボックス❹を利用すると詳細な調整が行えます。
［イメージ］メニューの［色調補正］→［色相・彩度］❺を選択して［色相・彩度］ダイアログボックスで［彩度：-100］❻に設定しても同様です。

その他のカラーモード

ほかにもPhotoshopでは以下のようなカラーモードがあります。制作環境によっては利用することがありますので、特徴を覚えておきましょう。

カラーモード	特徴	RGBカラーからの変換方法
モノクロ2階調	黒と白の2色で色表現します。活版印刷のような画像になります。「1ビット画像」ともいいます。ピクセルの分布で濃淡を表すディザという方法があります。	グレースケール画像に変換してから、［モノクロ2階調］を選択して変換します。2階調化の方式は［50%を基準に2階調に分ける］［パターンディザ］［誤差拡散法（ディザ）］［ハーフトーンスクリーン］［カスタムパターン］から選択できます。
ダブルトーン	グレースケールの画像に特色を加えて色表現します。複数の特色を使った印刷をする場合に、特色の階調を補うことで色味に深みが出ます。	グレースケール画像に変換してから、［ダブルトーン］を選択すると［ダブルトーン］ダイアログが表示されます。版数を選んで、スミ版のほかに使用する特色を設定します。
インデックスカラー	色数を最大256色にして色表現します。色数を制限し、チャンネルをひとつしか持たないのでファイルサイズが軽く、Web用に使用されることがあります。	［インデックスカラー］を選択して表示される［インデックスカラー］ダイアログの［パレット］を選んで使用する256色を指定して変換します。
Labカラー	各ピクセルを輝度要素（L）と、グリーンからレッド（a）、ブルーからイエロー（b）の2色相の要素で色表現します。RGBより広い色空間を扱えます。	［Labカラー］を選択します。RGBやCMYKはそれぞれの色を変化させて色調整しますが、Labカラーでは、Lのみ色調整すれば、明度補正やシャープ処理が行えます。
マルチチャンネル	4つ以上のカラーチャンネルをサポートするプロファイルです。印刷で4色と特色インキを使用する場合に使用します。	［チャンネル］パネルのパネルメニューの中の［新規スポットカラーチャンネル］を選択して表示される［新規スポットカラーチャンネル］ダイアログボックスで、［カラー］のサムネールをクリックして特色を指定します。

1-6 操作の履歴を管理する

Photoshopで行った操作は、[ヒストリー]パネルで記録され一覧表示することができます。
また、[ヒストリー]パネルの履歴から、新規ファイルを作成することもできます。
[ヒストリー]パネルは頻繁に使用するパネルなので、
常に表示しておきたいパネルのひとつです。

操作の取り消しとやり直し　CC　CS6　　Lesson 01 ▶ 1-6 ▶ 01_601.psd

[ヒストリー]パネルで操作する

操作を間違えてしまった場合は、[編集]メニューの[○○の取り消し]を選択すると、直前の操作を取り消すことができますが、[ウィンドウ]メニューで選択して表示される[ヒストリー]パネルは、これまで行った操作が履歴として保存されるので、過去の操作の状態に戻って操作をやり直すことができます。

画像を開くと[ヒストリー]パネルには、ファイル名と[開く]が表示されます。

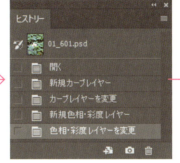
操作を進めていくと、操作の履歴が記録されます。ここでは調整レイヤーの[トーンカーブ]と[色相・彩度]を追加して調整しました。

過去の操作に戻りたい場合は、目的の履歴をクリックすると画像が過去の状態に戻ります。

[編集]メニューで操作する

[編集]メニューの[取り消し]と[やり直し]は交互に切り替わり、直前の操作に限ってオフ／オンができます。操作を何段階も前後したい場合は[1段階進む][1段階戻る]で行えます。この3つはショートカットキーを覚えておくと便利です。

> **CHECK！**
>
> **ショートカットキーでの操作**
>
> 取り消し／やり直し
> [Ctrl]（[command]）+[Z]
>
> 1段階進む（ヒストリーを順に進みます）
> [Ctrl]（[command]）+[Shift]+[Z]
>
> 1段階戻る（ヒストリーを順に戻ります）
> [Ctrl]（[command]）+[Alt]（[option]）+[Z]

[編集]メニューの[取り消し]と[やり直し]は交互に切り替わり、直前の操作の効果を確かめるときに便利です。

COLUMN

ヒストリー数について

[ヒストリー]パネルに表示されるヒストリー数は初期設定で50回（CS6は20回）までで、それ以上は古い履歴から消去されていきます。また、画像を閉じるとすべて履歴は消去されます。[編集]（Macは[Photoshop CC]）メニューの[環境設定]→[パフォーマンス]を選択して[環境設定]ダイアログボックスを表示し、[ヒストリー&キャッシュ]の[ヒストリー数]で変更することができます。ただし大きな値を入力するとそれだけメモリが必要になり、動作に不具合が出ることもあるので、あまり増やさないほうがよいでしょう。

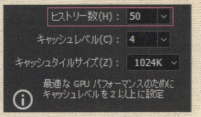

初期設定ではヒストリー数は50回に設定されています。

[ヒストリー]パネルの操作 Lesson 01 ▶ 1-6 ▶ 01_601.psd

ヒストリーから新規画像を作成する

[ヒストリー]パネルで、任意のヒストリーを選択して[現在のヒストリー画像から新規ファイルを作成]ボタンをクリックすると、選択したヒストリー内容の新規画像が作成できます。

CHECK！ 新規画像の作成

[ヒストリー]パネルのパネルメニューの中の[新規ドキュメント]を選択しても、ヒストリーから新規画像が作成できます。

新規画像は、そのまま作業を行い保存することができます。

スナップショットを作成する

ヒストリーは古い順に消去されてしまいますが、区切りで「スナップショット」を作成すれば[ヒストリー]パネルに記憶させておくことができ、いつでも呼び出すことができます。なお、画像を閉じるとすべてのスナップショットは消去されます。レタッチの効果の比較や、複雑な操作をする前にスナップショットを作成しておくと、いつでも編集する前に戻ることができて便利です。

CHECK！ 新規スナップショットの作成

[ヒストリー]パネルのパネルメニューの中の[新規スナップショット]を選択しても、ヒストリーから新規スナップショットが作成できます。

スナップショットにしたいヒストリーを選択し、[新規スナップショットを作成]ボタンをクリックします。

スナップショットが作成されます。

操作の段階がわかりやすい名前にしておくとよいでしょう。

1-7 ファイルの保存形式

Photoshopでは DTP用の形式、Web用の形式、Windows用の形式など
用途にあわせたファイル形式で保存することができます。
ここでは、保存する際の代表的なファイル形式を紹介します。

用途に合わせたファイル形式で保存する　CC　CS6

Photoshop形式で作業を行い、作業を終えたら[ファイル]メニューの[保存]または、[別名で保存]を選択して[名前を付けて保存]（Macは[別名で保存]）ダイアログボックスを表示し、[ファイルの種類]（Macは[フォーマット]）で用途に合わせた形式を選択して保存します。

Photoshop形式（.psd）

Photoshop形式は、レイヤー、調整レイヤー、レイヤーマスク、スマートオブジェクト、チャンネル、テキストなどの要素をそのまま保存できる形式で、「ネイティブ形式」ともいいます。最終的に別の形式にして保存する場合も、作業中はPhotoshop形式で保存すると、Photoshopの機能を存分に活用できます。また、IllustratorやInDesignがPhotoshop形式をサポートしているので、読み込んでレイアウトすることができます。

Lesson 01 ▶ 1-7 ▶ 01_701.psd

[名前を付けて保存]（Macは[別名で保存]）ダイアログボックスの[ファイルの種類]（Macは[フォーマット]）プルダウンメニューで、Photoshopで保存できる画像形式の一覧が表示されます。

レイヤーやクリッピングパスなど、すべての要素を保持して保存されます。

[ファイルの種類]（[フォーマット]）で[Photoshop]を選択して、[保存]をクリックします。[Photoshop形式オプション]ダイアログボックスが表示されますが、[互換性を優先]にチェックしたまま[OK]をクリックするとPhotoshop形式として保存されます。

COLUMN ［互換性を優先］の選択を表示させない

[編集]（[Photoshop CC]）メニューの[環境設定]→[ファイル管理]を選択して表示される[環境設定]ダイアログボックスで、[PSDおよびPSBファイルの互換性を優先]を[常にオン]に設定すると表示されなくなります。

BMP形式（.bmp）

BMP形式はWindows標準のファイル形式で、RGB、インデックスカラー、グレースケール、モノクロ2階調の4つのカラーモードをサポートしています。レイヤーは保持できませんが、クリッピングパスは保持して保存されます。

Windows環境のみで利用する形式です。[BMPオプション]ダイアログボックスが表示されるので、[OK]をクリックするとBMP形式として保存されます。

> **CHECK!**
> **レイヤーを保持できない形式での保存**
>
> レイヤーがある画像をレイヤーを保持できない形式で保存しようとすると［名前を付けて保存］（［別名で保存］）ダイアログボックスに［警告］（Macは警告マーク）が表示されます。

Photoshop EPS（.eps）

Photoshop EPS形式は、以前は印刷時の入稿データの標準ファイル形式でしたが、OSのアップデートやPhotoshopのバージョンアップにより印刷トラブルが起きるケースが多くなりました。印刷会社によっては、EPS形式での入稿を推奨している場合もあります。

> **CHECK!**
> **EPS形式の[エンコーディング]とは**
>
> 画像データをポストスクリプトデバイスに出力する方法で、一般的には[ASCII85]で設定しますが、ファイルサイズは大きくなります。

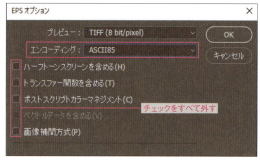

> **COLUMN**
> **印刷入稿データの形式について**
>
> 現在の入稿データは、ネイティブ形式（Photoshopは「.psd」、Illustratorは「.ai」）やPDF形式が主流になっています。

[EPSオプション]ダイアログが表示されます。チェックをすべて外し、[エンコーディング]を[ASCII85]に設定して、[OK]をクリックするとPhotoshop EPS形式として保存されます。

JPEG形式（.jpg .jpeg .jpe）

JPEG形式は、デジタルカメラで撮影した画像やWebで画像を表示する形式で、画像を圧縮してファイルサイズを抑えることができます。レイヤーを保持することはできませんが、クリッピングパスは保持して保存されます。高圧縮率にしたり、JPEG形式で保存を繰り返すと画像が劣化し、元の画質に戻すことができなくなります。

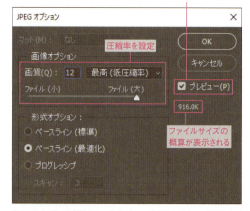

[JPEGオプション]ダイアログボックスが表示されるので、[画像オプション]で圧縮率を設定し、[OK]をクリックするとJPEG形式として保存されます。

[画質]を[0:低（高圧縮率）]にした場合。ノイズが目立ちますがファイルサイズは小さくなります（1.1MB）。

[画質]を[12:最高（低圧縮率）]にした場合。ノイズは目立ちませんがファイルサイズは大きくなります（1.5MB）。

Photoshop PDF形式（.pdf）

Photoshop PDF形式は（PDFは、Portable Document Formatの略）、アドビシステムズ社によって開発された形式で、OSの環境やアプリケーションに依存することなく、レイアウトを保持したまま電子文章をやり取りすることができます。主に、校正用、閲覧用、入稿用などに使用されます。Adobe Readerで閲覧できます。

「別名で保存ダイアログボックスの現在の設定が無視される場合があります。」というダイアログボックスが表示されるので[OK]をクリックします。

CHECK!
Photoshop編集機能を保持

[Photoshop編集機能を保持]にチェックが入っていると、「以前のバージョンのPhotoshopと互換性がありません。」というダイアログボックスが表示されますが[はい]をクリックします。

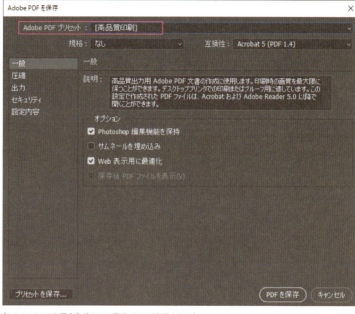

[Adobe PDFを保存]ダイアログボックスが表示されます。
印刷出力用には[Adobe PDFプリセット]を[高品質印刷]に設定して、
[PDFを保存]をクリックするとPhotoshop PDF形式として保存されます。

TIFF形式（.tif .tiff）

TIFF形式は、DTP系のアプリケーションでサポートされている形式です。圧縮することもできますが、圧縮方法によっては、他のアプリケーションで開かない場合がありますので、[なし]を設定するほうがよいでしょう。レイヤー、クリッピングパスは保持して保存されます。

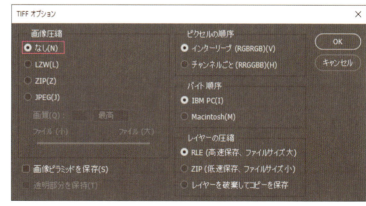

[TIFFオプション]ダイアログボックスが表示されるので、
[画像圧縮]は[なし]を選択し[OK]をクリックすると、TIFF形式として保存されます。

CHECK!
レイヤーを保持する

レイヤーが含まれる場合は、「レイヤーを含めるとファイルサイズが大きくなります。」というダイアログボックスが表示されますが[OK]をクリックします。

Lesson 01　Photoshopという道具を知る

Lesson 01　練習問題

Lesson 01 ▶ Exercise ▶ 01_Q 01.psd

 以下の画像のカンバスを正方形（100mm×100mm）にサイズ変更し、画像のまわりに5mmの白い枠を作成しましょう。

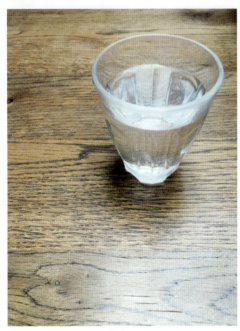
Before

After

---

❶ [イメージ] メニューの [カンバスサイズ] を選択し [カンバスサイズ] ダイアログボックスを表示します。[相対] のチェックを外し、[幅:100mm] [高さ:100mm] に設定し、[基準位置] の上段右をクリックし、[OK] をクリックします。画像の一部が切り取られるため警告が表示されますが、そのまま [続行] をクリックします。カンバスが正方形に変更されます。

❷ 再び、[イメージ] メニューの [カンバスサイズ] を選択して [カンバスサイズ] ダイアログボックスを表示し、画像のまわりに白い枠を作成します。[相対] にチェックを入れて [幅:10mm] [高さ:10mm] に設定し、[カンバス拡張カラー] の右側にある □ が白色に設定されていることを確認して（白色でない場合はプルダウンメニューから [ホワイト] を選択します）、[OK] をクリックします。
❸ 画像のまわりに白い枠が作成されます。

選択範囲を
マスターする

An easy-to-understand guide to Photoshop

Lesson 02

画像の操作は全体に対して行うときもありますが、多くの場合は効果をおよぼす範囲を区切ってから行います。その区切る作業が「選択範囲」の指定です。ここではさまざまな選択範囲の指定方法を紹介します。Photoshopで思い通りに画像を編集するための前提となる操作ですので、状況に応じて使い分けられるようにしましょう。

Lesson 02 選択範囲をマスターする

2-1 選択範囲の基本テクニック

選択範囲はPhotoshopを扱う上でベースとなる技術の1つです。
ただし初心者にとってはちょっとわかりにくい概念でもあるので、
実際に手を動かしながら、じっくりと理解することを心がけましょう。

選択範囲とは？　CC　CS6　　Lesson 02 ▶ 2-1 ▶ 02_101.psd

部分的に補正をしたい場合に利用

選択範囲とは [長方形選択] ツール、[楕円形選択] ツールなどを使って選択をした範囲のことで、これらのツールを使って囲った範囲は、(流れているような) 点滅する点線で囲まれます。この状態で色や明るさの変更をすると、選択をした範囲の中にだけ効果がおよびます。つまり選択範囲とは、部分的な補正などを行うために専用のツールを使ってくくった範囲のことです。

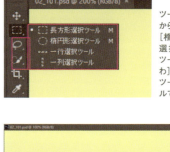

ツールバーの選択ツール。上から、[長方形選択] ツール、[楕円形選択] ツール、[一行選択] ツール、[一列選択] ツール。その下にある [なげなわ] ツール、[マグネット選択] ツールのグループも選択ツールです。

[長方形選択] ツールを試す

選択の方法はいろいろありますが、もっとも基本的な [長方形選択] ツールを使った選択の方法からはじめましょう。まずツールバーから [長方形選択] ツールを選択します。ここで加工するのは右のような無地の黄色い画像です。ツールを選択した状態で、選択したい範囲の左上から (右上からでも下からでも可)、対角線の角の方向へドラッグすれば長方形の境界線が点線で表示されます。

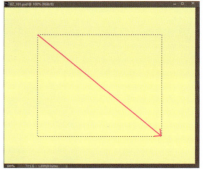

[長方形選択] ツールで角から対角線を描くようにドラッグすると境界線ができあがります。

選択範囲の色相を変えてみると

選択範囲をどう利用するのかは自由です。色調補正やフィルターの多くのツールで、選択範囲内に効果をかけることができます。たとえば明るくなり過ぎた部分を少し抑えたり、あるいはつぶれ気味のシャドウ部だけを選択して明るくするなどです。右の画像では選択範囲に対して [イメージ] メニューから [色調補正] → [色相・彩度] (P.180) を適用して、色相を大胆に変更してみました。

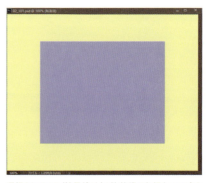

選択されている (境界線が点滅) 状態で色相を180°変えると、選択範囲内の色が変わります。

選択ツールの基本 CC CS6

［楕円形選択］ツールの使い方

［楕円形選択］ツールはツールバーから選ぶか、ショートカットキーの M を使います。マウスを斜めにドラッグすると、ドラッグした内側に楕円ができますが、それが選択範囲の境界線になります。ただの楕円の選択範囲の場合は用途は限られますが、境界にぼかしをつける（P.35を参照）と用途は広がってきます。たとえば写真を部分的にちょっと明るめにしたいといったようなケースです。

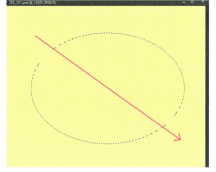

［楕円形選択］ツールの使い方は［長方形選択］ツールと同様。きちんと選択したい場合は、外接する長方形がわかるガイドラインを先に引いてしまうやり方もあります。

正方形、正円に選択する方法

［長方形選択］ツールを使用してドラッグをする際、Shift キーを押す（ドラッグを始める前でも後でも可）と、長方形は正方形になります。つまり縦横の長さが揃います。同様に［楕円形選択］ツールを使う際に Shift キーを併用すると、真ん丸になります。
作った選択範囲の場所を移動させたい場合はマウスによるドラッグで可能です。また選択された状態で矢印キーを使う方法も有効です。

［長方形選択］ツールを使用する際に同時に Shift キーを押して、正方形の選択範囲を作成。その後、範囲内の色を変更。

［楕円形選択］ツールを使用する際に同時に Shift キーを押して、真ん丸の選択範囲を作成。その後、範囲内の色を変更。

中心から選択する

［長方形選択］ツールでは斜めにドラッグをするとその始点と終点の間に長方形ができますが、ドラッグする際に Alt（option）キーを押すと始点を中心として長方形ができます。これは［楕円形選択］ツールの場合も同様です。中心からの選択のほうがやりやすい場合も多いので、覚えておきたいテクニックです。

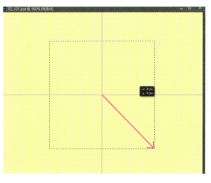

Alt（option）キーを押しながら［長方形選択］ツールでドラッグした場合、角からではなく中心から長方形ができます。ガイドラインなどを使って中心を割り出しておけば正確に選択ができます。

範囲選択時のオプション CC CS6

オプションバーの使い方

ツールバーにある選択ツールを選ぶと、オプションバーでそのツールを使用する際の細かい設定ができるようになります。たとえば下の画面は[長方形選択]ツールを選んだ際のオプションバーの状態です。

❶4つのボタンを使い分けて、選択範囲の足し引きをします。左から[新規選択][選択範囲に追加][現在の選択範囲から一部削除][現在の選択範囲との共通範囲]です。

❷[ぼかし]は、選択範囲の境界をぼかすときに数値を入力します。

❸[アンチエイリアス]は、選択範囲を境界のギザギザを減らして滑らかに見せます。

❹[スタイル]で、選択操作を制約できます。[標準]のほかに[縦横比を固定][固定]があり、[幅]と[高さ]で比率あるいは実際の数値で指定が可能です。

選択範囲の追加、削除

最初に選択をした範囲に対して別の選択範囲を追加したり、あるいはその一部を削除したりという操作が可能です。複雑な選択範囲もこの方法を利用することにより、効率よく作成できるようになります。

[長方形選択]ツールや[楕円形選択]ツールなどを選んで表示されるオプションバーの左側の[新規選択][選択範囲に追加][現在の選択範囲から一部削除][現在の選択範囲との共通範囲]の中からクリックするか、ショートカットキーを使う方法があります。

❶初期設定の[新規選択]を使い[楕円形選択]ツールで円の選択をした状態です。

❷[選択範囲に追加]を使い四角い選択範囲をプラスしました。2つの選択範囲が合体した形になります。[新規選択]のままShiftキーを押しながらドラッグしても可能です。

❸[❷]と同じ四角い選択範囲を[現在の選択範囲から一部削除]を使ってマイナスした状態です。[新規選択]のままAlt((option))キーを押しながらドラッグしても可能です。

❹[現在の選択範囲との共通範囲]を使い、丸い選択範囲と四角い選択範囲の共通の部分だけを生かしました。[新規選択]のままShift+Alt((option))キーを押しながらドラッグしても可能です。

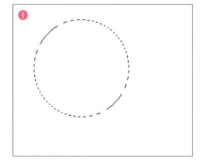

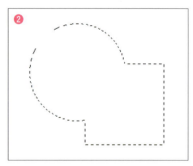

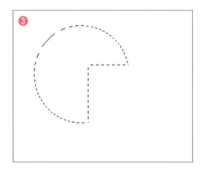

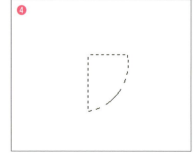

選択範囲の境界をぼかす CC CS6

オプションの［ぼかし］を利用

選択ツールを使って選択範囲を作成する際、その境界部分をかっちりさせずにぼかすことができます。たとえば［楕円形選択］ツールを選ぶとオプションバーに［ぼかし］の欄ができるので、ここに数値を入力します。単位はピクセルですが、どの程度の数値にすればいいのかわかりづらい場合は、［環境設定］の［単位・定規］で［定規］の単位を［pixel］にし、定規を表示させてみる（［表示メニュー］→［定規を表示］）といいでしょう。

選択範囲の境界に対して［ぼかし］を「0」pixelに設定。きれいな円になります。

選択範囲の境界に対して［ぼかし］を「30」pixelに設定。かなり境界がぼけていますが、これは画像が小さいためで、大きな画像で同様の効果にするには数値をもっと大きく設定します。

アンチエイリアスとは？

画像は真四角なピクセルからなりたっているため、斜めや曲線の境界部分にはどうしてもギザギザのジャギーが発生しやすくなります。これを目立たせなくするのが、オプションバーの［アンチエイリアス］です。逆にカチッとした境界にしたい場合はアンチエイリアスのチェックは外します。

［アンチエイリアス］は［長方形選択］ツール、［一行選択］ツール、［一列選択］ツールでは有効になりません。

［アンチエイリアス］のチェックを外した場合の境界の例。コントラストがはっきりして、ジャギーが目立ちます。わかりやすくするため拡大しています。

［アンチエイリアス］にチェックをした場合の境界の例。中間的な明るさのピクセルができて、ジャギーが目立たなくなっています。拡大表示なので、実際にはもっと滑らかに見えます。

選択範囲のスタイル Lesson 02 ▶ 2-1 ▶ 02_102.jpg

縦横比の設定が可能

[長方形選択]ツールや[楕円形選択]ツールでは、通常の選択方法のほかに、[縦横比を固定]したり、サイズそのものを[固定]することができます。オプションバーの[スタイル]で[縦横比を固定]を選ぶと[幅]と[高さ]の比率を入力することができるようになるので、ここに任意の値を入力します。あとは通常の選択方法と同様にドラッグで選択をすれば、縦横比が固定された選択範囲ができます。

[スタイル]では選択時の固定方法を選ぶことができます。

[縦横比を固定]を選択して、縦と横の比率を入力します。

[幅:4][高さ:3]の比率で[縦横比を固定]して作成した選択範囲。どんな大きさで選択をしても、その比率は変わりません。

縦横の変更と切り抜き

[縦横比の固定]は[幅]と[高さ]の間にあるボタンをクリックすることにより、縦と横の数値が逆になります。

このようにして選択をした状態で[イメージ]メニューの[切り抜き]を選ぶと、そのまま切り抜きをすることができます。切り抜き自体は[切り抜き]ツールでも可能なので使い分けるといいでしょう。

スタイルの[固定]というのは、サイズを数値で指定して選択を行う機能のことです。

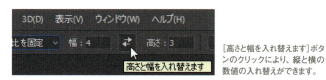
[高さと幅を入れ替えます]ボタンのクリックにより、縦と横の数値の入れ替えができます。

縦横比を固定の数値の間のボタンをクリックして、縦横比を変更した状態。

上の状態で[イメージ]メニューの[切り抜き]を選択すると、このように写真をトリミングすることができます。

[切り抜き]は[イメージ]メニューから選択します。

[固定]では選択範囲をサイズで指定できます。初期設定は[px](ピクセル)ですが、[mm]など別の単位で入力をして指定することも可能です。

2-2 さまざまな選択の方法

基本としてあげた[長方形選択]ツールや[楕円形選択]ツールのほかにもさまざまな選択の方法があります。
最初はその違いがわかりにくいですが、それぞれのメリット、デメリットを知り、うまく使い分けをすることが重要です。

STEP 01　なげなわツール―フリーハンドで選択する

[なげなわ]ツールで星形の選択範囲を作ってみます。ツールを使う前に、[ぼかし]や[アンチエイリアス]の設定をします。選択範囲の作成後に[編集]メニューの[塗りつぶし]を使って青く塗りつぶしてみます。

[なげなわ]ツールの利用

[なげなわ]ツールは自分が選択したい範囲をドラッグで自由に囲んで選択範囲を作成するためのツールです。ドラッグの途中で指を放してしまうと、放したところと始点がつながってしまうので、使いこなしにはちょっとしたコツが必要です。

また、この[なげなわ]ツール以降、自動で選択できるさまざまなツールが開発されたので、それらをメインにして利用し、この[なげなわ]ツールでは作成した選択範囲の修正に使うというのもひとつのやり方です。

修正にはショートカットキーの利用が便利です。作成済みの選択範囲に対してさらに範囲を追加する場合は、Shiftキーを押しながらドラッグ、削除する場合はAlt (option)キーを押しながらドラッグします。

1 ツールバーから[なげなわ]ツールを選択❶。
マウスのドラッグ❷によって選択範囲を描きます。

2 始点と終点を合わせると選択範囲ができます。

始点と終点が合うと○印が現れるので、その状態でマウスから指を放せば、選択範囲が完成します。

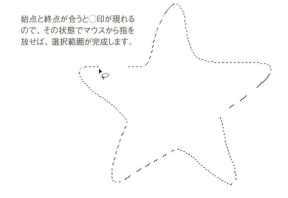

Lesson 02 選択範囲をマスターする

STEP 02　多角形選択ツール

［多角形選択］ツールはクリックしたポイントで切り替えながら直線的な選択範囲を作成する場合に便利なツールです。カチッとした星形を作ってみましょう。

1 ツールバーから［多角形選択］ツールを選び❶、マウスのクリック❷により、選択を開始します。角の部分でクリック❸❹をしながら囲みます。

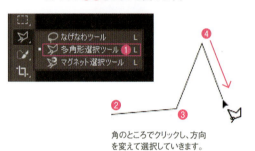

角のところでクリックし、方向を変えて選択していきます。

2 始点と終点を合わせると選択範囲ができます。

［なげなわ］ツール同様、始点と終点が一致するとポインタに◯印が出るので、その状態でクリックをすれば選択範囲が閉じられて完成します。

なげなわツールと切り替えながら使う

［なげなわ］ツールで使いづらいのは、ドラッグ中にマウスから指が放れてしまうと始点と終点がつながってしまうことです。これを避けるために、［多角形選択］ツールを選択しておいて、[Alt]([option])キーを押すことで［なげなわ］ツールに切り替えて作業を行う方法があります。この方法ならマウスから指が放れても、いきなり始点と終点がつながってしまうことはありません。

また［多角形選択］ツールは直線的で角ばった選択に利用するものというイメージがありますが、ぼかしを効かせればポイントをたくさん打つことで、曲線的な選択も可能です。［なげなわ］ツールとの切り替えは簡単ですので、それぞれの向き不向きを理解しながら切り替えて利用するといいでしょう。

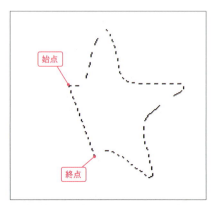

［なげなわ］ツールを使っていて途中でマウスから指が放れてしまうと、始点と終点が直線的につながってしまいます。

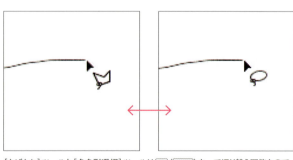

［なげなわ］ツールと［多角形選択］ツールは[Alt]([option])キーで切り替え可能なので、うまく切り替えて使うことがポイントです。

STEP 03　マグネット選択ツール　CC　CS6

[マグネット選択] ツールは自動的に境界部分を探し出し、その境界に沿って選択範囲を作成してくれるという、非常に便利なツールです。

Lesson 02 ▶ 2-2 ▶ 02_203.jpg

1 ツールバーから [マグネット選択] ツールを選びます。

2 選択したい境界部分をクリックします❶。境界に沿ってドラッグ❷していきます。

まず、自分が選択したい部分をクリックして、少しずつ境界に沿ってマウスを動かします。すると自動的にポイントができるので、そのままゆっくりと境界部分に沿わせていきます。

3 始点と終点を合わせると選択範囲ができます。

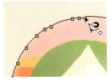

始点と終点が一致するとポインタに○印が出るので、その状態でクリックをすれば選択範囲が閉じられて完成します。

CHECK！　オプションバーで精度を調整する

オプションバーでは境目の部分を検知する際の細かい設定が可能です。とりあえずは初期設定のまま使ってみて、画像に合わせて調整しましょう。

❶ [幅] は、境界を検知するマウスポインタからの距離を設定します。
❷ [コントラスト] は、境と認識するコントラストの差を設定します。
❸ [頻度] は、ポイントの出現数を設定します。

オプションの [幅] で調整する

[マグネット選択] ツールでは、自分で動かすマウスに沿って選択の固定ポイントが自動でできます。ただしマウスの動きが境界部分からズレ過ぎると、固定ポイントも外れてしまいます。そんな場合は Delete キーを使って、余計な固定ポイントを削除しましょう。また境界からどの程度外れた部分までを検知するのかは、オプションの [幅] で調整します。

固定ポイントがズレてしまった状態。必ずしも、思い通りにはいかないので、そんな場合は慌てずポイントを Delete します。

Lesson 02 選択範囲をマスターする

STEP 04　クイック選択ツール　CC　CS6

[クイック選択]ツールは選択範囲を少しずつ拡張することのできるツールです。スピーディーに選択ができ、かつ細かい調整も可能です。

Lesson 02 ▶ 2-2 ▶ 02_203.jpg

1 [ツール]バーから[クイック選択]ツールを選びます。

2 ここでは人形を選択します。人形の一部をクリックすると選択範囲ができます。

3 選択しやすいようにブラシサイズを調整します。

ブラシサイズはオプションバーから[ブラシピッカー]を表示し、[直径]で変更可能です。適宜調整しながら選択します。ショートカットキーは、ブラシを大きくするには右角括弧（] ）キー、小さくするには左角括弧（ [）キーです。

4 選択範囲を拡張します。

ポインタが [+] になっている状態でドラッグを繰り返せば、選択範囲が拡張していきます。

ショートカットキーを覚える

ちょっと間違えてしまったというような場合は Ctrl （command）+ Z キーでやり直しをしましょう。また、選択範囲がはみ出してしまったような場合はオプションバーの[現在の選択範囲から一部削除]を選び、はみ出し部分をドラッグします。ショートカットキーは Alt （option）キーです。細かい部分はブラシサイズを小さくして調整しましょう。

ポインタが [−] の状態でドラッグすれば、はみ出し部分が削除されます。ショートカットキーは Alt （option）キーです。

2-2 さまざまな選択の方法

STEP 05　自動選択ツール　CC　CS6

After

[自動選択]ツールは画像のクリックした位置の色と近い色を自動的に選択してくれるツールです。どの程度近い色なのかをうまく設定するのがポイントです。

Lesson 02 ▶ 2-2 ▶ 02_205.jpg

1 [ツール]バーから[自動選択]ツールを選びます。

2 選択したい範囲内をクリックします。

ここでは花びらの選択を目標とします。選択したい範囲内をクリックすると写真のような選択範囲ができあがりました。きっちり選択できていないのは、選択にムラがあるということです。

3 必要に応じて選択範囲の追加と削除をします。

うまく選択できなかった部分はオプションバーの[選択範囲に追加]でプラスし、はみ出した部分は[現在の選択範囲から一部削除]でマイナスします。ショートカットキーは追加が[Shift]キー、削除が[Alt]([option])キーです。

4 ほかのツールも組み合わせて選択範囲を仕上げます。

絵柄によってはこの[自動選択]ツールだけでは選択しにくいような絵柄もあります。たとえばある部分を選択すると余計な部分まで選択されてしまうようなケースです。そんな場合は[なげなわ]ツールを使った追加や削除なども併用するといいでしょう。

[自動選択]ツールのオプション

[自動選択]ツールではオプションバーから細かい設定ができます。[サンプル範囲]❶では、[指定したピクセル][11ピクセル四方の平均]などが選べますが、ここではクリックしたピクセルを中心にどの程度の範囲をサンプルとするかの選択ができ、さらに[許容値]❷の調整で、自動

選択される範囲が変わります。
[隣接]❸にチェックを入れると隣接する箇所のみが選択されます。クリックした箇所と連続しない場所も選択されることを嫌う場合はチェックをし、逆の場合は外せばいいということです。

[自動選択]ツールのオプションバー。イメージ通りに選択できない場合は、この[サンプル範囲]や[許容値]の調整をしたり、[隣接]のチェックのあるなしを試してみましょう。

041

STEP 06　色域選択　CC　CS6

After

色域選択は近似した色を選択するツールです。ここでは紫色の部分を選択します。さまざまな応用が効くツールなので、ぜひ使いこなせるように習得しましょう。

Lesson 02 ▶ 2-2 ▶ 02_206.jpg

1 ［選択範囲］メニューから［色域指定］を選びます。

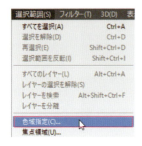

2 ここではお菓子を選択します。お菓子の一部をクリックすると選択範囲ができます。

色域指定の基本は、［スポイト］ツールを使い❶、選択したい色をサンプリングすることです❷。まず紫色のお菓子を選択してみましょう。

3 ［許容量］と［範囲］を調整します。

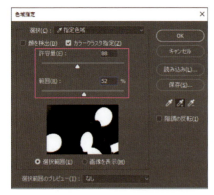

画像で紫の部分を選択したら、［色域選択］ダイアログボックスでその範囲のチェックをします。選択範囲の調整は［許容量］や［範囲］のスライダーを動かしながら調整します。

4 ［スポイト］ツールで範囲の追加と削除をします。

追加したい色は［＋］のスポイトで、削除したい場合は［−］のスポイトでサンプリングします❶。［選択範囲のプレビュー］で、表示の変更が可能です。［黒マット］にすると❷、選択した部分以外が黒くなります。うまく選択できたら［OK］をクリックします。

色系統による選択もできる

色域指定では自分でサンプリングを行う［指定色域］のほか、［レッド系］［イエロー系］など色系統での選択。あるいは［ハイライト］［中間調］といった明るさに対する選択方法もあります。また［スキントーン］とは肌色のことです。肌の部分だけを選択して、明るくしたりくすみを除いたりといった調整に利用できます。

色系統や明るさを選択すると、許容量などの値は動かせなくなります。［スキントーン］を選択した場合は、［顔を検出］にチェックを入れることによって、より正確に肌色を選ぶことができるようになります。

2-3 選択範囲を調整する

選択範囲は作りっぱなしではなく、作成後にボカしたり、
拡張したり、変形させたり、さまざまな調整を加えることにより、
画像補正の精度を上げることができます。

［選択範囲］メニュー　CC　CS6

選択範囲の解除法は？

［選択範囲］メニューからは、選択範囲を扱うためのさまざまなツールの選択ができます。［すべてを選択］❶では画像全体の選択が可能です。［選択を解除］❷は文字通り選択の解除ができますが、このメニューからより、ショートカットキー Ctrl （command）＋ D で操作したほうがいい場合もあるので、ぜひ覚えておきましょう。
選択範囲は選択範囲内にポインタを置き、ドラッグすることによって移動させることができますが、同様の操作はカーソルキーでも可能です。

選択範囲を反転　CC　CS6

背景を選択して反転させる方法も

選択範囲を反転させたい場合は［選択範囲］メニューの［選択範囲を反転］❸を選びます。たとえば丸い選択範囲を作っていた場合に反転させると、丸の外側すべてが選択されることになります。オブジェクトの背景を選択したい場合などに便利です。あるいはオブジェクトが選択しづらい場合にまず背景を選択し、選択範囲を反転させることにより、オブジェクトを選択するという方法もあります。

まず、丸い選択範囲を作った状態。［選択範囲を反転］のショートカットキーは Shift ＋ Ctrl （command）＋ I です。

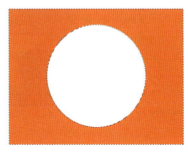

選択範囲を反転させたのでフチが点線になっています。わかりやすいように現在の選択範囲を赤く塗りつぶしました。

左の写真は背景を選択するのが簡単だったので、まず背景を選択しました。その選択範囲を反転させれば人形本体を選択することになります。

選択範囲をふちどる `CC` `CS6`

境界線の部分に選択範囲をつくる

選択範囲のある状態で[選択範囲]メニューから[選択範囲を変更]→[境界線]を選ぶと[選択範囲をふちどる]のダイアログが現れます。ここで幅にたとえば「10」pixelと入力すると、選択範囲の境界線を中心に幅10pixelの選択範囲ができあがります。オブジェクトのエッジ部分だけに効果をおよぼしたい場合などに利用します。

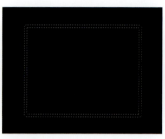

2本の境界線にはさまれた部分が幅10pixelの選択範囲です。

選択範囲の拡張と縮小 `CC` `CS6`

数値で細かく調整できる

選択範囲を大きくしたり小さくするためには[選択範囲を変更]を使い、数値入力で細かい設定ができます。[選択範囲]メニューから[選択範囲を変更]→[拡張]か[縮小]を選びます。[拡張量]および[縮小量]にpixel単位での数値を入力して[OK]をクリックします。ほかに[選択範囲を変形]では直感的にドラッグで選択範囲を変形できます。

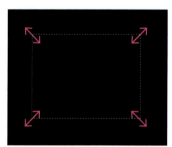

ピクセル単位での操作なので、かなり微妙な修正のときに重宝します。

選択範囲を滑らかに `CC` `CS6`

角を丸くしたい場合に

[選択範囲を滑らかに]では角ばった選択範囲の角を丸くする効果があります。[選択範囲]メニューから[選択範囲を変更]→[滑らかに]を選びます。半径にpixel単位での数値を入力します。試行錯誤で効果を確認しながら数値を決めるといいでしょう。

星形の選択範囲を効果がわかりやすいように黄色く塗りつぶしました。

星形の選択範囲に対して[選択範囲を滑らかに]を実行し、塗りつぶしたもの。このように角が丸くなります。

境界をぼかす `CC` `CS6`

周囲にボケ足をつける

[境界をぼかす]([選択範囲]メニュー→[選択範囲を変更])では境界部分を文字通りぼかす効果があります。ぼかしの半径の数値を大きくすれば、そのボケ足も長くなります。選択範囲の点線だけを注目すると[選択範囲を滑らかに]とあまり違いがないようにも見えますが、右のように選択範囲内を塗りつぶしてみると、その違いがはっきりします。

黒バックで星形の選択範囲内を黄色く塗りつぶしてみました。

左の星形の選択範囲を塗りつぶし、[境界をぼかす]の効果をかけました。ハッキリとしていた境界部分が曖昧になります。

選択範囲の拡張と近似色の選択 `CC` `CS6`

近い色で拡張したい場合に

[選択範囲を拡張]([選択範囲]メニュー)では選択の範囲が広がりますが、隣接ピクセル(つながっている部分)に限られます。一方[近似色を選択]([選択範囲]メニュー)では隣接していない部分まで含まれるという違いがあります。どこまで広げるかという許容範囲の設定は[自動選択]ツールのオプションバーの[許容値]でコントロールします。

四角く選択範囲を作ってみます。

選択範囲を拡張
隣接ピクセルの近い色まで選択範囲が拡張されます。

近似色を選択
隣接ピクセルだけでなく、少し離れた近い色にも選択範囲が拡張されます。

選択範囲を変形 `CC` `CS6`

ハンドルを使って自由に変形

[選択範囲を変形]では作成した選択範囲の形を変えることができます。[選択範囲]メニューから[選択範囲を変形]を選ぶと選択範囲にハンドルが表示されるので、それをドラッグして変形します。思うような形になったら Enter (Return) キーで適用します。

ここでは正方形の選択範囲をまず作成してみます。この状態で[選択範囲を変形]を選びます。

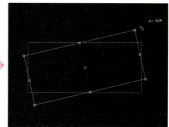
ハンドルが現れるのでそれをドラッグで動かします。拡大・縮小や回転などの操作が可能です。

Lesson 02 選択範囲をマスターする

STEP 01　[選択とマスク]で緻密に選択する

Before

After

うまく選択することが難しいぬいぐるみを[選択とマスク]を利用することにより、精度の高い選択範囲に加工します。

Lesson 02 ▶ 2-3 ▶ 02_301.jpg

1 [自動選択]ツールで周囲の背景を選択して、[選択範囲]メニューから[選択範囲を反転]します。

まず、ぬいぐるみをざっくりと選択します。あとから調整をするので、この段階ではあまり几帳面に選択する必要はありません。

2 [選択範囲]メニューから[選択とマスク]を選びます。

[選択]ツールの利用中であれば、オプションバーにある[選択とマスク]ボタンをクリックする方法でもかまいません。

選択したあとでも調整ができる

[選択とマスク]はざっくりと作った選択範囲を、あとから緻密な選択範囲に調整することができます。特に髪の毛など、手動ではなかなか切り抜きづらいようなものの調整ができるので、うまく使いこなすとよいでしょう。Photoshop CC 2015.5から登場した機能ですが、それ以前のバージョンであれば、[境界線を調整]を利用しましょう。

3 ツールを使って境界の調整をします。

[選択とマスク]ワークスペースの左上にはツールが並んでいます。一番上が[クイック選択]ツール。2番目は[境界線調整ブラシ]ツールで、これを使って境界線をなぞると繊細な選択ができます。3番目の[ブラシ]ツールを使えば手動で仕上げられます。それぞれ、選択し過ぎた場合は[Alt]([option])キーを押しながら作業をすれば、マイナスの働きになります。

ワークスペースの右側の[グローバル調整]では、選択範囲の調整ができます。たとえば[滑らかに]で滑らかにしたり、[ぼかし]でぼかしたり、画面で効果を確認しながら調整しましょう。

調整のポイント

境界線の調整のポイントは、境界部分を見やすくすることです。そのために[表示モード]の[表示]を切り替えます。たとえば、右は[白黒]にしていますが、ほかにもさまざまなモードがあるので、適宜切り替えたり、拡大表示しながら調整しましょう。

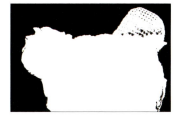

[自動選択]ツールを使ってざっくりと選択した段階。[表示モード]は[白黒]にしています。

[境界線調整ブラシ]ツールを使って、境界部分をなぞると、境界の毛の部分が現れてきます。

最後は[ブラシ]ツールを使って、境界以外の部分を塗りつぶして完成です。

4 [表示モード]を切り替える。

[表示モード]には、[オニオンスキン][点線][オーバーレイ]のほか、さまざまなモードがあります。画像によってどれが見やすいかは異なりますので、ひとつのモードに固定せず、いろいろ試してみるといいでしょう。

選択範囲の保存と読み込み　CC　CS6

交互に変換が可能

選択範囲は保存でき、あとからその選択範囲を読み込むことが可能です。保存をする場合は、選択をしている状態で[選択範囲]メニューから[選択範囲を保存]を選択し、[選択範囲を保存]ダイアログボックスで名前をつけて[OK]をクリックします❶。また保存した選択範囲を読み込むには[選択範囲]メニューから[選択範囲を読み込む]を選択します❷。
選択範囲を保存するとその名前の[アルファチャンネル]として保存されます❸。詳しくはLesson07「マスクと切り抜き」で触れますが、[選択範囲]と[アルファチャンネル]は相互に変換可能であり、実際の作業の中でもこの変換はよく行われます。うまく変換しながら作業をするといいでしょう。

❶[選択範囲]メニューから[選択範囲を保存]を選択すると現れるダイアログボックス。

❷[選択範囲を読み込む]では、保存していた選択範囲を読み込むだけでなく、別の選択範囲をプラスしたりマイナスしたりという操作もできます。

[チャンネル]パネルを見てみると、選択範囲がアルファチャンネルとして保存されていることがわかります❸(保存時に名前を入力しないと「アルファチャンネル」と自動で名前がつきます)。このチャンネルを選択した状態で、[チャンネルを選択範囲として読み込む]ボタンをクリックすると❹、選択範囲が読み込めます。

Lesson 02　練習問題

 Lesson 02 ▶ Exercise ▶ 02_Q 01.jpg

 手芸のおもちゃの周りを選択して、背景を白く塗りつぶします。
この章で紹介したどの選択ツールを使ってもかまいません。
とりあえずざっくりと選択をしたら、はみ出し部分の修正をします。
途中で選択範囲を保存しておいてもいいでしょう。
背景の[塗りつぶし]は[編集]メニューから行います。

Before

After

❶ツールバーから[クイック選択]ツールを選びます。おもちゃの内側でドラッグを繰り返し少しずつ選択範囲を広げます。
❷大きくはみ出してしまった場合は Ctrl (command) + Z キーで戻ります。小さなはみ出しはあとで修正するので、そのままでかまいません。
❸ざっくりと選択ができたら修正をしていきます。はみ出した部分は Alt (option) キーを押しながらドラッグすれば削除ができます。細かい部分の修正はブラシのサイズを調整します。
❹[クイック選択]ツールでの選択が終了したら、いったん[選択範囲]メニューから[選択範囲を保存]しておきましょう。
❺このあとさらに選択範囲の修正をしてみます。[選択範囲]メニューから[選択とマスク]を選んでワークスペースを開きます。

❻左端にはツールがありますが、すでに選択済みなので、上から2番目の[境界線調整ブラシ]ツールで境界の部分をなぞってみましょう。最終的な調整はその下の[ブラシ]ツールで行います。Alt (option) キーを押せばマイナスの調整をすることができます。
❼微調整は、[グローバル調整]の[滑らかに][ぼかし][コントラスト]などのスライダーで行います。調整できたら[出力設定]の[出力先]を[選択範囲]にして[OK]をクリックします。
❽[選択範囲]メニューから[選択範囲を反転]を選択し、[編集]メニューの[塗りつぶし]で[内容]を[ホワイト]にしてバックを白く塗りつぶします。合成したり、切り抜いたりしたい場合はLesson04「レイヤーの操作」やLesson07「マスクと切り抜き」を参考にしてください。

色の設定と
描画の操作

An easy-to-understand guide to Photoshop

Lesson 03

Photoshopは、画像のレタッチや加工のほか、ブラシや鉛筆などで絵やイラストを描くこともできますが、すべてに共通する操作に色の選択があります。ここでは、色の設定と描画系のツールの基本的な使い方をマスターしましょう。

Lesson 03　色の設定と描画の操作

3-1 色の設定

Photoshopの描画系のツールで色を塗ったり、選択範囲内やアートワークを塗りつぶすには、「描画色」や「背景色」に色を設定してから行います。色の設定は、主に［カラーピッカー］ダイアログボックス、［カラー］パネル、［スウォッチ］パネルで行います。

描画色と背景色　CC　CS6

Photoshopには描画色と背景色があり、描画色は色や線を塗る場合に使用します。背景色は、画像を消去した領域に現れる色です。描画色と背景色は、ツールバーの下部にあり、初期設定では描画色は黒、背景色は白に設定されています。

描画色と背景色を初期設定に戻す
クリックすると描画色が黒、背景色が白の初期設定になる

描画色と背景色を入れ替え
クリックすると、描画色と背景色が入れ替わる

描画色を設定

背景色を設定

描画色は黒で、［ブラシ］ツールでドラッグして描画したところ。

背景色は白で、［消しゴム］ツールでドラッグして画像を消したところ。

［カラーピッカー］ダイアログボックス　CC　CS6

［カラーピッカー］ダイアログボックスで色を設定する

1 ツールバーの下部の［描画色を設定］（または［背景色を設定］）❶をクリックすると、［カラーピッカー（描画色）］（または［カラーピッカー（背景色）］）ダイアログボックス❷が表示されます。

初期設定では、［HSBカラーモデル］の［H］が選択されている状態になっており、縦のカラーバーが色相（H）、カラーフィールドの横軸が彩度（S）、縦軸が明度（B）を示します。

3 - 1　色の設定

2　カラーバーのスライダーをドラッグして色相を選択し❶、カラーフィールドで目的の色をクリックして選択すると❷、[新しい色]❸に指定した色が入ります。[OK]をクリックすると[描画色を設定](または[背景色を設定])に新しい色が適用されます❹。

3　RGBを使用して色を設定することもできます。[カラーピッカー(描画色)]ダイアログボックスの[R]をクリックすると❶カラーバーがレッドの要素になります。カラーバーのスライダーをドラッグして数値を上げると❷レッドの色味が強くなります。

同様に[G]をクリックするとグリーンの要素、[B]をクリックするとブルーの要素を調整できます。

4　[R][G][B]のいずれかを選択してカラーバーで調整し、さらにカラーフィールドで選択して色を設定することもできます。

カラーフィールドをクリックして、残る2色の数値を調整します。

[カラーピッカー]ダイアログボックスの色域外の警告マーク

[カラーピッカー(描画色)]ダイアログボックスで色を選択した際に、三角形の警告マーク❶が表示された場合は、CMYKモードでは正確に印刷できないことを示します。三角形の警告マークの下の[色域カラーを選択]アイコンをクリックすると❷、CMYKモードの色域内の近似色に置き換わります。

[色域カラーを選択]アイコンをクリックします。[新しい色]はCMYKモードでの近似色に変換されて、三角形の警告マークは消えます。

Webセーフカラーに限定する　COLUMN

「Webセーフカラー」とは、ブラウザやOSに依存することなく、Webページで表示できる216色のカラーです。Webセーフカラーのみを使用して画像を作成すると、Webブラウザでは正確に色が表示されます。
[カラーピッカー(描画色)]ダイアログボックスの左下部にある[Webセーフカラーのみに制限]にチェックを入れると、Webセーフカラーになります。

[カラーピッカー]では、Webで色を表す際のRGB16進数の数値による指定もできます。

[カラー]パネル `CC` `CS6`

[カラー]パネルで色を設定する

[ウィンドウ]メニューの[カラー]を選択して表示される[カラー]パネルでも、描画色と背景色を設定できます。[カラー]パネルの[描画色を設定]か[背景色を設定]のどちらか設定したいほうを選択し❶、スライダーをドラッグしたり❷、テキストフィールドに数値を入力したり❸、[サンプルカラー]で色を設定します❹。
パネルメニューから、色を設定するスライダーのカラーモードを選択して切り替えることができます❺。

❶ [描画色を設定]か[背景色を設定]の選択
❷ スライダーをドラッグ
❸ 数値入力
❹ [サンプルカラー]をクリックして選択
❺

スライダーの種類の選択で、画像のカラーモードの変更ではありません。

[サンプルカラー]で描画色／背景色をすばやく選ぶ

[サンプルカラー]をクリックして色を選ぶとき、Alt (option)キーを押しながらクリックすると、[描画色を設定]を選択しているときは背景色が、[背景色を設定]を選択しているときは描画色が選択できます。

[カラーピッカー]ダイアログボックスの表示 CHECK!

色を設定したいほうの[描画色を設定]や[背景色を設定]は、クリックして選択すると枠が表示されます。選択状態でさらにクリックすると[カラーピッカー]ダイアログボックスが表示されます。

[カラー]パネルの色域外の警告マーク

[カラー]パネルで色を選択した際も、CMYKモードで正確に印刷できない色の場合は三角形の警告マークが表示されます❶。警告マークか[色域カラーを選択]アイコンをクリックすると❷、CMYKモードで表示できる近似色に置き換わります。

❶ 印刷の色域外の警告
❷ [色域カラーを選択]

[スウォッチ]パネル `CC` `CS6`

[スウォッチ]パネルで色を設定する

[ウィンドウ]メニューの[スウォッチ]を選択して表示される[スウォッチ]パネルは、あらかじめ色が登録されており、スウォッチをクリックするだけで色を適用することができます。また、頻繁に使用する色は登録することもできます。

クリックした色が描画色に設定される

背景色に適用する CHECK!

[スウォッチ]パネルのウォッチをクリックする際に、Ctrl (command)キーを押してクリックするとその色が背景色に適用されます。

3 - 1　色の設定

[スウォッチ] パネルに色を登録する

よく使う色は [スウォッチ] パネルに登録しておくと、すぐに呼び出すことができます。

1　描画色に色を設定してから❶、[スウォッチ] パネルの [描画色から新規スウォッチを作成] ボタン❷をクリックします。

[現在のライブラリに追加] について

[現在のライブラリに追加] にチェックを入れると、[ウィンドウ] メニューの [ライブラリ] で選択して表示される [ライブラリ] パネルにスウォッチカラーが登録されます。[ライブラリ] パネルはCC 2014.2に搭載された機能で、デザイン素材 (アセット) をクラウドで管理するAdobe Creative Cloudが提供するサービスです。同一のAdobe IDを使用していれば、異なるOSや他のAdobeCC製品からでもユーザー同士で共有して、[ライブラリ] パネルを利用することができます。

2　[スウォッチ名] ダイアログボックスが表示されるので、任意の名前を入力し❶、[現在のライブラリに追加] のチェックを外して [OK] をクリックします。その色がスウォッチとして新たに登録されます❷。

スウォッチを削除する

[スウォッチ] パネルでスウォッチを [Alt] ([option]) キーを押しながらクリックすると、そのスウォッチを削除できます。パネル右下の [スウォッチを削除] (ゴミ箱のアイコン) にドラッグしても削除できます。

[カラーピッカー] ダイアログボックスから登録する

[カラーピッカー] ダイアログボックスの [スウォッチに追加] からも、設定中の色を名前をつけてスウォッチに登録することができます。

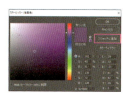

スウォッチをカラーガイドから読み込む

Photoshopには絵の具のセットのようにあらかじめ多彩なスウォッチのセット (ライブラリ) が用意されています。[スウォッチ] パネルのパネルメニューからライブラリ名を選択して追加すると、[スウォッチ] パネルに豊富な色を読み込むことができます。

また、自分で作ったスウォッチの組み合わせをライブラリとして保存しておくこともできます。

1　パネルメニューをクリックして❶、リストから任意のライブラリ名を選択します❷。

ここでは [ANPAカラー] を選択してみます。

2　「現在のスウォッチを○○○のスウォッチで置き換えますか?」というダイアログボックスが表示されるので、[追加] をクリックします。

[OK] をクリックすると現在のスウォッチは置き換えられてパネルから消えます。

3　現在のスウォッチに追加されます。

初期設定のスウォッチに戻すには、[スウォッチ] パネルのパネルメニューから [スウォッチの初期化] を選択します。

Lesson 03 色の設定と描画の操作

3-2 塗りつぶし

画像全体を塗りつぶす、選択範囲内を塗りつぶすなど
「描画色」や「背景色」で設定した色で単一に塗りつぶすことができます。
単一に塗りつぶすには4つの方法がありますので、
内容に応じて使いわけてみましょう。

［塗りつぶし］ツールを使用する `CC` `CS6`　Lesson 03 ▶ 3-2 ▶ 03_201.psd

［塗りつぶし］ツールは、クリックした位置の近似色を描画色で塗りつぶすことができます。オプションバーでは、許容値や隣接などの設定が行えます。［塗りつぶし］ツールは、立体感や陰影の少ない単一色の画像やイラストなどの色変えに向いています。

［塗りつぶし］ツールの設定

1 ［塗りつぶし］ツールを選択し、［描画色を設定］❷で描画色の色を設定します。オプションバーの［隣接］のチェックを外して❸、［許容値］❹の数値を大きく設定します。

ここでは 描画色を［R80 G85 B150］、［許容値］を100にしています。［許容値］が大きいほど、塗り残しが少なくなります。

2 画像の赤色部分をクリックすると、赤い部分がすべて青紫色に塗りつぶされます。

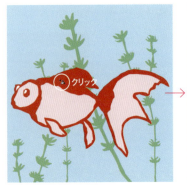　

CHECK！

［隣接］にチェックを入れる

［隣接］にチェックを入れると、クリックした箇所に隣接している領域だけに色が適用されます。

［アンチエイリアス］のチェックは外さない

塗りつぶした範囲の境界線がなじむ機能なので、基本的には［アンチエイリアス］のチェックは外さないようにしましょう。

パターンで塗りつぶす

[塗りつぶし]ツールのオプションバーでは、[パターン]を選択して[パターンピッカー]から選択したパターンで塗りつぶすことができます。

1 [塗りつぶし]ツール❶を選択し、オプションバーの[塗りつぶしの領域のソースを設定]をクリックして[パターン]❷を選択します。

2 パターンを追加します。パターンのサムネールをクリックして❶[パターンピッカー]を表示し、右上部のボタンをクリックして❷パネルメニューを表示し、追加したいパターンのライブラリを選択します❸。

ここでは[自然]を選択しています。

3 「現在のパターンを◯◯のパターンで置き換えますか?」というダイアログボックスが表示されるので、[追加]をクリックすると[パターンピッカー]にパターンが追加されます。

4 ここでは[水]のパターンを選択しています。オプションバーの[許容値]は[100]に設定し、[隣接]のチェックを外します。

[塗りつぶし]コマンドを使用する　CC　CS6　Lesson 03 ▶ 3-2 ▶ 03_202.jpg

[編集]メニューの[塗りつぶし]は、選択範囲を作成するとその領域を塗りつぶし、選択範囲を作成しないと画像全体を塗りつぶすことができます。[塗りつぶし]ダイアログでは、[画像モード]や[不透明度]を設定できます。

選択範囲を塗りつぶす

1 [なげなわ]ツールは、フリーハンドで選択範囲を作成するツールです。対象物の周りをドラッグし、マウスを離すと選択範囲が作成されます。

2 [編集] メニューの [塗りつぶし] を選択して、[塗りつぶし] ダイアログボックスを表示します。[内容] から塗りつぶしたい色やパターンを選択して [OK] をクリックします。

描画色か背景色で塗りつぶす場合は、[塗りつぶし] を実行する前に色を設定しておきます。

3 選択範囲が塗りつぶされます。選択範囲の解除は、[選択範囲] メニューの [選択範囲の解除] を選択します。

COLUMN

[コンテンツに応じる] とは

[塗りつぶし] ダイアログの [内容] の [コンテンツに応じる] は、選択範囲内を周囲の画像になじむように塗りつぶすことができます。写真で不要な写り込みを消して背景に置き換えたいときに便利な機能です。

レイヤーの [べた塗り] を使用する   CC CS6   Lesson 03 ▶ 3-2 ▶ 03_203.jpg

画像全体を任意の色で塗りつぶすときは、塗りつぶしレイヤーを利用すると便利です。
元画像は保持されており、塗りつぶし色の変更なども簡単に行えます。

1 [レイヤー] パネルで [塗りつぶしまたは調整レイヤーを作成] ボタン❶をクリックして [べた塗り] ❷を選択します。

2 [カラーピッカー (べた塗りのカラー)] ダイアログボックスが表示されるので、任意の色を設定して [OK] をクリックします

3 べた塗りのレイヤーが作成されます。

4 レイヤーサムネールをダブルクリックすると❶、[カラーピッカー(べた塗りのカラー)]ダイアログボックスが再表示され、色を再設定することができます。また、[不透明度]❷を変更することができます。

レイヤースタイルの[カラーオーバーレイ]を使用する　CC　CS6　　Lesson 03 ▶ 3-2 ▶ 03_204.psd

レイヤースタイルの[カラーオーバーレイ]を使用すると、レイヤーに任意の色をかぶせることができます。レイヤースタイルの項目は、「背景」以外のレイヤーに適用できます。

1 [レイヤー]パネルで[背景]以外のレイヤーを選択し❶、[レイヤースタイルの追加]ボタン❷をクリックして[カラーオーバーレイ]を選択します❸。

ここでは[背景のコピー]レイヤーにカラーオーバーレイを適用します。

2 [レイヤースタイル]ダイアログボックスの[カラーオーバーレイ]の設定が表示されるので、[描画モード]を[オーバーレイ]にして❶、[オーバーレイのカラーを設定]❷をクリックして[カラーピッカー(オーバーレイカラー)]ダイアログボックスで色を指定し、[OK]をクリックします。

3 レイヤーにカラーオーバーレイの効果が追加され、設定した色がかぶります。

[背景のコピー]レイヤーに[効果]が追加され、レイヤー効果の名前[カラーオーバーレイ]が表示されます。

4 [レイヤー]パネルで、レイヤー効果の名前[カラーオーバーレイ]をダブルクリックすると❶、[レイヤースタイル]ダイアログボックスが再表示され、色を再設定することができます。また、[不透明度]❷を変更することができます。

Lesson 03　色の設定と描画の操作

3-3 描画系ツールの操作

描画系ツールには [ブラシ] ツール、[鉛筆] ツール、[混合ブラシ] ツールなどがあり、絵を描いたりマスク作成に使用することができます。
ブラシの種類やぼかし具合、ブラシの形状などブラシを詳細に設定することができ、どの描画系ツールもアナログ感覚で自由に描画できます。

［ブラシ］ツールを使用する　CC　CS6　Lesson 03 ▶ 3-3

[ブラシ]ツールはドラッグすると、筆で色を塗ったように描画できます。
筆の種類は [ブラシプリセットピッカー] に多数登録されていて、状況に応じて使い分けることができます。

[ブラシ] ツールの基本操作

[ブラシ]ツール❶を選択し、[描画色を設定] で任意の色を設定します❷。[クリックでブラシプリセットピッカーを開く]の▼ボタン❸をクリックして [ブラシプリセットピッカー] を表示します。好みのブラシを選択し❹、画面上をドラッグすると描画できます❺。

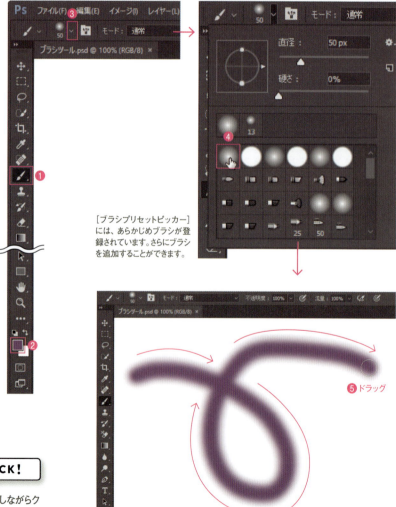

[ブラシプリセットピッカー]には、あらかじめブラシが登録されています。さらにブラシを追加することができます。

❺ドラッグ

CHECK! 直線を描く

始点と終点を [Shift] キーを押しながらクリックすると、直線が描けます。

［ブラシ］ツールのオプションバー

オプションバーでは、ブラシのモードや不透明度、流量などが設定できます。
［ブラシプリセットピッカー］では、ブラシのサイズ、硬さが設定できます。

❶をクリックすると、［ブラシプリセットピッカー］が表示されます。［直径］はブラシのサイズで、数値が大きいほど太くなりますⒶ。［硬さ］はブラシのぼかし具合で、100％でぼかしがなくなりますⒷ。

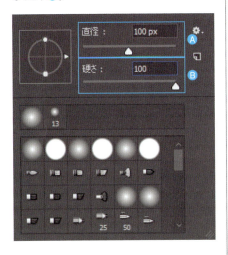

❷［モード］
上のピクセルと下のピクセルの重なり方を設定します。

❸［不透明度］
描画色の不透明度を設定します。

❹をクリックすると、タブレット使用時に筆圧で透明度を設定します。

❺［流量］
ワンストローク分のインクの量で濃度を調整します。

[流量：100％]

[流量：35％]

❻［エアブラシスタイルの効果を使用］
マウスを押し続けると、色が濃くなり広がります。

❼をクリックすると、タブレット使用時に筆圧でサイズを設定します。

[直径：200px]

[直径：50px]

[硬さ：0％]

[硬さ：100％]

［ブラシプリセットピッカー］のブラシの種類と表示方法

ブラシのプリセットはいくつか用意されており、追加や変更をすることができます。
また、ブラシのリストを作業しやすいように変更することができます。

1 ［ブラシプリセットピッカー］の右上のピッカーメニューのボタンをクリックして❶ピッカーメニューを開き、ブラシプリセットの種類を選択します❷。

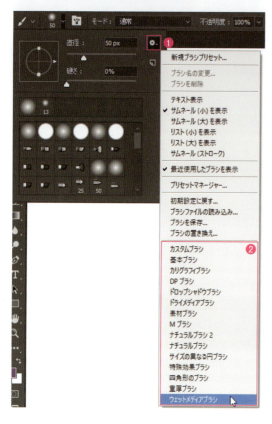

2 「現在のブラシを置き換えますか？」というダイアログボックスが表示されるので、［追加］をクリックすると、ブラシのリストに追加されます。

［OK］をクリックすると、初期設定のブラシプリセットが選択したブラシプリセットに置き換えられます。

3 ブラシのリストに追加されました。

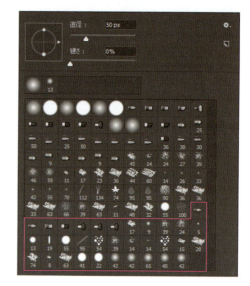

COLUMN

［ブラシプリセットピッカー］の表示を選択する

［ブラシプリセットピッカー］のピッカーメニューからブラシリストの表示方法が変更できます。表示方法を変えると、ブラシの名前やストロークの見本を確認することができます。

［リスト（小）を表示］

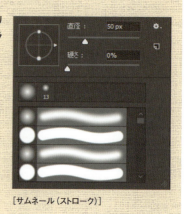
［サムネール（ストローク）］

[鉛筆]ツールを使用する CC CS6

[鉛筆]ツールの操作

基本的な操作は[ブラシ]ツールと同じですが、[ブラシプリセットピッカー]の[硬さ]設定はできません。ぼかしのないはっきりした線を描きたい場合に適しています。

[鉛筆]ツールのオプションバー

❶をクリックすると、[ブラシプリセットピッカー]が表示されます。[ブラシ]ツールと同様ですが、[硬さ]の数値を変更しても反映されません。

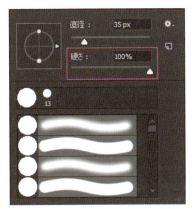

[硬さ]の数値は反映されません。

❷[モード]
上のピクセルと下のピクセルの重なり方を設定します。

❸[不透明度]
描画色の不透明度を設定します。

❹をクリックすると、タブレット使用時に筆圧で透明度を設定します。

❺[自動消去]
チェックを入れた場合、描画色と同じ箇所でドラッグを始めると、背景色で描画されます。

❻をクリックすると、タブレット使用時に筆圧でサイズを設定します。

CHECK！ [自動消去]の効果

カーソルの中心が描画色と同じ位置からドラッグを始めたときにだけ、背景色で描画されます。つまり元からある描画色の領域は消去されたような効果になります。ドラッグの開始位置が描画色以外のときは、通常のように描画色で描画されます。

描画色(水色)にカーソルが重なる位置から描き始めると背景色(オレンジ色)で描かれる

［混合ブラシ］ツールを使用する　CC　CS6

［混合ブラシ］ツールの操作

［混合ブラシ］ツールは、画像の色と描画色を混ぜ合わせてペイントすることができます。

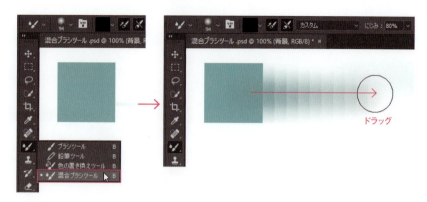

［混合ブラシ］ツールのオプションバー

❶をクリックすると、［ブラシプリセットピッカー］が表示されます。

❷［現在のブラシにカラーを補充］
現在の色が表示されます。クリックすると［カラーピッカー］ダイアログボックスが表示されます。

❸［各ストローク後にブラシにカラーを補充］
ドラッグして描画後に色を補充します。

❹［各ストローク後にブラシを洗う］
ドラッグして描画後にブラシを洗います。

❺［混合ブラシの便利な組みあわせ］
にじみ、補充量、ミックス、流量をあらかじめ組み合わせた設定を選択します。

❻［にじみ］
数値が大きいほど、画像の色とブラシの色がよく混ざります。

❼［補充量］
補充されるブラシの色の量を設定します。

❽［ミックス］
画像の色とブラシの色の混ざる割合を設定します。数値が大きいと画像の割合が多くなります。

❾［流量］
ワンストローク分のインクの量で濃度を調整します。

❿［エアブラシスタイルの効果を使用］
マウスを押し続けると、ブラシの色が濃くなり広がります。

⓫［全レイヤーを対象］
チェックを入れると、全レイヤーに適用します。

⓬をクリックすると、タブレット使用時に筆圧でサイズを設定します。

［消しゴム］ツールを使用する　CC　CS6

［消しゴム］ツールの操作

［消しゴム］ツールは、ドラッグして不要な部分を削除するツールです。「背景」レイヤーに使用すると、ドラッグした部分は背景色が現れ、普通のレイヤーに使用すると、ドラッグした部分は透明になります。基本的な操作は［ブラシ］ツールと同じになります。

元画像

「背景」に使用すると、背景色が現れます。

普通のレイヤーに使用すると、透明になります。

レイヤーが重なっている場合、下のレイヤーが現れます。

［消しゴム］ツールのオプションバー

❶をクリックすると、［ブラシプリセットピッカー］が表示されます。

❷［モード］

［ブラシ］、［鉛筆］は、それぞれのツールと同じストロークで削除します。［ブロック］は、四角形のカーソルで消去します。

❸［不透明度］

描画色の不透明度を設定します。

❹をクリックすると、タブレット使用時に筆圧で透明度を設定します。

❺［流量］

ドラッグしたときの消去する濃度を設定します。

❻［エアブラシスタイルの効果を使用］

マウスを押し続けると、消去する範囲が広がります。

❼［消去してヒストリーに記録］

チェックを入れると、消去した部分をドラッグすると一つ前の状態に戻すことができます。

❽をクリックすると、タブレット使用時に筆圧でサイズを設定します。

COLUMN

［背景消しゴム］ツール、［マジック消しゴム］ツール

［背景消しゴム］ツールは、ブラシの中央の色を抽出してドラッグした部分にある近似色を透明にします。［マジック消しゴム］ツールは、クリックした部分の近似色をすべて透明にします。両ツールとも「背景」でも透明にします。

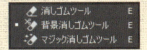

Lesson 03　色の設定と描画の操作

3-4 カラーの情報を読み取る

色の情報を読み取るには、［スポイト］ツールと［カラーサンプラー］ツールがあります。
この2つのツールは、画像の上をクリックすると、
クリックしたピクセルの色を吸い込むように読み込むことができます。
また、［情報］パネルでは、色を数値化して確認することができます。

［スポイト］ツールを使用する　CC　CS6　　Lesson 03 ▶ 3-4 ▶ 03_401.psd

画像の色を読み取る

［スポイト］ツール❶で画像の上をクリックすると❷、クリックした地点のピクセルの色が描画色❸に適用されます。

［ウィンドウ］メニューの［情報］を選択して表示される［情報］パネルで、色情報を数値で確認できます❹。

［スポイト］ツールのオプションバー

オプションバーの［サンプル範囲］❶では、色をサンプルするピクセルの範囲を設定することができます。［サンプルリングを表示］にチェックを入れると❷、クリックした際にカーソルを囲んだリングが表示され❸、リングの上にはこれから選択する色、リングの下には現在の色が表示されます。

上：これから選択する色（ピンク色）
下：現在の色（水色）

CHECK!

背景色に適用する

［スポイト］ツールで画像の上をクリックする際、Alt (option)キーを押しながらクリックすると背景色に適用されます。

拾った色が背景色に反映されてしまう場合

［カラー］パネルで背景色が選択されていると、［スポイト］ツールで拾った色が背景色に反映されてしまう現象が起きます。［カラー］パネルの［描画色を設定］をクリックして選択してから（グレーの枠が表示されます）、［スポイト］ツールを使用してください。

3-4 カラーの情報を読み取る

画像の上に[HUDカラーピッカー]を表示する CC CS6

[HUDカラーピッカー]機能で、画像上にポップアップでカラーピッカーを呼び出すことができます。HUDは「Head Up Display」の意味です。色の設定方法は[カラーピッカー]ダイアログボックスと同様です。

Lesson 03 ▶ 3-4 ▶ 03_401.psds

[HUDカラーピッカー]使用の環境設定 CHECK!

[HUDカラーピッカー]はOpenGLと呼ばれるグラフィック規格を利用します。それには[環境設定]ダイアログボックスで[パフォーマンス]を選択して[グラフィックプロセッサーを使用]にチェックして有効にしておきます。使用するパソコンのグラフィックプロセッサーによっては利用できないことがあります。

1 [スポイト]ツールや[ブラシ]ツールで、画像の上を Shift + Alt +右クリック(Macの場合は control + option + command +クリック)すると[HUDカラーピッカー]が表示されます。

[環境設定]ダイアログボックスは Ctrl (command)+ K キーで表示できます。

2 表示したらマウスボタンを押したままカーソルを移動して、右のカラーバーで色相を決め❶、左のカラーフィールドで、彩度・明度を設定します❷。マウスボタンを放すと描画色が設定されます。

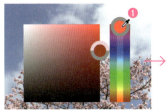 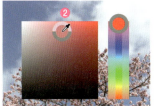

COLUMN

[HUDカラーピッカー]の形状

[HUDカラーピッカー]の形状は、[環境設定]ダイアログボックスの[一般]にある[HUDカラーピッカー]のプルダウンメニューで変更できます。

[カラーサンプラー]ツールを使用する CC CS6

[カラーサンプラー]ツールは、画像の色を4カ所読み取ることができます。クリックすると、1〜4の番号付きのマークが表示されます。[情報]パネルでは4カ所の色情報を比較できます。

Lesson 03 ▶ 3-4 ▶ 03_401.psd

[カラーサンプラー]のマークは、ドラッグすると移動し、Alt (option)キーを押しながらクリックすると削除することができます。

065

Lesson 03　練習問題

Lesson 03 ▶ Exercise ▶ 03_Q 01.psd

Q イラストに［ウェットメディアブラシ］を使って
水彩のようなタッチで色をつけてみましょう。
まったく同じようにならなくてよいので、
ブラシの操作を使いこなして自由に色を塗ることに慣れてください。

Before

After

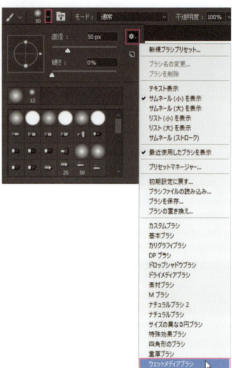

A ❶［ブラシ］ツールを選択して、オプションバーから［ブラシプリセットピッカー］を表示します。右上のピッカーメニューのボタンをクリックしてピッカーメニューを開き、［ウェットメディアブラシ］を選択します。「現在のブラシをウェットメディアブラシのブラシで置き換えますか？」というダイアログボックスが表示されるので［OK］または［追加］をクリックします。
❷［描画を設定］で任意の描画色を設定します。

色塗りは、［レイヤー］パネルの「レイヤー 1」で行います。［描画モード］を［乗算］に設定すると、下絵の黒い線が見えなくなりません。［描画モード］が［通常］のままだと、下絵の黒い線に塗りが掛かると見えなくなってしまいます。
❸描画色を変更し、［ブラシプリセットピッカー］の［直径］でブラシのサイズを変更したり、オプションバーの［不透明度］で濃度を変更しながら描画しましょう。

レイヤーの操作

An easy-to-understand guide to Photoshop

Lesson 04

Photoshopで画像を扱うときには、必ずといってよいほど使うのがレイヤーです。レイヤーとは「層」のことで、同じ平面に何枚もの透明な層を重ねたように画像を管理できる機能です。レイヤーに分けることで画像の管理と編集が楽になり、効果を使い分けて表現の幅が広がります。頻繁に利用するレイヤー機能についてしっかり理解しておきましょう。

Lesson 04 レイヤーの操作

4-1 レイヤーとはなにか？

レイヤーには「層」や「積み重ね」の意味がありますが、
1つのファイルの中に画像を重ねて保持することができる機能です。
また画像だけではなく、テキストやパスなどもレイヤーとして扱うことが可能です。

レイヤーのしくみ　CC　CS6　Lesson 04 ▶ 4-1 ▶ 04_101.jpg

重ね方を頭の中でイメージする

Photoshopのレイヤーの仕組みとしては、まず「背景」と［レイヤー］の区別があります。通常、写真などのピクセル画像を開くと「背景」のみの画像として展開されます。そしてその上にレイヤーを重ねていくことができます。

下の画像は3つのレイヤーから構成されています。一番下が黄色い背景。2番目は赤い帯状の画像。そして一番上にはテキストのレイヤーがあります。2番目のレイヤーの上の部分は透明、また文字の周りも透明なので、背景の黄色い地が見えているという状態です。

右はレイヤーパネルですが、画像が重なるのと同じように順番に重なっていることが確認できます。つまりこういった画像を作成する場合は、まず頭の中で順番を考えて、レイヤーとして重ねていけばいいということになります。画像の合成などではレイヤーの重ね方が重要になってきます。

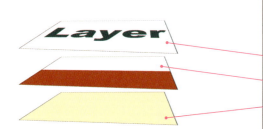

[レイヤー］パネル。背景の上に2つのレイヤーが重なっている状態です。左の図のような形で実際の画像と対応します。そしてこの画像は実際には、左下のように見ます。

一番上のテキストレイヤーを拡大表示したところ。下の2つのレイヤーを隠すとテキストレイヤーだけが表示されます。白とグレーの市松模様の部分は透明になっていることを示します。ここは下のレイヤーが見えるというわけです。

4-1 レイヤーとはなにか？

レイヤーパネルとパネルメニュー `CC` `CS6`

一番使う[レイヤー]パネル

レイヤーの扱いの基本は[レイヤー]パネルから行います（表示されていない場合は[ウィンドウ]メニューから[レイヤー]にチェックをして表示します）。レイヤーをドラッグしてレイヤーの順番を変更したり、個々のレイヤーの表示／非表示の切り替えなど、さまざまな操作が直接行えます。

パネル下部からは新規レイヤーを作成したり、削除をしたりといった操作が可能です❶～❼。さらに詳細な設定はパネルの右上のボタン❽をクリックしてパネルメニューを表示させます。たとえば複数のレイヤーをまとめてグループ化したり、レイヤーを統合したりという操作が行えます。

対象とするレイヤーを選択した上で操作します。
❶[レイヤーをリンク]
❷[レイヤースタイルを追加]
❸[レイヤーマスクを追加]
❹[塗りつぶしまたは調整レイヤーを新規作成]
❺[新規グループを作成]
❻[新規レイヤーを作成]
❼[レイヤーを削除]

[レイヤー]パネルメニュー。[レイヤー]メニューから同様の操作ができる場合もあります。自分が一番使いやすい方法を見つけましょう。

さまざまなレイヤーの種類 `CC` `CS6`

画像編集のやり直しが可能になる

デジタルカメラで撮影した画像はピクセルで構成されるので[ピクセルレイヤー]として扱います。

このほかにもベクトル形式のシェイプを扱うことができる[シェイプレイヤー]や、テキストを書体やサイズなどの属性を保ったまま扱える[テキストレイヤー]、色べたの[塗りつぶしレイヤー]、グラデーションの[グラデーションレイ

ヤー]などさまざまなレイヤーの種類があります。

また画像補正で便利なのが[調整レイヤー]です。[トーンカーブ]や[色相・彩度]などの色調補正をレイヤーとして保持することができます。[調整レイヤー]はダブルクリックでその色調補正を表示することができ、何度でも補正し直すことができるというメリットがあります。

[グラデーションレイヤー]❶、[テキストレイヤー]❷、[調整レイヤー]❸を使ったときの[レイヤー]パネル。レイヤーを使わずに作業をしてファイルを閉じてしまえば、もう元通りにはなりませんが、レイヤーとして保持していれば、やり直すこともできます。

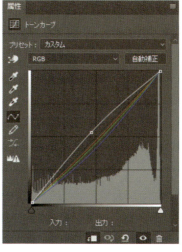

[調整レイヤー]の[トーンカーブ]のパネル。調整をしたあとでさらに調整し直すこともでき、この調整レイヤーを非表示か削除してまえば、元画像に影響を与えることなく、元の状態に戻すこともできます。

069

Lesson 04 レイヤーの操作

4-2 レイヤーの基本操作

レイヤーを扱うためには基本的な操作を覚える必要があります。
ただし頭の中で想像してもよくわからないので、とりあえず [レイヤー] パネルを使って
手を動かしてみましょう。複製や移動といった基本操作から始めましょう。

レイヤーパネルを使って操作する　CC　CS6

「背景」をレイヤーにする

デジカメで撮影したJPEGなどの画像を開いた段階では「背景」とだけ [レイヤー] パネルに表示されています。ただし、レイヤーの状態でないと使えないような機能、たとえば [レイヤーマスク] や [変形] などがたくさんあります。そういった機能を使いたい場合は「背景」をレイヤーに変更することが可能です。

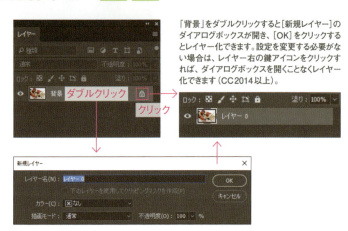

「背景」をダブルクリックすると [新規レイヤー] のダイアログボックスが開き、[OK] をクリックするとレイヤー化できます。設定を変更する必要がない場合は、レイヤー右の鍵アイコンをクリックすれば、ダイアログボックスを開くことなくレイヤー化できます (CC 2014以上)。

「背景」やレイヤーを複製する

「背景」やレイヤーをコピーして使いたい場面はよくあります。そんなときは「背景」またはレイヤーを [新規レイヤー] ボタンにドラッグ&ドロップしましょう。簡単に複製することができます。

[新規レイヤー] ボタン

レイヤーの移動

レイヤーは重なりの順番を簡単に変更することができます。右の例は、赤い帯の画像「レイヤー1」がテキストレイヤーよりも上 (前面) にあるため文字が半分隠れています。このような場合は「レイヤー1」レイヤーをつかんで、テキストレイヤーの下にドラッグします。文字が見えるようになります。

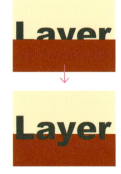

新規レイヤーの作成 CC CS6

何もしなければ透明になる

[新規レイヤー]はレイヤーを作成したい位置の下（背面）のレイヤーを選択した状態で、[レイヤー]メニューから[新規]→[新規レイヤー]をクリックします。[新規レイヤー]ダイアログボックスが表示されます。ここでレイヤー名をつけたり、[描画モード]（P.76を参照）などの設定ができますが、あとから変更できるので、初期設定で[OK]をクリックしてみましょう。

[レイヤー]パネルを確認すると、新規の「レイヤー1」が作成されています❶。画像の見た目には何も変化はありません。新規レイヤーは透明だからです。「背景」のサムネール左横にある目のアイコンをクリックして非表示にし❷、「レイヤー1」だけの表示にしてみます。市松模様が表示されますが、これはレイヤー上にピクセルがなく、透明な状態であることを示しています。

ショートカットキーは [Shift] + [Ctrl]（[command]）+ [N] です。下のダイアログボックスを表示する必要がなければ、[レイヤー]パネル下部の[新規レイヤーを作成]ボタンをクリックする方法もあります。

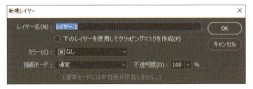

[新規レイヤー]ダイアログボックス。単に透明のレイヤーを1枚作るだけであれば初期状態で[OK]をクリックします。

レイヤーの左側にある目のアイコンは表示／非表示を切り替えるためのアイコンです。

市松模様になっているということは白ではなく透明であることを示します。この模様のサイズや色は[環境設定]の[透明部分・色域]から変更することができます。

べた塗りのレイヤーを作成する

[レイヤー]メニューの[新規塗りつぶしレイヤー]では、色やパターンでの塗りつぶしたレイヤーの作成が可能です。[べた塗り][グラデーション][パターンの選択]の3つが選べます。

[新規レイヤー]ダイアログボックスが表示されるので❶、[OK]をクリックします。そのあと、[べた塗り]の場合は、表示されたカラーピッカーで塗りの色を決めます❷。

必要に応じて[不透明度]（P.77を参照）や[描画モード]の調整をします。

❶[べた塗り]の[新規レイヤー]ダイアログボックス。[描画モード]や[不透明度]はあとから変更することもできます。

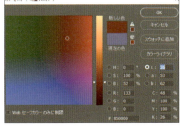

❷[カラーピッカー]で塗りの色を決めて[OK]をクリックします。

べた塗りレイヤーは、色の指定に全面白のレイヤーマスクがついていることがわかります。

不透明度が100％だと「背景」の画像は見えません。

レイヤーを結合する CC CS6

増えたレイヤーを整理する

作業をしているとレイヤーがどんどん増えてしまうことがあります。分けている意味がない場合は、複数のレイヤーを結合して、整理しながら作業をするといいでしょう。結合の仕方にはいくつかの方法があります。

[レイヤーを結合]
レイヤーを複数選択している状態でこの[レイヤーを結合]を行うと、選択しているレイヤーのみが結合します。

[表示レイヤーを結合]
[レイヤー]パネルの各レイヤーの左にある目の形のアイコンで表示／非表示を行い、表示されているレイヤーのみを結合します。

[画像を統合]
すべてのレイヤーを統合して、「背景」にします。

「レイヤー1」と「レイヤー2」を Shift キー+クリックで選択して❶、[レイヤー]パネルメニュー❷から[レイヤーを結合]を選択します❸。

選択していたレイヤーが1つに結合されます。

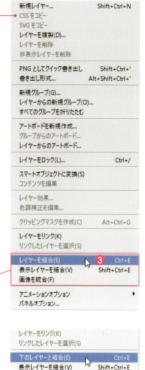

なお、1つのレイヤーを選択してパネルメニューをクリックすると[下のレイヤーと結合]というメニューになります。

レイヤーをロックする CC CS6

部分的なロックも可能

レイヤーにはロックをする機能がついています。作業を終えたレイヤーに対して不用意に触ってしまわないようにすることができます。ロックのかかったレイヤーは削除もできなくなります。

操作は[レイヤー]パネルの[ロック]で行います。ロックしたいレイヤーを選択した状態で4つのボタンのいずれかをクリックします。すべてをロックする以外に、レイヤーのピクセルをペイントツールで編集できなくなる[画像ピクセルをロック]など、4つの選択肢があります。

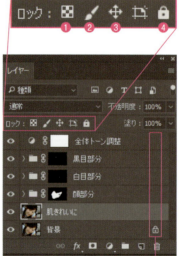

❶[透明ピクセルをロック]レイヤーの不透明部分だけが編集可能になります。
❷[画像ピクセルをロック]レイヤーのピクセルをペイントツールで編集できなくなります。
❸[位置をロック]レイヤーのピクセルを移動できなくなります。
❹[すべてをロック]レイヤー自体をロックします。

作業していないレイヤーをロックで保護するほかに、修正を加えていない画像をロックで保存しておく、1ファイルの中に補正のバリエーションをいくつか作ってロックしておく、といった使い方も可能です。

ロックされているかどうかは、この部分に表示されます。

レイヤーをグループにする CC CS6

フォルダを使った管理ができる

レイヤーを整理しながら使いこなすための機能に [グループ] があります。複数のレイヤーを1つのフォルダに入れて管理することができます。

たとえば合成を行う場合にパーツに分けた素材をそれぞれフォルダに入れて管理したり、同じ画像の補正のバリエーションをフォルダごとに作ったり、さまざまな使い方ができます。また [描画モード] や [透明度] を一括して適用できるというメリットがあります。

[レイヤー] パネルでグループにしたいレイヤーを Shift キー＋クリックで複数選択して❶、[新規グループを作成] ボタンにドラッグするか❷、[レイヤー] パネルメニューの [レイヤーからの新規グループ] を選びます❸。

または、新規グループを作って、そのフォルダの中にグループにしたいレイヤーをドラッグして収める方法があります。

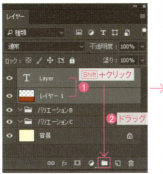
レイヤーを選択した状態で [新規グループを作成] ボタンにドラッグします。

2つのレイヤーが1つのフォルダに収まります。

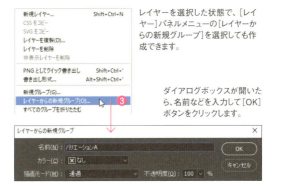
レイヤーを選択した状態で、[レイヤー] パネルメニューの [レイヤーからの新規グループ] を選択しても作成できます。

ダイアログボックスが開いたら、名前などを入力して [OK] ボタンをクリックします。

レイヤーをリンクする CC CS6

移動や整列に使える

レイヤーはリンクさせることにより、一体化させて扱うことができます。たとえば複数のレイヤーをリンクさせた場合は移動時にいっしょに動きます。[整列] を使って、リンクしたレイヤーを1つとして上に揃えるとか右に揃えるといった使い方が可能になります。

レイヤーをリンクさせたい場合は複数のレイヤーを Shift キーを押しながらクリックして選択します❶。そのままレイヤーパネルの [レイヤーをリンク] ボタンまでドラッグするか❷、[レイヤー] パネルメニューから、[レイヤーをリンク] を選択します。

複数のレイヤーを選択した状態で [レイヤーをリンク] ボタンにドラッグします。

レイヤーがリンクしている状態のマーク❸。解除するためには [レイヤーをリンク] ボタンをクリックします❹。

赤い帯の部分とテキストをリンクさせてみます。

上方向に移動させるとリンクする2つのレイヤーがまとまって移動します。

Lesson 04 レイヤーの操作

4-3 レイヤー操作の実践

実践ではさらに進んだレイヤーの扱い方を実際に手を動かしながら学んでみましょう。
レイヤーにマスクをつけたり、レイヤーを変形したりという、
画像を扱うための重要なテクニックです。

STEP 01　レイヤーマスクで切り抜く

Before　　After

マスクについてはLesson07で学びますが、ここでは簡単にレイヤーマスクを使って切り抜く方法にチャレンジしてみましょう。Lesson02の選択範囲を一歩進めたテクニックです。

📥 Lesson 04 ▶ 4-3 ▶ 04_301.psd

1 ［クイック選択］ツールを使ってぬいぐるみを選択します。

Lesson02の2-3で紹介した［選択とマスク］で選択範囲を修正しましょう。

2 ［レイヤー］パネルで「背景」の鍵アイコンをクリックして❶「レイヤー0」にします。［レイヤーマスクを追加］ボタンをクリックします❷。

3 選択範囲がレイヤーマスクに変換されて、ぬいぐるみが切り抜かれます。

上のようなマスクができ、ぬいぐるみの背景が透明になっていればOKです。

4 バックに色を敷いてみます。［レイヤー］メニューから［新規塗りつぶしレイヤー］→［べた塗り］を選択し、塗りつぶしレイヤーを作成します。

ここでは塗りつぶしレイヤーを「べた塗り1」という名前で作成し、［カラーピッカー］で水色を選択しました。全面が水色で塗りつぶされるので、「べた塗り1」レイヤーを下（背面）にドラッグしてぬいぐるみを表示します。

STEP 02　レイヤーの変形　CC　CS6

Before

After

レイヤーは回転や拡大・縮小などの変形が可能です。また撮影時の歪みを補正したり、自由に変形することもできます。

Lesson 04 ▶ 4-3 ▶ 04_302.jpg

1 「背景」の場合は、[レイヤー]パネルで「背景」の鍵アイコンをクリックして「レイヤー0」に変換しておきます。[移動]ツールを選択して❶、[バウンディングボックスを表示]にチェックを入れます❷。

2 バウンディングボックスが表示されたらハンドルを操作します。角の外側に持っていくとカーソルが図のような曲がった矢印になります。

3 この状態でドラッグすると、自由に回転させることができます。角度が決まったら、画面内をダブルクリックするか、Enter（return）キーで確定します。

4 角のハンドルの上にカーソルを持っていくと拡大・縮小が行えます。Shiftキーを押しながらドラッグすると縦横の比率を保ったまま拡大・縮小できます。ちょうどいい位置で確定します。

変形ツールを利用する

ほかに[編集]メニューの[変形]からは[ゆがみ][自由な形に][遠近法][ワープ]など、さまざまな変形ツールの使用が可能です。

変形に関しては、このほかにも[フィルター]メニューから操作する方法もあります。

COLUMN

グリッドを表示する

きちんと水平・垂直を出したい場合は画面にグリッドを表示させるといいでしょう。[表示]メニューから[表示・非表示]→[グリッド]を選択します。

レイヤーと描画モード

初期設定は [通常] モード

レイヤーには、そのひとつひとつに [描画モード] の設定ができます。この切り替えにより、下のレイヤーと重ねる際の演算方法が変わり、画像の見た目も変化します。

初期設定では [通常] になっています。たとえば3枚のレイヤーにそれぞれイエロー、マゼンタ、シアンの円を描いた場合、[描画] モードが [通常] の場合は、下の2枚のレイヤーは見えません❶。

ただし、円の周囲が透明になっていると、下のマゼンタやシアンの円の上の円と重ならない部分は見えています❷。

上のレイヤーが透明な部分では下のレイヤーが見えますが、ピクセルがある部分は色が白でも下のレイヤーは見えません。白と透明は違うということです。これが [通常] モードの基本です。

[レイヤーパネル] の [描画モード] をクリックするとさまざまなモードがポップアップで表示されます。

イエロー、マゼンタ、シアンの円を3つのレイヤーに描いた状態。

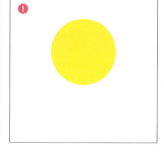

[描画モード] が [通常] だと一番上のレイヤーしか見えません。

[描画モード] は [通常] ですが、円の周りを透明にしてみます。

透明になっている円の周囲の部分だけ下のレイヤーが見えています。

[乗算] にするとどうなる？

[描画モード] を [通常] から [乗算] に切り替えてみます❸。このモードでは下のレイヤーと掛け合わせる効果があります。たとえばシアンとイエローが重なっている部分はグリーンに、マゼンタとイエローが重なっている部分はレッドになっていますが、これはインキを混ぜた場合の減法混色と同じような効果があります。

[乗算] は頭の中でもその効果がイメージしやすく、画像に対して別の色をプラスしたい場合に使いやすいモードと言えます。

イエローとマゼンタのレイヤーの [描画モード] を [乗算] にしてみます。

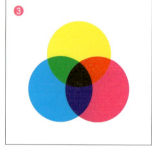

上のレイヤーを [乗算] にすると下のレイヤーに掛け合わせで合成されるようになります。

［不透明度］をコントロール　CC　CS6

レイヤーの不透明度が変化する

［描画モード］とともに覚えておきたいのは［不透明度］の調整です。この調整でレイヤーを重ねる際の効果がコントロールできます。画像は前ページの画像❶と同様に［通常］で重ねていますが、［不透明度］を50％にしたため下のレイヤーが透けて見えるようになりました。Photoshopでの重要な調整項目といえるので、ぜひ覚えておきましょう。

［レイヤー］パネルで［不透明度］を50％に設定します。

［不透明度］の％を下げていけば、色は薄くなり、下が透けるようになります。

コントラストの変更に使う　CC　CS6

Lesson 04 ▶ 4-3 ▶ 04_304.jpg

ドラマチックなイメージに演出

［描画モード］には多くの種類があるので、ひとつひとつの紹介はできませんが、実際に自分で切り替えてみれば、その効果を簡単に確認することができます。

たとえば写真であれば、レイヤーパネルの「背景」を［新規レイヤーを作成］ボタンにドラッグしてコピーを作成し❶、そのレイヤーの［描画モード］を切り替えてみるといいでしょう。

画像❷は［乗算］にしたので、下のレイヤーに掛け合わされ暗くなりました。また、画像❸では［焼き込みカラー］を使ったので、コントラストが高くなりドラマチックなイメージになりました。どちらもその効果を調整するため、不透明度を少し下げています。

［描画モード］ではかなり特殊な効果がかかるものもありますが、ドラマチックな演出をしたい場合などに効果的なモードもあります。いろいろと切り替えて感覚をつかみ、［不透明度］で効果を調整しながら利用するといいでしょう。

少し軟調気味な元画像。

「背景」をコピーして「背景のコピー」レイヤーの［描画モード］を変更します。

［描画モード］を［乗算］にすると暗くなります。

［焼き込みカラー］を使うとコントラストが強くなります。

Lesson 04 レイヤーの操作

4-4 さまざまなレイヤーの機能

レイヤーには、単に画像を重ねて合成するというような使い方だけでなく、
ドロップシャドウをつける効果、テキストやベクトルデータを扱う、
色調補正をレイヤーとして保存するなど、さまざまな機能があります。

レイヤースタイル CC CS6

レイヤーにさまざまな効果をかける

レイヤースタイルを使うとレイヤーに対して、影をつけたり、立体的に見せたり、光の効果を加えたり、さまざまなことが可能になります。基本は[描画モード]や[不透明度]の調整といった[レイヤー効果]ですが、その他にも[輪郭][シャドウ][光彩]などさまざまな効果が用意されていて、それらの効果を複合させながら扱うことができます。自分でカスタマイズした効果は[スタイル]として保存しておくことが可能なので、別のドキュメントに対しても、保存しておいたスタイルを読みだして適用すれば、簡単に同様の効果を与えることが可能です。

通常のピクセルレイヤーに対してこの効果をかけるのはもちろんですが、文字に対して効果をかけることにより、立体的なロゴを作ったりすることも可能になります。

レイヤー効果の基本的な設定です。

さまざまな効果の組み合わせが可能です。

[レイヤー]メニューから[レイヤースタイル]→[レイヤー効果]を選ぶか、あるいはレイヤー自体をダブルクリックすることで[レイヤースタイル]ダイアログボックスが開きます。

STEP 01　ドロップシャドウをかける　CC　CS6

After

レイヤーマスクを使って切り抜いた画像を利用して、ドロップシャドウをかけてみましょう。影をつける効果があります。レイヤースタイルの[ドロップシャドウ]を使います。

Lesson 04 ▶ 4-4 ▶ 04_401.psd

1 P.74で説明した、レイヤーマスクを使って切り抜きをした画像を使います。

黄色の「べた塗り1」のレイヤーの上に、レイヤーマスクで切り抜いた人形の写真が乗っている状態です。

2 [レイヤー]パネルで影をつける写真のレイヤーを選択してパネルメニューから[レイヤー効果]を選択するか、サムネール画像をダブルクリックします。

ダブルクリック

3 [レイヤースタイル]のダイアログボックスが表示されたら、左下の[ドロップシャドウ]をクリックします。左にチェックがついたら[OK]をクリックします。

必要に応じて影の濃さ（[不透明度]）や[角度]などの調整をしてもよいでしょう。

4 レイヤーの下に、右に下がって[効果]とその種類の[ドロップシャドウ]が表示されます。

[効果]あるいは[ドロップシャドウ]のレイヤー部分をダブルクリックすると[レイヤースタイル]ダイアログボックスが再び表示され、調整をし直すことが可能です。

テキストにレイヤースタイルを適用する　　Lesson 04 ▶ 4-4 ▶ 04_402.psd

テキストに対して[レイヤースタイル]を適用すると、ロゴデザインなどにも使えます。作成したスタイルは保存することができます（P.165を参照）。ネット上でもさまざまなカスタマイズされたスタイルが公開されているので、ダウンロードして、その内容を調べてみるといいでしょう。

さまざまな[レイヤー効果]を組み合わせて、テキストに対して適用した例です。浮き彫り加工風の[エンボス]や[シャドウ]などの効果を組み合わせました。

Lesson 04 レイヤーの操作

テキストレイヤー CC CS6　 Lesson 04 ▶ 4-4 ▶ 04_403.psd

文字ツールを使うとできるレイヤー

[横書き文字]ツールまたは[縦書き文字]ツールで画面内をクリックあるいはドラッグすることにより[テキストレイヤー]が作成され、文字の入力が可能になります。

テキストレイヤーは書体やサイズ、字間、行間などのテキストとしての属性を保持できるのがポイントです。つまり、あとから書体やサイズなどの変更が自由にできます。

簡単な設定はオプションバーから、複雑な設定は[文字]パネルから可能です。また、[段落]パネルでは、複数行に渡る文字組みの設定などができます。文字について詳しくはLesson 05で解説します。

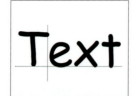

文字と文字の間にカーソルを置き、Alt (option)キー+左右のカーソルキーで、字間の調整ができます。

[テキストツール]の選択時にオプションバーから書体やサイズ等の設定ができます。

[文字]パネルでは、字間や行間、長体、平体などの設定もできます。

[段落]パネルでは、文字列の配置やインデントなど、書式に関する設定をすることができます。

シェイプレイヤー CC CS6　 Lesson 04 ▶ 4-4 ▶ 04_404.psd

ベクトルデータで滑らかに描画するレイヤー

[シェイプレイヤー]ではベクトルデータが扱えます。ベクトルデータを扱うツールとしてはIllustratorが有名ですが、Photoshopでも機能は簡略化されていますが同じような操作が行えるということです。ベクトルデータの図形は大きく拡大しても滑らかな状態のままというのが大きな特長です。

[シェイプ]ツールまたは[ペン]ツールを選択し、オプションバーで[シェイプ]が選択された状態で図形を作成します。これも詳しくはLesson 05で解説します。

この図形をピクセル画像にすることを「ラスタライズ」といい、[レイヤー]メニューの[ラスタライズ]から行います。

ハサミは[カスタムシェイプ]ツールを使って作成しました。

[シェイプレイヤー]上では滑らかな状態のまま図形の拡大・縮小や変形が可能です。

図形やテキストのラスタライズは[レイヤー]メニューの[ラスタライズ]より行います。一度ラスタライズしてしまうと、拡大・縮小や変形時に画質が劣化するようになります。

調整レイヤー CC CS6

Lesson 04 ▶ 4-4 ▶ 04_405.psd

何度もやり直しができる色調補正のレイヤー

調整レイヤーは[トーンカーブ]や[レベル補正]などの[色調補正]をレイヤーとして扱うことができる機能です。

通常の[イメージ]メニューの[色調補正]は、補正後にファイルを閉じてしまえば、あと戻りをすることができません。この調整レイヤーはレイヤーとして色調補正の情報が保存されており、元の画像はそのままです。画像の非破壊編集ができ、いつでも調整のやり直しが可能です。

簡単な補正でやり直す可能性がない場合は別ですが、あと戻りをする必要がありそうな場合は、この調整レイヤーで作業を行うのがおすすめです。

調整レイヤーの使い方

新規で色調補正レイヤーを作成する方法はいくつかあります。[レイヤー]メニューから[新規調整レイヤー]を選択する方法❶、[レイヤー]パネルの下部の[塗りつぶしまたは調整レイヤーを新規作成]ボタンから目的の調整を選ぶ方法❷、[色調補正]パネルから[調整アイコン]をクリックする方法❸です。

調整自体は[属性]パネルを使って行います。[レイヤー]パネルで調整レイヤーを選択すれば何度でも調整し直すことが可能で、調整レイヤー自体を削除してしまえば、画質の劣化なく元の状態に戻せます。

調整レイヤーもレイヤーなので、[描画モード]や[不透明度]を変更することが可能です。これにより通常の色調補正ではできないような効果も得られます。

❶[レイヤー]メニューの[新規調整レイヤー]から選択します。

❷[レイヤー]パネルの[塗りつぶしまたは調整レイヤーを新規作成]ボタンをクリックして選択することも可能です。これは[トーンカーブ]と[色相・彩度]の調整レイヤーを追加した[レイヤー]パネルの状態です。

❸[色調補正]パネルのアイコンでも選択できます。明るさ・コントラスト、レベル補正、トーンカーブ、露光量、自然な彩度、色相・彩度、カラーバランス、白黒、レンズフィルター、チャンネルミキサー、カラールックアップ、階調の反転、ポスタリゼーション、2階調化、特定色域の選択、グラデーションマップの16種類です。

調整レイヤーの設定は[属性]パネルで行います。[トーンカーブ]の調整をしているところです。

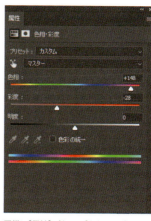

同様に[属性]パネルで[色相・彩度]の調整をしているところです。

上の2つの調整レイヤーによって、この写真に対して色調補正を行ってみます。

[トーンカーブ]で全体に明るくし、[色相・彩度]にマスクをつけて台の部分だけ色相を変更しました。

スマートオブジェクト Lesson 04 ▶ 4-4 ▶ 04_406.psd

フィルターのあと戻りも可能

[スマートオブジェクト]は配置された画像を、元の画像はそのままに補正や編集ができる機能です。[スマートフィルター]と組み合わせることにより、画質を劣化させることなくさまざまなフィルター効果をかけることが可能です。たとえば、[ゆがみ]や[ぼかし][アンシャープマスク]など、従来は効果をかけてファイルを閉じてしまうとあと戻りができませんでしたが、この[スマートオブジェクト]を利用すれば、あとからフィルター効果の調整や削除が簡単に行えます。

使い方はまず「背景」やレイヤーを[スマートオブジェクト]に変換します❶。あとは[フィルター]メニューから、適用したいフィルターをかけるだけです。[スマートフィルター]についてはLesson08の8-2で解説します。

Camera Rawフィルターがおすすめ

[スマートオブジェクト]化した画像に対して[フィルターギャラリー]でフィルターをかけた状態のレイヤーが❷です。フィルターのレイヤーをダブルクリックすれば、各フィルターのダイアログボックスが表示されるので、再度調整し直すことが可能です。

[スマートフィルター]ではさまざまなフィルターを適用できますが、[Camera Rawフィルター]❸は特におすすめです。[色温度]の調整などがしやすく、ホワイトバランスをうまく補正したい場合に便利です。[Camera Rawフィルター]についてはLesson10の10-9で解説します。

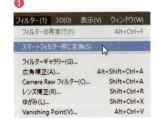

[スマートオブジェクト]化する方法はいくつかあります。これは[フィルター]メニューから[スマートフィルター用に変換]を選択する方法です。

[レイヤー]メニューの[スマートオブジェクト]から[スマートオブジェクトに変換]を選ぶ方法もあります。このほかに[レイヤー]パネルメニューからも[スマートオブジェクト]化できます。

[スマートオブジェクト]化し、[フィルターギャラリー]をかけた状態。再度調整したい場合は、フィルターのレイヤーをダブルクリックします。

[Camera Rawフィルター]をかけた場合の[レイヤー]パネルの状態です。

[フィルターギャラリー]のダイアログボックス。[グラフィックペン]を使って加工しているところ。

[Camera Rawフィルター]のダイアログボックス。色温度や露光量の調整が簡単です。

[フィルターギャラリー]の[グラフィックペン]を適用。

[Camera Rawフィルター]を適用。

4-4 さまざまなレイヤーの機能

STEP 02　非破壊的な切り抜き　CC　CS6

Before

After

以前の[切り抜き]では、トリミングしたあとの周囲の画像はなくなってしまいましたが、CS6以降では全体の画像を保持しておいて、あとから復活させることも可能です。

Lesson 04 ▶ 4-4 ▶ 04_407.jpg

1 ツールバーから[切り抜き]ツールを選択し❶、オプションバーの[切り抜いたピクセルを削除]のチェックを外します❷。

2 ドラッグしてトリミングの範囲を決めます。周囲のハンドルの操作により細かい修正が可能です。

3 画面内をダブルクリックするか、Enter（return）キーで切り抜きが実行されます。「背景」が「レイヤー0」となり、周囲の画像が保持された状態になります。

4 切り抜き範囲を再度調整したい場合は、[切り抜き]ツールを選択して、画面内をクリックします。**2**の切り抜き範囲選択の状態に戻すことが可能です。

画像を統合する　CC　CS6

レイヤーを破棄してまとめる

非破壊的な切り抜きはレイヤーの状態でのみ可能です。ただし、余計な部分の画像を保持している状態なので、ファイルの容量は大きくなります。この部分を捨てて容量を小さくしたい場合は、[レイヤー]メニューから[画像を統合]を行います。[画像を統合]ではすべてのレイヤーがなくなり、1枚の「背景」になります。レイヤーを統一したい場合に利用しましょう。

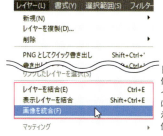

[レイヤー]メニューから[画像を統合]を選択します。レイヤーをまとめたい場合には、[レイヤーを結合]や[表示レイヤーを結合]とうまく使い分けましょう。

Lesson 04　練習問題

Lesson 04 ▶ Exercise ▶ 04_Q 01.jpg

　人形を切り抜いて、その上に文字を乗せてみます。
レイヤーは3つです。一番下に水色の塗りつぶしレイヤーを作りましょう。
2番目のレイヤーは人形の写真です。レイヤーマスクで切り抜いてください。
一番上はテキストレイヤーです。オレンジ色に塗り、ドロップシャドウをつけます。
細かい部分よりも、レイヤーの重なり方を理解するようにしましょう。

Before

After

❶ [レイヤー] パネルの「背景」の鍵アイコンをクリックして「レイヤー0」にします。

❷ [クイック選択] ツールを使って人形を選択します。[選択範囲に追加] で範囲を広げていきます。はみ出したら Alt (option) キーを押しながらドラッグすると選択範囲からマイナスできます。うまくいかない場合は [選択とマスク] で調整をします。

❸ [レイヤー] パネル下部の [レイヤーマスクを追加] ボタンをクリックします。人形が切り抜かれます。

❹ [レイヤー] メニューから [新規塗りつぶしレイヤー]→[べた塗り] を選びます。[カラーピッカー] で水色にして [OK] をすると全面水色の画像になります。[レイヤー] パネルで「べた塗り」レイヤーを「レイヤー0」の下にドラッグします。

❺ テキストレイヤーを作ります。[レイヤー] パネルで「レイヤー0」を選択した状態で、ツールボックスの [横書き文字] ツールを選択し、画像の上でクリックします。カーソルが点滅したら「Matryoshka」と文字を入力します。文字の書体、サイズ、カラーはオプションバーで任意に設定してください。

❻ テキストにドロップシャドウをつけます。「Matryoshka」のテキストレイヤーをダブルクリックします。

❼ [レイヤースタイル] ダイアログボックスが表示されるので、左側の [ドロップシャドウ] という文字部分をクリックすると、選択されてチェックが入ります。右側の [不透明度] [角度] [距離] [スプレッド] [サイズ] などは任意に調整し、[OK] をクリックします。

文字とパス、シェイプ

An easy-to-understand guide to Photoshop

Lesson 05

Photoshopは文字を入力すると、テキストレイヤーとして［レイヤー］パネルに表示されます。入力したあとでも書体やサイズ、色などの属性を変更することができます。文字を自由に変形することもできます。また、［ペン］ツールやシェイプツールで描くパスやシェイプといったベクトルデータの作成と編集についても解説します。

Lesson 05 文字とパス、シェイプ

5-1 文字の入力と編集

文字の入力は、横組みの場合は[横書き文字]ツール、
縦組みの場合は[縦書き文字]ツールで画面上をクリックして文字を入力します。
[文字]ツールのオプションバーや、[文字]パネル、[段落]パネルを使用して
文字の属性や文字の揃え方を設定します。

文字を入力する　CC CS6　Lesson 05 ▶ 5-1 ▶ 05_101.jpg

文字ツールの使い方

1 ツールバーから文字ツールを選択します(ここでは[横書き文字]ツール)❶。オプションバーで[フォントの検索と選択][フォントスタイルを設定]❷で文字の種類、[フォントサイズを設定]❸で文字のサイズを設定します。文字の色は[テキストカラーを設定]❹をクリックします。

2 [カラーピッカー(テキストカラー)]ダイアログボックスが表示されるので、任意の色を選んで[OK]をクリックします。オプションバーの[テキストカラーを設定]が選んだ色になるので確認しておきましょう。

> **CHECK!**
> ### 文字色と描画色
> 入力される文字の色は[テキストカラーを設定]で設定した色で、ツールバーの[描画色]ではないので注意しましょう。

入力される文字の色

入力される文字の色ではありません

5-1 文字の入力と編集

3 文字を入力したい位置でクリックするとカーソルが点滅するので❶、キーボードで文字を入力します❷。入力後は、オプションバーの[現在の編集をすべて確定]ボタン（[○]ボタン）❸をクリックするか、Ctrl（command）+ Enter（return）キーを押すと入力が確定します。

文字ツールで画像上をクリックすると同時に、[レイヤー]パネルにはテキストレイヤーが作成されます。

余白をクリックして確定
CC 2017では、テキストを入力後、余白（空いている箇所）をクリックするだけでテキストが確定できます。

COLUMN

ポイントテキストと段落テキスト
単語や短い文章は、文字ツールでクリックして入力しますが、これを「ポイントテキスト」といいます。長文は、文字ツールをドラッグして表示されるテキストエリアの中に文字を入力します。これを「段落テキスト」といいます。

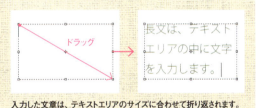

入力した文章は、テキストエリアのサイズに合わせて折り返されます。

文字を移動する

文字の移動は[移動]ツール❶を使用します。テキストレイヤーが選択されていることを確認してドラッグします。

文字を選択する

[レイヤー]パネルでテキストレイヤーのサムネールをダブルクリックすると❶、すべての文字が選択されます。文字ツールで部分的に文字をドラッグすると❷、ドラッグした文字のみが選択できます。選択した文字は、修正することができます。

文字の設定 CC CS6

文字ツールのオプションバーとパネル

基本的な文字の設定は、文字ツールのオプションバーで設定できますが、[文字]パネルや[段落]パネルでも設定することができます。ここでは、オプションバーとパネルの基本的な使用方法を紹介します。[ウィンドウ]メニューから[文字]、[段落]を選択して[文字]パネル、[段落]パネルを表示します。

❶ [テキストの方向の切り替え]
テキストレイヤーが選択された状態でクリックすると、横組みから縦組みへ、または縦組みから横組みに変更できます。

❷ [フォントの検索と選択]
右端の▼をクリックすると、一覧から文字の種類が選択できます。

❸ [フォントスタイルを選択]
クリックすると、太さや幅などスタイルを持つ文字が選択できます。

❹ [フォントサイズを設定]
文字のサイズを設定します。

❺ [アンチエイリアスの種類を設定]
文字の輪郭の見え方を設定します。

❻ 左から[テキストの左揃え]
[テキストの中央揃え][テキストの右揃え]
行揃えの設定をします。

❼ [テキストカラーを設定]
サムネールをクリックすると、[カラーピッカー(テキストカラー)]ダイアログボックスが表示され、文字の色が設定できます。

❽ [文字]パネルと[段落]パネルの切り替え
クリックすると[文字]パネル、[段落]パネルが表示されます。

5-2 文字の変形

文字を歪ませるような変形を行うには、ワープテキスト機能を使用します。変形後も文字列を修正することができます。また、パスの曲線に沿って文字を配置したり、バウンディングボックスで文字の変形もできます。

STEP 01　ワープテキストで文字を変形する　CC CS6

Lesson05 ▶ 5-2 ▶ 05_201.psd

ワープテキストを適用する

入力したテキストを、さまざまな形に変形できるのが［ワープテキスト］です。テキストレイヤーは、ベクトルデータのレイヤーなので、変形しても劣化することはありません。

1 文字ツールで文字列をドラッグして選択するか、字間をクリックしてカーソルを挿入してから❶、オプションバーの［ワープテキストを作成］ボタン❷をクリックします。

2 ［ワープテキスト］ダイアログボックスが表示されます。［スタイル］❶から任意の項目を選択します。ここでは、［下弦］を選択しています。［カーブ］［水平方向のゆがみ］［垂直方向のゆがみ］のスライダーをドラッグして調整し❷、［OK］をクリックすると、ワープテキストが適用されます。

ワープテキストを解除する

ワープテキストを解除するには、文字ツールで文字列をドラッグして選択するか❶、字間をクリックしてカーソルを挿入して選択します。オプションバーの［ワープテキストを作成］ボタン❷をクリックして、［ワープテキスト］ダイアログボックスで［スタイル］から［なし］❸を選択し［OK］ボタンをクリックすると、元の文字列になります。

STEP 02　文字をバウンディングボックスで拡大・縮小する　CC CS6　Lesson05 ▶ 5-2 ▶ 05_201.psd

文字ツールのオプションバーとパネル

1 ［移動］ツールを選択し❶、オプションバーの［バウンディングボックスを表示］❷にチェックを入れると、バウンディングボックスが表示されます。マウスポインタを四隅のハンドルに合わせると、カーソルの形が斜めの両方向矢印に変わります❸。

2 四隅のハンドルを Shift キーを押しながらドラッグすると、縦横の比率を保ちながら拡大・縮小できます。

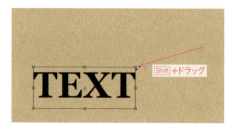

3 Shift キーを押さずにドラッグすると、縦横の比率を保たず変形されます。四辺のハンドルをドラッグすると、縦か横は保ったままどちらか一方だけを変形します。

> **COLUMN**
>
> **変形コマンド**
>
> テキストレイヤーを選択し、［編集］メニューの［自由変形］や［変形］の項目でも文字を変形することができます。

STEP 03　パスに沿って文字を入力する　CC　CS6

Lesson05 ▶ 5-2 ▶ 05_201.psd

1 ［ペン］ツールでパスを作成します。

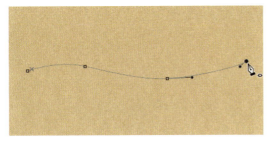

パスの作成については5-4「パスの作成と編集」を参照してください。

パスに沿った文字を移動する

図の赤丸部分を［パスコンポーネント選択］ツール❶で、カーソルをドラッグすると❷、パス上で文字の位置を移動したり、パスの反対側に文字を移動することができます。

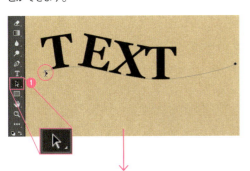

パス上で文字の位置を移動

パスの反対側に移動

2 文字ツールでパス上をクリックすると❶、パス上にカーソルが点滅します。パスに沿って文字を入力することができます❷。

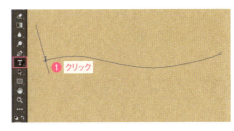

COLUMN

文字のラスタライズ

テキストレイヤーに［フィルター］メニューの項目を実行しようとすると、「ラスタライズするか、スマートオブジェクトに変換する必要があります」というダイアログボックスが表示されます。ラスタライズとは、ベクトルデータをビットマップデータに変換することをいい、文字の編集はできなくなります。あとから文字を編集するときのために、レイヤーのコピーを作成して❶❷、コピーしたレイヤーに［レイヤー］メニューから［ラスタライズ］→［テキスト］を選択して事前にラスタライズするとよいでしょう❸。

スマートオブジェクトに変換してのフィルター適用については、8-2を参照してください。

Lesson 05　文字とパス、シェイプ

5-3　パスとシェイプ

「パス」と「シェイプ」は、[ペン]ツールや各種シェイプツールを使用しますが、ベクトルデータを作成する機能があります。図形を描画するだけでなく、選択範囲やマスクを作成する際にも使用します。

パスとシェイプの特徴　CC　CS6　Lesson05 ▶ 5-3 ▶ 05_301.psd

パスやシェイプを使いこなすために、それぞれの特徴を理解しましょう。主に、パスは選択範囲やマスクを作成する際に使用し、シェイプは色を設定した図形を作成する際に使用します。

パス

パスは、アンカーポイントとセグメントで結ばれた図形のことで、選択したときにだけパスが表示されます。

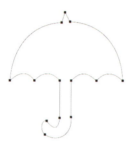

シェイプ

シェイプは、シェイプツールで作成された色の設定が可能な図形のことで、[レイヤー]パネルにはシェイプレイヤーが作成されます。

塗りが指定できます

[ペン]ツールで描画するとパスが作成され、[パス]パネルには[作業用パス]が表示されます。

[ペン]ツールや[フリーフォームペン]ツールを使用するとパスが作成できます。

シェイプツールでドラッグしてシェイプを作成すると、[レイヤー]パネルには「シェイプ」レイヤー、[パス]パネルには「シェイプ1シェイプパス」が表示されます。

これら6つのツールを総称してシェイプツールといいます。

パスとシェイプの切り替え

[ペン]ツールやシェイプツールを使用する際、オプションバーの[ツールモードを選択]から[パス]として作成するのか、[シェイプ]として作成するのかを選択することができます。[ペン]ツールを選択していても、オプションバーで[シェイプ]❶を選択するとシェイプの図形を作成することができ、シェイプツールを選択していても、オプションバーで[パス]❷を選択するとパスの図形を作成することができます。

[ペン]ツールは、通常[パス]の設定でパスを作成しますが、[シェイプ]を選択してシェイプの作成もできます。

シェイプツールは、通常[シェイプ]の設定でシェイプを作成しますが、[パス]を選択してパスの作成もできます。

パスとアンカーポイントの概要 Lesson05 ▶ 5-3 ▶ 05_302.psd

パスオブジェクトを構成する要素

オブジェクトは、点（アンカーポイント）と線（セグメント）で構成されています。「セグメント」とは、2つのアンカーポイント間のひとつの線分のことで、すべてのアンカーポイントとセグメントのことを総称して「パスオブジェクト」（または「パス」）といいます。曲線の操作は、アンカーポイントから出ているハンドルをドラッグして行います。

パスの種類

端点（始点と終点）が閉じているパスを「クローズパス」といい、端点が開いているパスを「オープンパス」といいます。Photoshopではシェイプレイヤーを作成したり、パスを選択範囲として作成する場合が多いので、一般的にクローズパスのほうを多く利用します。

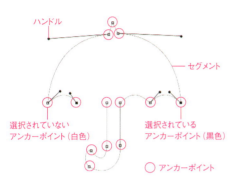

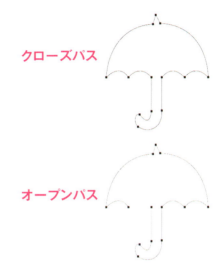

アンカーポイントの種類

曲線には2種類のアンカーポイントがあります。アンカーポイントから一直線の2本のハンドルがで出ていると、なめらかな曲線が描けます。このようなアンカーポイントを「スムーズポイント」といいます。それに対して、角になっているアンカーポイントを「コーナーポイント」といい、「独立して動く2本のハンドル」「ハンドルが1本」「ハンドルがない」の3種類のアンカーポイントになります。

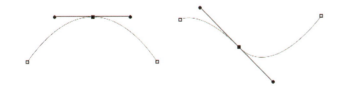

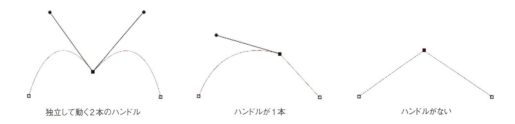

Lesson 05 文字とパス、シェイプ

5-4 パスの作成と編集

パスを正確に描画するには、アンカーポイントの位置とセグメントの調整が重要です。
とくに人物や商品など、被写体の輪郭をトレースして切り抜く場合は
［ペン］ツールの正確な操作が欠かせません。
［ペン］ツールの基本操作をしっかりマスターしましょう。

STEP 01 ［ペン］ツールの基本操作 CC CS6

Lesson05 ▶ 5-4 ▶ 05_401.psd

直線を描く

1 ［ペン］ツール❶を選択し、オプションバーで［パス］❷を選択していることを確認します。

2 直線の始点をクリックして離れた位置でクリックすると、その2点がつながり直線が描画されます。クリックを繰り返すと連続した直線が描画されます。

描画が終了したら、［ペン］ツールをクリックするか、Ctrl（command）キーを押して余白をクリックします。

3 ［パス］パネルには、［作業用パス］として表示されます。なお、［レイヤー］パネルには何も表示されません。

> **CHECK！**
> **水平、垂直、45度で直線を描く**
>
> ［ペン］ツールで直線を描画する際、Shiftキーを押しながらクリックすると水平線、垂直、45度線が描画できます。

クローズパスを描く

［ペン］ツールで線を描画し、最後に始点のアンカーポイントにカーソルを置き、カーソルが変わったらクリックしてパスを閉じると、クローズパス（閉じた図形）になります。

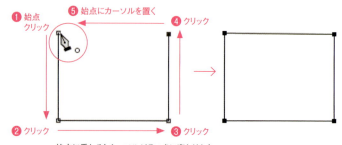

始点に重ねるとカーソルが○つきに変わります。
クリックするとクローズパスになります。

094

アンカーポイントを追加する

1 ［パスコンポーネント選択］ツールや［パス選択］ツールで、パスをクリックして選択します。

2 ［アンカーポイントの追加］ツール❶を選択してセグメント上にカーソルを置き❷、クリックするとアンカーポイントが追加されます。

セグメント上に置くとカーソルが＋つきに変わります。クリックするとアンカーポイントが追加されます。

3 追加したアンカーポイントをドラッグすると曲線になります。

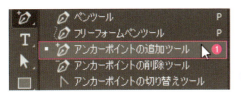

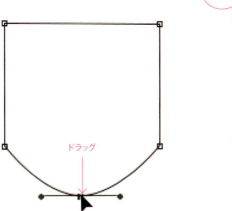

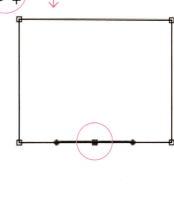

COLUMN

パス選択ツールの使い分け

［パスコンポーネント選択］ツールはクリックしたパス全体を選択し、［パス選択］ツールはクリックまたはドラッグしたセグメントやアンカーポイントだけを選択します。

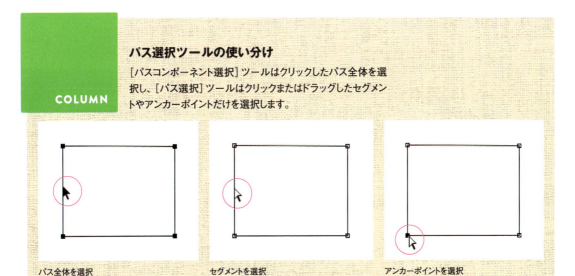

パス全体を選択　　セグメントを選択　　アンカーポイントを選択

アンカーポイントを削除する

［アンカーポイントの削除］ツール❶を選択してセグメント上にカーソルを置き❷、クリックするとアンカーポイントが削除されます。

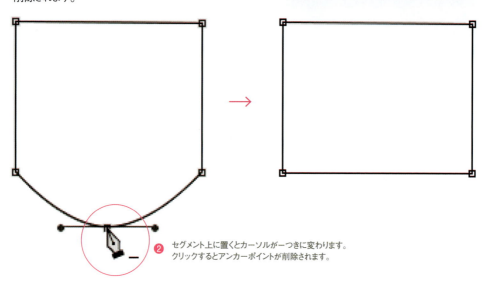

❷ セグメント上に置くとカーソルが一つきに変わります。
クリックするとアンカーポイントが削除されます。

曲線を描く

1 ［ペン］ツールを選択してドラッグすると、セグメントの方向と曲がり具合を調整するハンドルが表示されます。

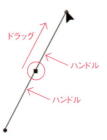

2 次のアンカーポイントを下向きにドラッグすると、山形の曲線が描画されます。

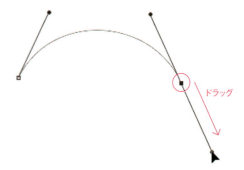

3 同様の操作を繰り返して、ドラッグでアンカーポイントのハンドルの長さと向きを調整しながら曲線を描き続けることができます。描画が終了したら、［ペン］ツールをクリックするか、Ctrl（command）キーを押して余白をクリックします。

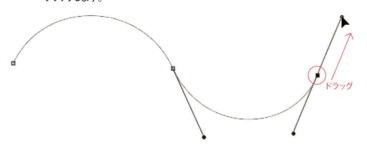

COLUMN

ハンドル

ハンドルは曲線を操作する補助線なので、印刷の際は表示されません。ハンドルの先端のポイントは●になっています。小さくて見にくいですが、アンカーポイントの□（選択時は■）と区別してください。

曲線から直線を描く

1 ［ペン］ツールを選択して、下向きにドラッグしてハンドルを表示します。

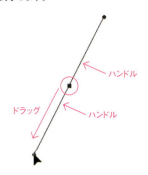

2 次のアンカーポイントを上向きにドラッグして、凹型の曲線を描画します。

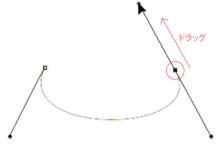

3 曲線から直線に変更するアンカーポイントを、[Alt]（[option]）キーを押しながらクリックします。

4 ハンドルが1本になります。これで直線に切り替わります。

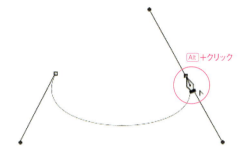

5 少し離れた位置でクリックすると、直線が描画できます。なお、[Shift]キーを押しながらクリックすると水平線が描画できます。

COLUMN

ラバーバンド

［ペン］ツールのオプションバーの［ラバーバンド］にチェックを入れると、次のアンカーポイントをクリックする前にセグメントが表示されます。

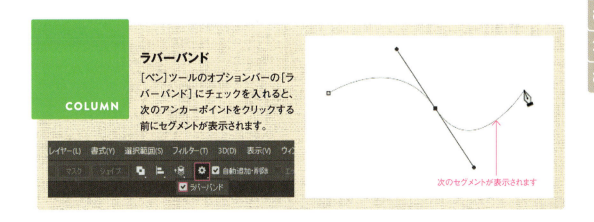

Lesson 05 文字とパス、シェイプ

STEP 02 ［フリーフォームペン］ツールでパスを描く CC CS6

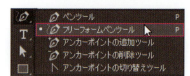
Lesson05 ▶ 5-4 ▶ 05_402.psd

フリーハンドでパスを描く

［フリーフォームペン］ツールは、フリーハンドでパスを描画するツールです。ドラッグした軌跡でパスが作成されます。形をおおざっぱに描いてあとで調整するような使い方ができます。

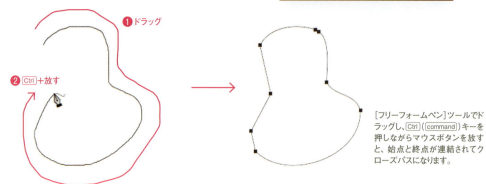

［フリーフォームペン］ツールでドラッグし、Ctrl（command）キーを押しながらマウスボタンを放すと、始点と終点が連結されてクローズパスになります。

マグネットオプション

オプションバーの［マグネット］にチェックを入れると、画像の輪郭をなぞるだけでパスが作成されます。始点をクリックしたあとはマウスボタンを放しても、なぞれば自動的にパスが作成されます。

1 ［フリーフォームペン］ツールを選択して、オプションバーの［マグネット］にチェックを入れて❶、始点をクリックします❷。

2 輪郭をなぞるとパスが作成されます。ところどころクリックすると、綺麗に境界線にパスが作成できます。画像は被写体と背景のコントラストが高いほうが、輪郭のトレースが綺麗に仕上がります。

始点のアンカーポイント上に置くとカーソルが○つきに変わります。クリックするとクローズパスになります。

［フリーフォームペン］ツールの設定

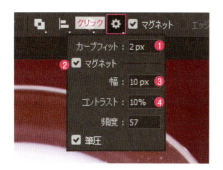

❶［カーブフィット］
アンカーポイントの数を設定します。数値が大きいほど、アンカーポイントの数が少なくなり、パスが単純になります。

❷［マグネット］
チェックを入れると、境界線のトレースを行います。

❸［幅］
ポインターから指定した距離内にあるエッジだけが検知されます。

❹［コントラスト］
境界線と見なされる領域のピクセル間のコントラストを設定します。コントラストが低い画像の場合は、大きい数値を使用します。

❺［頻度］
固定のアンカーポイントの頻度を設定します。数値が大きいほど、固定のアンカーポイントが少なくなります。

❻［筆圧］
タブレットを使用している場合は、チェックを入れると筆圧が高いほど線が太くなります。

STEP 03　［パス］パネルの使用　CC　CS6　Lesson05 ▶ 5-4 ▶ 05_403.psd

パスから選択範囲を作成する

［パス］パネルを使用して、選択範囲を作成したり境界線を描画することができます。［パス］パネルのパスを選択し❶、［パスを選択範囲として読み込む］ボタン❷をクリックすると、パスから選択範囲が作成できます。

［パス］パネルのパネルメニューの中の［選択範囲を作成］を選択しても、パスから選択範囲を作成できます。

パスの境界線を描画する

1 事前に［ブラシ］ツール❶の直径や硬さ、モード、不透明度、描画色などを設定しておきます。ここでは［直径］を「100」px、［硬さ］を「0」%、［モード］は［スクリーン］、［不透明度］は「50」%にします❷。色はR「200」、G「53」、B「52」です❸。

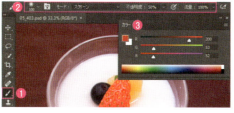

2 ［パス］パネルのパスを選択し❶、［ブラシでパスの境界線を描く］ボタン❷をクリックすると、境界線を描画できます。

COLUMN

ツールを選んで境界線を描く

［パス］パネルのパネルメニューの中の［パスの境界線を描く］を選択すると、［パスの境界線を描く］ダイアログボックスが表示されます。ここで任意のツールを選択し［OK］をクリックしても、境界線を描画できます。

Lesson 05 文字とパス、シェイプ

5-5 シェイプツールの使い方

シェイプツールには［長方形］ツール、［角丸長方形］ツール、［楕円形］ツール、［多角形］ツール、［ライン］ツール、［カスタムシェイプ］ツールの6つのツールがあります。基本はドラッグして図形を描画します。

シェイプレイヤーを作成する　CC　CS6　Lesson05 ▶ 5-5 ▶ 05_501.psd

［カスタムシェイプ］ツールの使い方

シェイプレイヤーは、パスでマスクされた塗りつぶしのレイヤーです。色や不透明度、スタイルなどが設定でき、あとからパスを編集することもできます。［カスタムシェイプ］ツールは、プリセットに登録されているシェイプから選んで図形を作成します。

1 ［カスタムシェイプ］ツール❶を選択し、オプションバーの［ツールモードを選択］を［シェイプ］❷に設定します。オプションバーの［シェイプ］の［クリックでカスタムシェイプピッカーを開く］❸をクリックして［カスタムシェイプピッカー］を表示し、任意のシェイプを選択します。ここでは［8分音符（複数）］❹を選択します。

2 画面上をドラッグしてシェイプを描きます。Shiftキーを押しながらドラッグすると、縦横の比率を保ちながら図形が描けます。

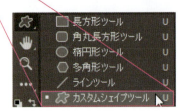

3 ［レイヤー］パネルにはシェイプレイヤーが表示され、［パス］パネルには、［シェイプ1シェイプパス］が表示されます。

4 [シェイプレイヤー]のサムネール❶をダブルクリックすると、[カラーピッカー(べた塗りのカラー)]ダイアログボックスが表示されるので、色を変更することができます❷。ここではR「235」、G「99」、B「99」にします。

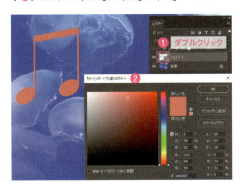

5 レイヤーの[不透明度]を変更したり❶、[パス選択]ツール❷を使って、パスを編集することができます❸。

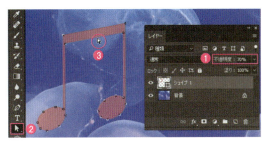

6 [レイヤースタイルを追加]ボタン❶をクリックしてレイヤースタイルを追加することもできます❷。

レイヤースタイルについてはLesson09「よく使う作画の技法」を参照してください。

シェイプのプリセットを追加する

初期設定のシェイプのほかにも、さまざまなシェイプのプリセットが用意されています。プリセットのシェイプを追加してみましょう。

1 オプションバーから[カスタムシェイプピッカー]を開き、パネル右上のボタン❶をクリックます。ピッカーメニューから用意されているプリセットを選択します。ここでは[すべて]❷を選択します。

2 「現在のシェイプを置き換えますか?」というダイアログボックスが表示されます。[追加]をクリックすると現在のシェイプに追加されます。[OK]をクリックすると、選択したプリセットに置き換わります。

3 シェイプがすべて[追加]されます。シェイプが探しやすいように、右下をドラッグしてカスタムシェイプピッカーの大きさを拡大できます。

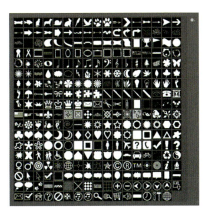

Lesson 05　練習問題

Lesson 05 ▶ Exercise ▶ 05_Q 01.psd

Q 招き猫の形をトレースしてパスを作成し、パスから選択範囲を作成します。
選択範囲を反転して背景を好みの色に塗りつぶします。
招き猫の口元付近に2本のパスを作成し、そのパス上に文字を入力します。

Before

After

A

❶ [ペン] ツールで被写体の輪郭をトレースします。1～2pixel内側にアンカーポイントを置くと綺麗に切り抜くことができます。[パス] パネルのパネルメニューから [パスを保存] を選択します。[パスを保存] ダイアログボックスで [OK] をクリックすると「パス1」として保存されます。
❷ [パス] パネルで「パス1」を選択して [パスを選択範囲としてを読み込む] ボタンをクリックして選択範囲を作成します。[選択範囲] メニューから [選択範囲を反転] を選択して、背景を選択範囲にします。
❸ 描画色を [カラーピッカー (描画色)] ダイアログボックスで決めておきます。作例はR「158」、G「31」、B「36」に設定しています。[編集] メニューから [塗りつぶし] を選択して、[塗りつぶし] ダイアログボックスで [内容:描画色] で [OK] をクリックすると、背景が描画色に塗りつぶされます。
Ctrl (command) + D キーで選択を解除します。
❹ [ペン] ツールで、招き猫の口元付近から傾きの違う斜めの2本のパスを作成します。[横書き文字] ツールでパス上をクリックして文字を入力すると、パスに沿って文字が配置されます。作例では、上段に文字サイズ40ptで「Hello!!」、下段に文字サイズ13ptで「Nice to meet you !」と入力しています。
❺ 上段の「Hello!!」の文字を変形します。[レイヤー] パネルの [Hello!!] レイヤーのサムネールをダブルクリックして文字を選択し、オプションバーの [ワープテキストを作成] ボタンをクリックします。[ワープテキスト] ダイアログボックスで、[スタイル] は [上弦] を選択し、[カーブ] を「50」%として [OK] をクリックします。仕上げに [移動] ツールで「Hello!!」と「Nice to meet you !」の文字位置を整えて完成です。

グラデーションと
パターン

An easy-to-understand guide to Photoshop

Lesson 06

グラデーションやパターンは、オリジナルで登録することができ、背景を塗りつぶしたり、画像の上にグラデーションやパターンを重ねた画像を作成することができます。このLessonでは、グラデーションとパターンの描画と登録方法を紹介します。

Lesson 06 グラデーションとパターン

6-1 グラデーションの描画

2色以上の色相が変化するグラデーションは、［グラデーション］ツールを使用します。
描画色と背景色を基本として、グラデーションの色数や形状を変更するなど
さまざまな表現ができます。

基本的なグラデーションの使い方 CC CS6 Lesson 06 ▶ 6-1 ▶ 06_101.jpg

描画色から背景色のグラデーション

描画色から背景色に変化するグラデーションを作成します。もっとも基本的なグラデーションの描き方です。

1 ［グラデーション］ツール❶を選択し、描画色と背景色を設定します❷。オプションバーでグラデーションのサムネール右側のボタン［クリックでグラデーションピッカーを開く］❸をクリックして［グラデーションピッカー］を表示し、［描画色から背景色へ］❹を選択します。形状は［線形グラデーション］❺を選びます。

ここでは描画色をR「230」、G「31」、B「98」、背景色はR「69」、G「68」、B「153」にしています。

2 画面を下から上にドラッグします。Shiftキーを押すとグラデーションが垂直に描けます。ドラッグした方向に描画色から背景色へのグラデーションが描画されます。

104

描画色から透明になるグラデーション

グラデーションピッカーで[描画色から透明]を選択すると、描画色から背景にある画像が徐々に見えてくるグラデーションを作成できます。

1 [描画色から背景色へ]のグラデーションを描いた場合は Ctrl (command)+Z キーで取り消します。[クリックでグラデーションピッカーを開く]❶ をクリックして[グラデーションピッカー]を表示し、[描画色から透明に]❷ を選択します。

2 画面を下から上へドラッグすると描画色から透明のグラデーションが描かれ、背景の画像が徐々に見える画像になります。

グラデーションの形状 CC CS6

[グラデーション]ツールのオプションバーには、5種類の形状のグラデーションが用意されています。描画の際にクリックして選択します。

❶[線形グラデーション]
基本形のグラデーション。始点から終点に向かって直線的に変わるグラデーションを作成します。

❷[円形グラデーション]
始点から終点に向かって同心円状のグラデーションを作成します。

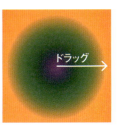

❸[円錐形グラデーション]
始点の周囲で反時計回りに円錐状のグラデーションを作成します。

❹[反射形グラデーション]
始点を中心に同じ線形グラデーションを左右に反射させます。

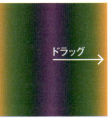

❺[菱形グラデーション]
中心から四隅に向かって菱形のグラデーションを作成します。

> **CHECK!**
> **紫、緑、オレンジ**
> ここでは形状がわかりやすいように3色に変化するグラデーションを使っています。[グラデーションピッカー]でプリセットの[紫、緑、オレンジ]を選択します。

[グラデーション] ツールのオプションバー

グラデーションで描画する前に、オプションバーでさまざまな設定を行うことができます。

❶ [クリックでグラデーションを編集]

クリックすると[グラデーションエディター]ダイアログボックスが表示されます(P.107 6-2「グラデーションの編集と登録」を参照)。

❷ [クリックでグラデーションピッカーを開く]

クリックすると、[グラデーションピッカー]が表示されます。登録されているグラデーションのプリセットが表示され、クリックで選択できます。

❸ グラデーションの形状を設定します(P.105を参照)。

❹ [モード]

[描画モード]を設定します。レイヤーの描画モードと同じです(P.76を参照)。

❺ [不透明度]

グラデーションの不透明度を設定します。

❻ [逆方向]

チェックを入れると、グラデーションの順序が逆になります。[描画色から背景色に]の場合は背景色から描画色に描かれます。

❼ [ディザ]

チェックを入れると、ムラの少ない滑らかなブレンドになります。

❽ [透明部分]

不透明度を設定したグラデーションを使用します。

グラデーションのプリセットを選択する

初期設定のグラデーション以外にもさまざまなプリセットが用意されています。

1 オプションバーで[クリックでグラデーションピッカーを開く]をクリックして[グラデーションピッカー]を表示します。ピッカーメニューをクリックして❶、使いたいグラデーションセットの名称をクリックして選択します❷。

2 「現在のグラデーションを置き換えますか?」というダイアログボックスが表示されるので、[OK]をクリックします。

[追加]をクリックすると現在のグラデーションに追加されます。

3 [グラデーションピッカー]に選択したグラデーションのプリセット一覧が表示されます。

COLUMN グラデーションを初期化する

初期設定のプリセットに戻すには[グラデーションピッカー]のピッカーメニューから[グラデーションを初期化]を選択します。

6-2 グラデーションの編集と登録

プリセットとしてあらかじめ［グラデーションピッカー］に登録されているグラデーションのほかに、好みのグラデーションを作成して登録することができます。よく使うグラデーションを登録しておくと便利です。

グラデーションを作成する CC CS6

グラデーションの色を設定する

［グラデーションエディター］ダイアログボックスを使用すると、好みの色や不透明度のグラデーションを作成することができます。

1. ［グラデーション］ツール❶を選択し、オプションバーでグラデーションのサムネール［クリックでグラデーションを編集］❷をクリックすると、［グラデーションエディター］ダイアログボックスが表示されます。グラデーションバーに使用中のプリセットのグラデーションが表示されます❸。

あらかじめ作りたいグラデーションに近いプリセットを選んでから編集していくと簡単です。

2. グラデーションバーの下にある左端の［カラー分岐点］❶をクリックして選択し、［カラー］のサムネール❷をクリックします。または左端の［カラー分岐点］をダブルクリックします。

3. ［カラーピッカー（ストップカラー）］ダイアログボックスが表示されます。ここでグラデーションの描画開始時点の色を設定し［OK］をクリックします。

4. ［グラデーションエディター］ダイアログボックスの左端の［カラー分岐点］に設定した色が入ります。これがグラデーションの描画開始時点の色になります。

5. 同様に、右端の［カラー分岐点］の色を設定します。こちらはグラデーションの描画終了時点の色になります。

色の幅を設定する

同じ開始色と終了色でも、どこで色が変化するかは[カラー中間点]で設定することができます。グラデーションの中でそれぞれの色の占める幅や変化の階調を変えることができます。

1 グラデーションバーの下にある◇の形の[カラー中間点]をドラッグすると、左側の色から右側の色へとグラデーションが変わる中間点の位置を変更できます。

2 [カラー分岐点]もドラッグして移動できます。この場合、左端の[カラー分岐点]の左側と、右端の[カラー分岐点]の右側は分岐店で指定した色のべた塗りになります。

[カラー分岐点]の追加と削除

左端の[カラー分岐点]と右端の[カラー分岐点]の間に、中間の[カラー分岐点]を追加すると、複数の色のグラデーションを作成することができます。[カラー分岐点]はいくつでも追加できます。

1 グラデーションバーの下をクリックすると[カラー分岐点]が追加されます。開始または、終了の[カラー分岐点]と同様に色を設定します。

クリックして[カラー分岐点]を増やすことができます。

目的の色を指定します。

2 [カラー分岐点]を削除するには、下向きにドラッグするか、[カラー分岐点]をクリックして選択してから、[削除]ボタンをクリックします。

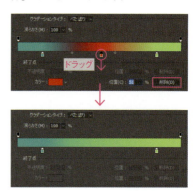

不透明度の設定

色とは別にグラデーションに不透明度の設定をすることができます。

1 グラデーションバーの上の[不透明度の分岐点]❶をクリックすると[不透明度]❷に数値を入力できます。

2 [不透明度の分岐点]も追加できます。途中で不透明度を変化させることが可能です。グラデーションバーの上をクリックして追加し❶、不透明度の設定をします❷。

> **COLUMN**
>
> **オプションバーの[透明部分]にチェックを入れる**
>
> 不透明度を設定したグラデーションを描画する際は、[グラデーション]ツールのオプションバーの[透明部分]にチェックが入っていることを確認してから描画してください。[透明部分]のチェックが外れていると不透明度は無視されて描画されます。

グラデーションを登録する CC CS6

グラデーションピッカーに登録する

作成したグラデーションは[グラデーション名]に任意の名前を入力して❶[新規グラデーション]❷をクリックすると、プリセットに追加で登録できます。[OK]をクリックして[グラデーションエディター]ダイアログボックスを閉じ、[グラデーションピッカー]で確認することもできます❸。

オリジナルのプリセットを保存する

自分が作成したグラデーションだけを保存しておいて呼び出すことができます。

1 初期設定のグラデーションを削除します。[グラデーションエディター]で[プリセット]にある初期設定のグラデーションを、Alt（option）キー+クリックで削除できます。初期設定のグラデーションすべてにこの作業を繰り返して削除します。

Windowsでは右クリックして表示されるメニューから[グラデーションを削除]でも削除できます。

2 自分で作成したグラデーションだけが残った状態で[保存]をクリックします。

3 [名前を付けて保存]（Macは[保存]）ダイアログボックスが表示されます。保存場所はPhotoshopのプリセット保存フォルダ（[Presets→Gradients]）になっています。ファイル名を入力して[保存]をクリックします。

4 保存したプリセットは[プリセットピッカー]のピッカーメニュー❶をクリックして、[グラデーションの読み込み]❷を選択し、[読み込み]（Macは[開く]）ダイアログボックスで保存したファイル名を選択して読み込むことができます。

または[グラデーションエディター]で[読み込み]をクリックして追加することもできます。

Lesson 06 グラデーションとパターン

6-3 パターンの描画

3-2「[塗りつぶし]ツールを使用する」の「パターンで塗りつぶす」で
パターンの塗りつぶしを紹介しましたが、標準のパターンではなく、
画像の一部をパターンとして登録し描画することもできます。

パターンの登録と利用　CC　CS6　Lesson 06 ▶ 6-3 ▶ 06_301.jpg

オリジナルのパターンを登録する

画像の一部を矩形の選択範囲で指定して、パターンとして定義します。

1 パターンにしたい部分を[長方形選択]ツール❶でドラッグして、矩形の選択範囲を作成します❷。[編集]メニューの[パターンを定義]❸を選択します。

2 [パターン名]ダイアログボックスが表示されます。任意で名前を入力して[OK]をクリックすると、パターンとして定義されます。

長方形、正方形などの矩形の選択範囲を作成します。

ここでは「岩のパターン」と入力します。

> **COLUMN**
> **パターンのプリセット**
> パターンもグラデーションと同じように初期設定以外のプリセットを選んで追加できます。[パターンピッカー]のピッカーメニューをクリックして読み込みたいプリセット名を選択します。また、メニューから[パターンを初期化]や[パターンを保存]も同じようにできます。

オリジナルのパターンで塗りつぶす

塗りつぶしにはさまざまな方法がありますが、
ここでは[塗りつぶし]ツールを使用して、背景をパターンで塗りつぶします。

1 [塗りつぶし]ツール❶を選択し、オプションバーの[塗りつぶし領域のソースを設定]を[パターン]❷に設定します。パターンのサムネール❸をクリックします。[パターンピッカー]が表示されますので、登録したパターンを選択します❹。

2 画面上をクリックするとパターンで塗りつぶされます。

ここでは1134×1134pixelの新規ファイルをRGBモードで作成して塗りつぶしています。

パターンを利用できる機能 Lesson 06 ▶ 6-3 ▶ 06_302.psd

パターンを定義し登録すると、次のような機能でパターンを使用することができます。

塗りつぶし

[編集]メニューから[塗りつぶし]を選択すると、[塗りつぶし]ダイアログボックスが表示されます。[内容]で[パターン]を選び❶、[カスタムパターン]❷で登録したパターンを選びます。

パスの塗りつぶし

[パス]パネルで作成したパスを選択し❶、パネルメニュー❷の[パスの塗りつぶし]を選択します❸。[パスの塗りつぶし]ダイアログボックスが表示されますので、[内容]で[パターン]を選び❹、[カスタムパターン]❺で登録したパターンを選びます。

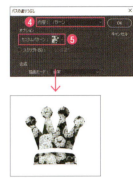

レイヤー効果

レイヤーを選択し、[レイヤー]パネルの[レイヤースタイルの追加]ボタン❶をクリックし、[レイヤー効果]❷を選択して[レイヤースタイル]ダイアログボックスを表示します。左のスタイルで[テクスチャ]❸または[パターンオーバーレイ]❹を選択するとパターンが使用できます。

[テクスチャ]の文字部分をクリックすると右側が[テクスチャ]の設定になります。[パターン]から目的のパターンを選択します。

[パターンオーバーレイ]の文字部分をクリックすると右側が[パターンオーバーレイ]の設定になります。[パターン]から目的のパターンを選択します。

[パターンスタンプ]ツールで描画

[パターンスタンプ]ツール❶で、登録したパターンを使用して描画することができます。オプションバーでブラシの[直径]や[硬さ]❷などを選択し、パターンのサムネール❸をクリックして[パターンピッカー]から登録したパターンを選択します❹。

画面上をドラッグすると、パターンが描画されます。

Lesson 06　グラデーションとパターン

6-4 グラデーションで写真を補正する

グラデーションはそのままデザインとして利用できますが、
写真の補正や加工に利用して、効果的に演出する要素としても使えます。
ここでは、青さが足りない空をグラデーションで自然な青空にしてみます。

STEP 01　新規グラデーションレイヤーを作成する

被写体に露出が合った結果、空が白っぽくなってしまう写真はよくあります。そんなとき、青いグラデーションで手軽に補正することができます。新規レイヤーで透明に変わるように設定します。

Lesson 06 ▶ 6-4 ▶ 06_401.jpg

新規レイヤーを作成する

画像ファイル06_401.jpgを開き、新規グラデーションのレイヤーを作成します。

1 ［レイヤー］メニューから［新規塗りつぶしレイヤー］→［グラデーション］❶を選択します。［新規レイヤー］ダイアログボックスが表示されるので、レイヤー名は「グラデーション1」のままにし、［描画モード］を［比較（暗）］❷に設定して［OK］をクリックします。

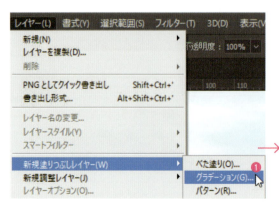

COLUMN
比較（暗）

レイヤーの［描画モード］の［比較（暗）］は、重なっているレイヤーの明度の低いほうのピクセルが表示されます。この場合は、写真の空以外は暗いので背面の「背景」が見えるようになります。空は明るいので、それより暗い前面のグラデーションのほうが見えるようになります。

2 [グラデーションで塗りつぶし]ダイアログボックスが表示されます。[グラデーション]のサムネール❶をクリックしてグラデーションを編集します。

3 [グラデーションエディター]で、開始の[カラー分岐点]❶は白（R［255］、G［255］、B［255］）、終了の[カラー分岐点]❷は空の青（R［153］、G［214］、B［244］）に設定します。それぞれダブルクリックして[カラーピッカー（ストップカラー）]ダイアログボックスで色指定します。

4 開始と終了の[不透明度の分岐点]をクリックして不透明度はどちらも「100%」にしておきます❶❷。開始の[カラー分岐点]を右にドラッグして「30」%の位置にし❸、[OK]をクリックします。

5 [グラデーションで塗りつぶし]ダイアログボックスに戻りますので、[OK]をクリックします。

6 [レイヤー]パネルに[グラデーション1]レイヤー❶が追加されました。[不透明度]❷で色の濃さを調整することができます。ここでは「80」%に設定しています。これで完成です。

Lesson 06　練習問題

Lesson 01 ▶ Exercise ▶ 06_Q01.jpg

 写真の四隅を暗くして中央に視線が集まるようにしましょう。
四隅が暗くなることで、ムードのある空間を演出できます。
新規グラデーションレイヤーを追加し、
中央が透明で周囲が黒くなるような円形のグラデーションを適用します。

Before

After

❶[レイヤー]メニューから[新規塗りつぶしレイヤー]→[グラデーション]を選択します。[新規レイヤー]ダイアログボックスが表示されるので、そのまま[OK]をクリックします。
❷[グラデーションで塗りつぶし]ダイアログボックスが表示されます。[グラデーション]のサムネールをクリックします。
❸[グラデーションエディター]ダイアログボックスが表示されます。グラデーションバーの左端と右端の[カラー分岐点]をそれぞれクリックで選択し、[カラー]をクリックして[カラーピッカー(ストップカラー)]で、左右ともに色を黒(R [0]、G [0]、B [0])に設定して[OK]をクリックします。
❹左端の[不透明度の分岐点]をクリックして選択し[不透明度]を「0」%、右端の[不透明度]は「80」%を入力して[OK]をクリックします。
❺[グラデーションで塗りつぶし]ダイアログボックスに戻りますので、[スタイル]から[円形]を選択します。[角度]は「150」°を入力して、[OK]をクリックします。

マスクと切り抜き

An easy-to-understand guide to Photoshop

Lesson 07

Photoshopでの画像編集の鍵となるのが「マスク」です。マスク機能を使わなくても画像の編集はできますが、使えるようになると作業がとても簡単になったり、さらに高度な画像編集ができるようになります。編集結果の画像ではマスクは直接目にすることがありませんので、慣れないうちは概念を理解するのが難しいかもしれませんが、ぜひマスターしましょう。

Lesson 07　マスクと切り抜き

7-1 マスクとは

マスク（mask）とは「覆う」「覆い隠す」という意味です。
画像処理では、一部を隠すという意味で使われます。
Photoshopにはさまざまなマスク機能がありますが、
ここではまずマスクによる画像処理の効果について確認しておきましょう。

マスク機能を理解する　CC　CS6

画像の一部だけを見せる

マスクの基本的な考え方は、画像の「一部を隠す」あるいは逆に「一部だけを見せる」というものです。写真の一部を穴の空いた紙などで隠せば、穴以外の部分が見えなくなりますが、それこそがマスクした状態です。

穴の形で写真が見える

穴の空いた紙で覆うと…

写真　写真を穴の空いた紙で覆うと、穴の部分しか写真は見えなくなる。

Photoshopのマスク機能

Photoshopでもともとマスクと呼ばれていたのは［アルファチャンネル］（P.119）や［クイックマスク］（P.117）です。これらは機能的には「選択範囲を作成したり保存したりする」ためのものです。マスクと選択範囲は相互に情報をやり取りできる親和性の高い機能です。一方、［レイヤーマスク］（P.123）は「隠す」という機能が直感的にわかりやすく、また利便性も高い機能として定着しています。最近では［アルファチャンネル］や［クイックマスク］よりも［レイヤーマスク］を利用するケースが多くなっています。

マスクによる画像合成

マスク（レイヤーマスク）を使った画像合成の例です。2つの画像を、一方を背景にして、もう一方の画像はマスクで一部だけを見せて重ねることで合成画像が得られます。

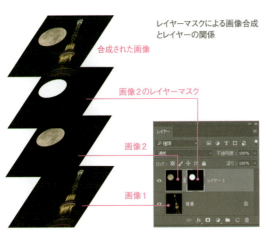

レイヤーマスクによる画像合成とレイヤーの関係

合成された画像

画像2のレイヤーマスク

画像2

画像1

レイヤーマスクを使った部分補正

調整レイヤーにもレイヤーマスク機能が用意されています。補正の効果を一部分だけに適用させることができます。

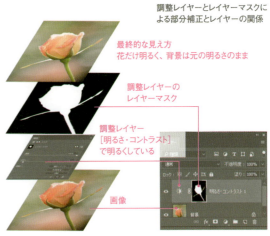

調整レイヤーとレイヤーマスクによる部分補正とレイヤーの関係

最終的な見え方
花だけ明るく、背景は元の明るさのまま

調整レイヤーのレイヤーマスク

調整レイヤー
［明るさ・コントラスト］
で明るくしている

画像

116

7-2 クイックマスク

クイックマスクとは、[ブラシ] ツールや [塗りつぶし] ツールなどの描画系の
ツールで描画した範囲を選択範囲にするためのモードのことです。
難しく考えず、選択範囲を作成するための機能と考えてください。

STEP 01　クイックマスクで選択範囲を作成する　CC CS6

Lesson 07 ▶ 7-2 ▶ 07_201.psd

クイックマスクの基本操作

1 画像を開き、ツールバーの [クイックマスクモードで編集] ボタンをクリックします。

2 選択範囲にする（あるいはしない）部分を描画系のツールで描画します。描画色を黒にし、ここでは [ブラシ] ツールでバケツ全体をドラッグしてみましょう。クイックマスクモードでは黒での描画結果は半透明の赤で表示されます。

クイックマスクは黒で描画した部分をマスクする（選択範囲外にする）ので、この場合は、描画しない背景が選択範囲になります。

COLUMN

マスクの表示色
マスク部分の赤い表示が見にくい場合は、[クイックマスクモードで編集] ボタンをダブルクリックすると、色を変えることができます。

3 [画像描画モードで編集] ボタンをクリックして元のモードに戻ると、描画した以外の範囲（バケツ以外）が選択範囲になります。ここでは Ctrl （command）＋ Shift ＋ I キーで選択範囲を反転して、バケツを選択範囲にします。

COLUMN

ぼけ足を利用できる
選択範囲の作成には最近は [クイック選択] ツールなどの便利機能を使うことが多いですが、クイックマスクでは [ブラシ] ツールのぼけ足を利用できるのがメリットといえます。ボケ足（[ブラシツール] の [硬さ]）を利用することで、シャープな輪郭やソフトな輪郭に対応することができます。

クイックマスクを編集する

選択範囲ができたら、再びクイックマスクモードにして描画ツールで編集することもできます。編集後に画像描画モードに戻すと選択範囲に反映されます。

1 選択範囲が作成された状態のまま、再び[クイックマスクモードで編集]ボタンをクリックします。クイックマスクモードに切り替わり、選択範囲が半透明の赤で表示されます。

2 描画色を白として、[ブラシ]ツールでバケツの外側をドラッグしてみると、赤いところが消されていきます。

3 描画色を黒として、再びバケツの外側をドラッグするとまた赤くなります。このようにして、バケツだけが見えるように外側だけを赤く塗りつぶしてください。

4 [画像描画モードで編集]ボタンをクリックすると、描画で編集した結果が反映された選択範囲になります。

クイックマスクの利用例

クイックマスクは、単に選択範囲を作成するための機能です。あとは、その選択範囲に対して部分補正を行ったり、コピーするなどして作業を続けます。たとえば、[イメージ]メニューから[色調補正]→[明るさ・コントラスト]を選択し、[明るさ]と[コントラスト]をそれぞれ「-25」「+40」とすると、少し暗めの締まりのある画像になります。

> **COLUMN**
>
> **描画色の黒と白を入れ替える**
>
> クイックマスクの編集では黒と白の描画色を使い分けますが、ツールバーの[描画色と背景色を初期設定に戻す]で黒と白に設定しておき、[描画色と背景色を入れ替え]ボタンをクリックすると黒と白を簡単に入れ替えられます。

[Ctrl]([command])+[D]キーで選択範囲を解除します。

7-3 アルファチャンネル

「アルファチャンネル」とは、選択範囲を保存しておく記憶領域のことです。
RGB画像の場合、R/G/B以外にチャンネルが追加されます。
256階調グレーのチャンネルで、これが本来的な「マスク」といえます。
アルファチャンネルを呼び出すと選択範囲になります。

STEP 01　アルファチャンネルを作成する　CC　CS6

Lesson 07 ▶ 7-3 ▶ 07_301.psd

アルファチャンネルの作成

1 画像を開いたら、まず選択範囲を作成します。ここでは[クイック選択]ツールを使い、図のように左側のバケツを選択範囲にしました。

2 [選択範囲]メニューから[選択範囲を保存]を選びます。[選択範囲を保存]ダイアログボックスで、[保存先]の[ドキュメント]はそのまま、[チャンネル]は[新規]、[選択範囲]は[新規チャンネル]として、[OK]をクリックします。

3 [チャンネル]パネルに「アルファチャンネル1」というアルファチャンネルが作成されます。選択範囲が残っているので[Ctrl]([command])+[D]キーで選択範囲を解除します。

4 [チャンネル]パネルで図のように「アルファチャンネル1」のサムネールをクリックすると他のRGBチャンネルは非選択かつ非表示になり、「アルファチャンネル1」だけが表示され、アルファチャンネル(=マスク)の状態を確認できます。このマスクを呼び出したとき、白い部分が選択範囲になり、黒い部分は非選択範囲になります。

5 元の画像表示にするには、[RGB]のサムネールをクリックします。すると「アルファチャンネル1」が非選択かつ非表示になり、通常の画像表示の状態になります。

COLUMN　アルファチャンネルの保存形式

アルファチャンネルは、PSD形式やTIFF形式で画像と一緒に保存できますが、JPEG形式ではアルファチャンネルは破棄されます。

アルファチャンネルの作成

1 別のアルファチャンネルを作成してみましょう。[クイック選択]ツールで今度は2つのバケツを選択範囲にします。

2 [選択範囲]メニューから[選択範囲を保存]を選び、新規チャンネルとして保存します。[チャンネル]パネルでは、新たに2つのバケツの形をした「アルファチャンネル2」が作成されたことが確認できます。このようにして、必要な形の選択範囲を個別のアルファチャンネルとして作成することができます。

[Ctrl]([command])+[D]キーで選択範囲を解除します。

3 [チャンネル]パネルで「アルファチャンネル2」のサムネールをクリックして[RGB]を非表示にし、「アルファチャンネル2」をマスクの状態で表示すると図のようになります。

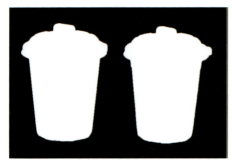

確認したら[チャンネル]パネルで[RGB]をクリックして、通常の画像表示の状態に戻しておいてください。

[チャンネル]パネルから直接選択範囲を呼び出す **CHECK!**

[チャンネル]パネルの「アルファチャンネル2」を[Ctrl]([command])+クリックしても、選択範囲を呼び出すことができます。

アルファチャンネルを呼び出す

1 選択範囲がない状態で、[選択範囲]メニューから[選択範囲を読み込む]を選択します。[チャンネル]で保存した「アルファチャンネル2」を選び、[選択範囲]は[新しい選択範囲]で[OK]をクリックします。

2 アルファチャンネルとして保存されていたマスク（ここでは2つのバケツの形）が、選択範囲として呼び出されます。

確認したら[Ctrl]([command])+[D]キーで選択範囲を解除します。

アルファチャンネルを編集する

1 [レイヤー]パネルで編集したいアルファチャンネル（ここでは「アルファチャンネル2」）のサムネールをクリックして選択します❶。白黒のマスク画像だけではわかりにくいので、[RGB]の目のアイコンをクリックして表示します❷。「アルファチャンネル2」が選択状態のまま、[RGB]が非選択の状態で表示されます。

[チャンネル]パネルの[RGB]の目のアイコンをクリックして非表示にすると、白黒のマスクだけの画像を確認できます。

2 描画色を黒として、[ブラシ]ツールでバケツの部分をドラッグすると赤になります。これはその部分がマスクされることを意味します。

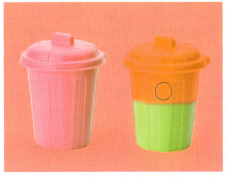

クイックマスクと同様に、半透明の赤で覆われた部分がマスクされた部分です。

3 描画色を白として、いま赤にした（マスクした）バケツの部分をドラッグすると、赤が消えます。これはその部分のマスクが消去されたことを意味します。

4 編集が終わったら[レイヤー]パネルで[RGB]のサムネールをクリックして選択し❶、「アルファチャンネル2」の目のアイコンをクリックして非表示にしておきます❷。

アルファチャンネルの利用例

アルファチャンネルは選択範囲として呼び出し、画像の部分補正や合成などに利用します。たとえば[イメージ]メニューから[色調補正]→[明るさ・コントラスト]を選び、それぞれ「20」「50」とするとバケツだけが明るく、締まって見えるようになります。

選択範囲内だけを画像調整することができます。

COLUMN

マスクの編集ツールを選ぶ

ここでは[ブラシ]ツールを使ってアルファチャンネルを編集しましたが、たとえば風景写真の画像上部の青空を部分補正してより青くする場合など、用途によっては[グラデーション]ツールなどが便利です。7-6「グラデーション状のレイヤーマスクを利用する」を参照してください。

Lesson 07 マスクと切り抜き

7-4 パスから選択範囲やマスクを作成する

輪郭が直線や曲線で構成されている人工的な対象物（オブジェクト）に対しては、その直線や曲線をきれいに切り抜くために、パスからマスクを作成しましょう。最終的に画像合成をする場合など、よりきれいな輪郭で仕上げることが可能です。

パスを選択範囲にする　CC　CS6　Lesson 05 ▶ 7-4 ▶ 07_401.psd

1 ［ペン］ツールの［パス］で電球の輪郭に対しパスを作成します（07_401.psdはすでにパスが作成されています）。

パスの作成方法については、5-4「パスの作成と編集」を参照してください。

COLUMN

ショートカットで作成する

［パス］パネルで「アルファチャンネル1」のサムネールを Ctrl （ command ）キー＋クリックすると、すぐに選択範囲が作成できます。直前の［選択範囲を作成］の設定が適用されます。

2 ［パス］パネルで作成した「作業用パス」をクリックして選択した状態で、［パス］パネルのメニューから［選択範囲を作成］を選びます❶。［選択範囲を作成］ダイアログボックスが表示されます。［境界］の［ぼかしの半径］で境界部分をどれだけぼかすかを設定します❷。ここでは「0.2」pixelとして、ジャギーを軽減する［アンチエイリアス］にチェックを入れ［OK］をクリックします。パスの形の選択範囲が作成されます。

または［パス］パネルの［パスを選択範囲として読み込む］ボタンをクリックしてもかまいません。

3 選択範囲をアルファチャンネルとして保存します。［選択範囲］メニューから［選択範囲を保存］を選び、［選択範囲を保存］ダイアログボックスで［OK］をクリックします。［チャンネル］パネルに「アルファチャンネル1」が作成されたことを確認します。

［選択範囲］の［新規チャンネル］以外は、［チャンネル］で既存のチャンネルを選んだ際に、現在の選択範囲をそれに対してどう適用するかを選べるようになります。

7-5 レイヤーマスクによる切り抜き合成

切り抜き合成の方法には、選択範囲をコピー&ペーストする方法とレイヤーマスクを使う方法の2種類があります。ここで紹介するレイヤーマスクを使う方法は、切り抜く前の元画像がそのまま残っているので、編集のやり直しができる点がメリットです。

STEP 01　選択範囲をつくってから切り抜く CC CS6

Before

After

夜空に月の画像を合成してみましょう。

Lesson 07 ▶ 7-5 ▶ 07_501a.psd、07_501b.psd

レイヤーマスクの作成

1 月の画像（07_501a.psd）とスカイツリーの画像（07_501b.psd）の2つを同時に開きます。[移動]ツール❶で Shift キーを押しながら、月の画像をスカイツリーの画像にドラッグ&ドロップします❷。07_501b.psdに「レイヤー1」として月の画像が中央に配置されます。

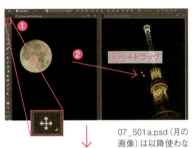

07_501a.psd（月の画像）は以降使わないので、閉じてかまいません。

2 [クイック選択]ツールで月の選択範囲を作成します。

3 選択範囲が作成された状態のまま、[レイヤー]パネルの[レイヤーマスクを作成]ボタンをクリックします。

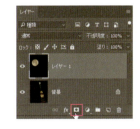

4 月が切り抜かれ、スカイツリーの画像との合成画像ができあがります。[レイヤー]パネルには、「レイヤー1」に切り抜いた月の形をしたレイヤーマスクのサムネールが表示されます。

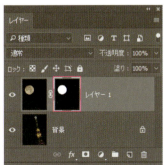

レイヤーマスクは、そのレイヤーに対し、白で表示される部分は画像が見え、黒で表示されている部分は画像が隠されている（マスクされている）ことを示します。

レイヤーマスクの境界の調整

1 作成後のレイヤーマスクの白と黒の境界部分を調整することができます。[レイヤー]パネルで調整したいレイヤーマスクをダブルクリックします。

2 [属性(マスク)]パネルが表示されます。[ぼかし]の値を大きくすると白と黒の境界部分がぼけます。調整することで、境界のジャギーが弱まって画像をなじませることができます。なお、CC 2017では[選択とマスク]でも同様の操作ができます。

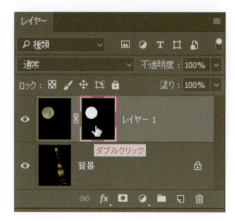

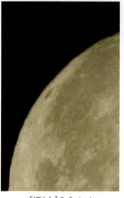

[ぼかし] 0.0pixel [ぼかし] 1.0pixel

COLUMN [属性]パネルか[選択とマスク]かを選ぶ

CC 2017では、レイヤーマスクを初めてダブルクリックした際、[属性]パネルか[選択とマスク]のどちらを使うかを選ぶダイアログボックスが表示されます。選んだ機能が次回以降も自動的に選択されます。これを変更するには[環境設定]ダイアログボックスの[ツール]にある[レイヤーマスクをダブルクリックしたときに選択とマスクワークスペースを起動]にチェックをするか、外すかをします。

STEP 02　レイヤーマスクの編集　CC　CS6　Lesson 07 ▶ 7-5 ▶ 07_502.psd

半透明にするレイヤーマスク

レイヤーマスクは「黒で画像を隠す」と「白で画像を表示する」ほかに、「グレーで半透明にする」ことも可能です。マスクに使えるグレーは256階調で、グレーの濃さによって微妙なレイヤーの見え方の調整が可能です。

1 [レイヤー]パネルで月のレイヤーマスクをクリックして選択します。

2 ツールバーの[描画色を設定]をクリックし、[カラーピッカー]でグレー(RGB値で「127」程度)を選びます。

7-5 レイヤーマスクによる切り抜き合成

3 [ブラシ]ツールで月をドラッグすると、月が半透明になります。グレーの濃さに応じて半透明にマスクされ、月の不透明度が高くなったためです。

4 [チャンネル]パネルで、[レイヤー1マスク]の目のアイコンをクリックして表示します❶。[RGB]の目のアイコンをクリックして非表示にします❷。マスクがグレーで描かれていることがわかります。

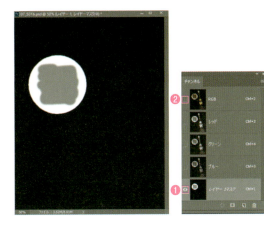

5 グレーの濃さを調整してドラッグしてみましょう。RGB各値を「63」と「191」に変えてそれぞれブラシでドラッグしてみます。グレーが濃いほどマスクは不透明になり、薄いほど透明に近くなります。

6 [チャンネル]パネルで[RGB]の目のアイコンをクリックして表示します。グレーが濃いところは月は薄くなり「背景」レイヤーの夜空が見え、グレーが薄いところは月がはっきりと見えることがわかります。

レイヤーマスクを一時的に無効にする

[Shift]キーを押しながらレイヤーマスクをクリックすると、レイヤーマスクが一時的に無効になります。その際、レイヤーマスクのサムネールには赤い×印が表示されます。レイヤーマスクがないのと同じで、そのレイヤーは全面が表示されることになります(この場合は月だけの画像になります)。マスクされる前の元画像を確認するときに便利です。

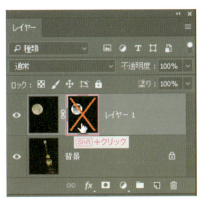

もう一度レイヤーマスクのサムネールを[Shift]キー+クリックすると、レイヤーマスクが有効になります。

レイヤーマスクを編集し直す

レイヤーマスクの作業を最初からやり直すには、レイヤーマスクを白、または黒で全面を塗りつぶします。白で塗りつぶすとすべてが見える状態、黒で塗りつぶすとすべてがマスクされた状態になります。

1 ここでは白で塗りつぶしてみましょう。[レイヤー] パネルで月のレイヤーマスクをクリックして選択します。

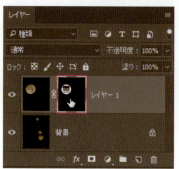

2 [編集] メニューから [塗りつぶし] を選びます。[塗りつぶし] ダイアログボックスが表示されますので、[内容] で [ホワイト] を選び、[OK] をクリックします。

[合成] の [描画モード] は [通常]、[不透明度] は「100」%にしておきます。

3 レイヤーマスク全面が白で塗りつぶされたため、「レイヤー1」の月の画像はマスクされる範囲がなくなって全面表示され、「背景」のスカイツリーの画像は隠れて見えなくなります。

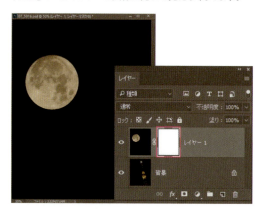

黒で塗りつぶす　CHECK!

[塗りつぶし] ダイアログボックスで [内容] に [ブラック] を選ぶと黒で塗りつぶされます。この場合は、月の画像は全面がマスクされて見えなくなり、スカイツリーの画像だけが表示されます。

COLUMN
ショートカットキーでの操作

レイヤーマスクのサムネールを選択した状態で、Ctrl ((command)) + A キーで全面を選択範囲にして、Delete キーを押してもレイヤーマスクを初期化できます。その場合は、背景色の濃さに合わせて塗りつぶされます。

レイヤーマスクを削除する

不要になったレイヤーマスクは、サムネールをクリックして選択し❶ [レイヤーを削除] ボタンをクリック❷するか、またはサムネールを [レイヤーを削除] ボタンにドラッグすることで削除できます。

その際、「レイヤーを削除する前にマスクを適用しますか?」という確認画面が現れます。レイヤーマスクの効果を適用せずに削除するなら [削除] を、適用してから削除するなら [適用] を選びます。

7-6 グラデーション状のレイヤーマスクを利用する

レイヤーマスクでは、グラデーション状の濃淡もマスクとして反映可能です。グラデーション状のマスクを使うことで、複数の画像の境目を簡単に目立たなくすることができます。ここでは朝日の写真を合成してみます。

STEP 01　朝日を合成する　CC　CS6

Before

After

ここでは湾岸の少しぼんやりした写真に朝日を合成してみます。境界線があまり複雑でない画像は、グラデーションのマスクで徐々に画像を切り替えることで自然になじませることができます。

Lesson 07 ▶ 7-6 ▶ 07_601a.psd、07_601b.psd

1 朝日の画像（07_601a.psd）と湾岸の画像（07_601b.psd）の2つを開きます。［移動］ツールで Shift キーを押しながら、朝日の画像を湾岸の画像にドラッグ＆ドロップします。

2 07_601b.psdに「レイヤー1」として朝日の画像が中央に配置されます。またレイヤーは図のようになります。

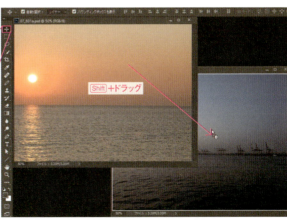

07_601a.psd（朝日の画像）は以降使わないので、閉じてかまいません。

合成する「レイヤー1」の［描画モード］は［通常］、［不透明度］は「100%」にしておきます。

COLUMN　画像サイズを合わせる

2つの画像のサイズが異なる場合は、ドラッグ＆ドロップしたあとに［編集］メニューから［変形］→［拡大・縮小］を選び、周囲のハンドルをドラッグして調整します。なお、拡大する際は解像度の低下に注意してください。

レイヤーマスクを追加して編集する

1 [レイヤー] パネルで「レイヤー1」に対して、[レイヤーマスクを追加] ボタンをクリックします❶。レイヤーマスクが追加されますが、マスクの全面が透明（白）なので画像に変化はありません。「レイヤー1」のレイヤーマスクをクリックして選択しておきます❷。

2 描画色を白、背景色を黒として [グラデーション] ツールを選択❶、プリセットの [描画色から背景色へ]❷、[円形グラデーション]❸、[不透明度] を「100」% ❹とします。太陽の中心から右へ図のようにドラッグします❺。

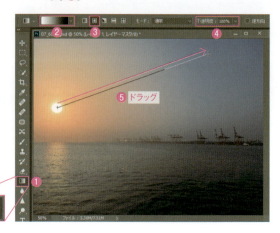

3 左側には太陽と朝焼けが、右側には放射状に「背景」の湾岸の画像が現れます。

グラデーションを比較的長めにすることで違和感を軽減できます。より自然な結果になるように、始点と終点の位置を変えてドラッグし直してください。ドラッグし直しても思うように再描画されない場合は、[グラデーション] ツールのオプションバーから [グラデーションエディター] を開いて、[描画色から背景色へ] のプリセットが選ばれていることを確認してください。これを選んでおくと、グラデーションが毎回上書きされます。

4 [レイヤー] パネルは図のようになります。レイヤーマスクの白で描画された部分は太陽と朝焼けが表示され、黒で描画された部分はマスクされるので「背景」の湾岸の画像が現れます。

[選択とマスク] でマスクを見る

1 グラデーションで描いたレイヤーマスクを確認してみましょう。いずれかの選択ツールを選び、オプションバーで [選択とマスク] をクリックします。[表示モード] の [表示] で [白黒] を選ぶと、図のようなマスクが確認できます。

2 [オーバーレイ] を選択すると、クイックマスクやアルファチャンネルの編集時のようにマスクされた部分が半透明の赤い表示になり、2つのレイヤーの表示が切り替わる場所を確認できます。確認したら [キャンセル] をクリックします。

CC2015.5より前では、レイヤーマスクのサムネールをクリックして選択し、[選択範囲] メニューの [マスクを調整] で同様に操作します。

7-7 調整レイヤーでのレイヤーマスクの利用

調整レイヤーは作成時に自動的にレイヤーマスクも追加されます。
このレイヤーマスクを利用することで、部分的な明るさ補正や色補正が可能になります。
調整レイヤーにおけるレイヤーマスクの考え方は、画像合成と変わりありません。

STEP 01　あらかじめ選択範囲を作成しておく方法

Before　　　After

調整レイヤーによる部分補正では、あらかじめ選択範囲を作成しておく方法と、あとからレイヤーマスクを編集する方法があります。Step01ではあらかじめ選択範囲を作成しておく方法を紹介します。

Lesson 07 ▶ 7-7 ▶ 07_701.psd

1 画像を開いたら、[クイック選択]ツールなどで花の選択範囲を作成します。

2 [レイヤー]パネルの[塗りつぶしまたは調整レイヤーを新規作成]ボタンをクリックし❶、[明るさ・コントラスト]を選びます❷。[明るさ・コントラスト]の[属性(色調補正)]パネルが表示されるので、[明るさ][コントラスト]をそれぞれ「65」「35」とします❸。

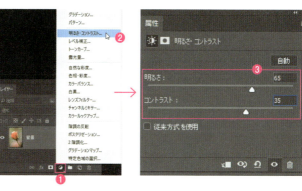

3 花だけが明るくなります。[レイヤー]パネルには[明るさ・コントラスト]の調整レイヤーが作成され、レイヤーマスクのサムネールは花の選択範囲を反映したものになります。

4 花の輪郭部の不自然なエッジを軽減します。[レイヤー]パネルの[明るさ・コントラスト]のレイヤーマスクをダブルクリックします。

5 [属性]パネルの内容が[マスク]に変わります。マスクの境界をぼかす[ぼかし]を「1.1」px程度にします。これによって、境界の不自然さが低減します。

CHECK！ [選択とマスク]でも同様にできる

レイヤーマスクをダブルクリックした場合、CC 2017では[選択とマスク]に変わることがあります。[選択とマスク]でも同様の操作ができます。紙面と同じ[属性]パネルを表示する場合は、[環境設定]の[ツール]で[レイヤーマスクをダブルクリックしたときに選択とマスクワークスペースを起動]のチェックを外してください。

[ぼかし]0.0 px　　　[ぼかし]1.1 px

STEP 02　調整レイヤーを作成後にレイヤーマスクを編集する方法　CC CS6

Lesson 07 ▶ 7-7 ▶ 07_701.psd

Step 02ではレイヤーマスクをあとから編集してみます。Step 01から続けて操作するときは、ファイルを開いたときの状態に戻します。[ヒストリー]パネルでファイル名をクリックするか❶、あるいは[レイヤー]パネルで調整レイヤーを[レイヤーを削除]アイコンにドラッグして削除します❷。

7-7 調整レイヤーでのレイヤーマスクの利用

1 [レイヤー]パネルの[塗りつぶしまたは調整レイヤーを新規作成]ボタンをクリックして❶、[明るさ・コントラスト]を選びます❷。[属性]パネルで[明るさ][コントラスト]をそれぞれ「65」「35」とします❸。全面が明るくなります。

2 [レイヤー]パネルにはレイヤーマスク付きの調整レイヤーが作成されます。調整レイヤーのレイヤーマスクをクリックして選択します。

3 描画色を黒として[ブラシ]ツールを選びます。オプションバーで[直径]は描画する箇所に合わせて「10」px～「150」px程度、[硬さ]は「50%」に設定して、花の外側の背景をドラッグします。図は背景の向かって左半分をドラッグしたところです。ドラッグした部分は調整レイヤーの効果がマスクされて暗い状態に戻ります。

背景の左側をドラッグした状態。

4 [ブラシ]ツールでの輪郭部の描画は細かな作業となります。サイズを小さくして根気よく行ってください。花の外側をすべてドラッグし終えたら、調整レイヤーのレイヤーマスクの完成です。

COLUMN

ペンタブレットで精密に作業する

[ブラシ]ツールによる輪郭部の細かな操作は、精密さが求められます。その場合、マウスよりもペンタブレットを使った方が、より精度が高く、また効率よく作業をすることができます。

調整レイヤーのマスク効果

調整レイヤーのレイヤーマスクの編集も、通常のレイヤーマスクと同じです。黒で描画するとマスクとなり、白で描画するとマスクが消去されます。調整レイヤーの効果は黒い部分はオフとなり白い部分はオンとなります。256階調のグレースケールに対応しているので、ぼかしの効果を利用したり、グラデーションで効果を段階的に適用したりすることもできます。
レイヤーマスクを一時的に無効にしたり、また初期化したりする方法は、7-5「レイヤーマスクによる切り抜き合成」を参照してください。

Lesson 07　練習問題

Lesson 07 ▶ Exercise ▶ 07_Q 01.psd

Q ネコのフィギュアの画像があります。
[クイック選択]ツールや[選択とマスク]で輪郭を選択範囲にしたら、
最終的にレイヤーマスクにして、背景を透明にしてください。

※ここではCC 2017に搭載の[選択とマスク]を使っていますが、
それより前のバージョンでは[境界線を調整]を使ってください。

Before

After

A ❶[クイック選択]ツールを使い、選択範囲を作成します。
❷[選択とマスク]を選び、[滑らかに]を「2」程度、[ぼかし]を「0.5」px程度、[エッジをシフト]を「-10」%程度にします。
❸[出力設定]の[出力先]で[レイヤーマスク]を選んで、[OK]をクリックすると、レイヤーマスクで切り抜かれます。

Lesson 07 ▶ Exercise ▶ 07_Q 02.psd

Q ガラスの瓶の画像があります。
輪郭のパスを作成したら、それを選択範囲にしたのち、
最終的にレイヤーマスクにして、背景を透明にしてください。

Before

After

A ❶[ペン]ツールを使いガラス瓶の輪郭に沿ってパスを作成します。
❷[パス]パネルのメニューから[選択範囲を作成]を選んで実行します。これで選択範囲が作成されます。
❸[レイヤー]パネルで[マスクを追加]ボタンをクリックすると、ガラス瓶がレイヤーマスクで切り抜かれます。

フィルター

An easy-to-understand guide to Photoshop

Lesson 08

ぼかしやシャープネス処理のような基本のレタッチから、画像を浮き彫りにしたり、タイルを敷き詰めたように見せる特殊効果を適用できるのが、フィルター機能です。このLessonでは、フィルターの使い方や利用頻度の高いフィルターについて紹介します。

Lesson 08　フィルター

8-1 フィルターの基本操作

フィルターは、画像全体や選択範囲にさまざまな加工を適用し、
画像を印象的に見せるための機能です。フィルターは、
レタッチから特殊効果までさまざまな種類があり、重ねて適用することもできます。

フィルターの使用　CC　CS6　Lesson 08 ▶ 8-1 ▶ 08_101.jpg

[フィルター] メニューをすべて表示する

フィルターは、[フィルター] メニューから目的の項目を選択して使用します。初期状態では [フィルター] メニューの項目がすべて表示されていませんので、[環境設定] ですべて表示するようにします。

[編集]（[Photoshop CC]）メニューの [環境設定] → [プラグイン] を選択し、[環境設定] ダイアログボックスのプラグインの設定を表示します。[フィルター] の [すべてのフィルターギャラリーグループと名前を表示] にチェックを入れて [OK] をクリックすると、すべての [フィルター] メニューの項目が表示されます。

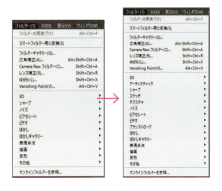

基本的なフィルターの使い方

ここでは [ピクセレート] フィルターの [水晶] を使用してみましょう。画像08_101.jpgを開いて、[フィルター] メニューの [ピクセレート] → [水晶] を選択します。[水晶] ダイアログボックスが表示されるので、プレビュー画像を見ながらスライダーを移動したり❶、数値を入力します。表示領域や倍率を変更することもできます❷。[OK] をクリックすると、フィルター加工が実行されます。

元画像

COLUMN

別の画像に同じ設定値のフィルターを適用する

フィルターを使用すると、[フィルター] メニューの一番上に最後に使用したフィルター名が表示されます。別の画像を開き、そのフィルターを選択するだけで、同じ設定値のフィルターが適用されます。

フィルターギャラリー Lesson 08 ▶ 8-1 ▶ 08_102.jpg

［フィルターギャラリー］を使用する

フィルターは種類が多く、使用に迷ってしまうと思いますが［フィルターギャラリー］ダイアログボックスを使用すれば、プレビューで確認しながら複数のフィルターを試すことができます。

1 画像08_102.jpgを開き、［フィルター］メニューの［フィルターギャラリー］❶を選択して、［フィルターギャラリー］ダイアログボックスを表示します（最後に使用したフィルター名のダイアログボックスが表示されています）。中央のカテゴリー別のフォルダの右向きの三角形ボタン❷をクリックして開きます。

ここでは、［ブラシストローク］の三角形ボタンをクリックしています。

2 使用したいフィルターをクリックすると❶、そのフィルターに合わせてプレビューと設定表示が切り替わります。プレビューを見ながら数値を変更することができます❷。

ここでは、［インク画（外形）］を選択しています。

3 別のカテゴリーのフォルダを開き❶、使用したいフィルターをクリックすると❷、そのフィルターに合わせてプレビューと設定表示が切り替わります。［OK］の左にある ボタンをクリックすると❸、中央のカテゴリー別のフォルダの表示がなくなり、プレビューが大きく表示されます。

ここでは、［変形］の［光彩拡散］を選択しています。

同じ位置の ボタン❹をクリックすると、元の表示に戻ります。

> **COLUMN**
> **［フィルターギャラリー］ダイアログボックスに表示されない項目**
>
> ［フィルター］メニューの［シャープ］、［ノイズ］、［ピクセレート］、［ビデオ］、［ぼかし］、［ぼかしギャラリー］、［描画］、［その他］は、［フィルターギャラリー］ダイアログボックスに表示されません。

複数のフィルターを組み合わせる

複数のフィルターを組み合わせる場合は、［フィルターギャラリー］ダイアログボックスの右下にある［エフェクトレイヤー］を重ねます。

1 ［フィルターギャラリー］ダイアログボックスで、フィルターを選択すると❶、［エフェクトレイヤー］❷が作成されます。

2 フィルターを組み合わせる場合は、目的のフィルターを［Alt］（［option］）キーを押しながらクリックすると❶、［エフェクトレイヤー］❷が重なります。

ここでは［アーティスティック］の［水彩画］を選択しています。

ここでは［アーティスティック］の[粗いパステル画]を選択しています。

3 目のアイコンをクリックすると、フィルターの適用を非表示にすることができます❶。また、［エフェクトレイヤー］を選択して❷［エフェクトレイヤーを削除］ボタン❸をクリックすると削除できます。

4 ［エフェクトレイヤー］をドラッグすると❶順番が入れ替わり、プレビューも変わります❷。下にあるフィルターが先に適用されます。

8-2 スマートフィルター

フィルターは直接画像に実行されるため、修正などの編集が困難になります。
また、フィルターを使用すると画像の劣化が起こります。
[スマートフィルター]は、元の画像を保持したままフィルターを使用する機能です。

[スマートフィルター]の操作　CC CS6　Lesson 08 ▶ 8-2 ▶ 08_201.jpg

複数のフィルターを組み合わせていく過程で、「個々のフィルターの設定値を変更したい」「ほかのフィルターと組み合わせを比較したい」「画像の劣化を防ぎたい」「元の画像に戻したい」といった、さまざまな問題が発生します。それらを解決するのが[スマートフィルター]という機能です。[スマートフィルター]を利用すると、個々のフィルターの数値を再設定したり、一時的に非表示できるのでフィルターの編集にとても便利です。

[スマートオブジェクト]に変換して[スマートフィルター]を使用する

[スマートフィルター]を使用するには、レイヤーを[スマートオブジェクト]に変換する必要があります。

1 [レイヤー]パネルで[スマートオブジェクト]に変換したいレイヤーを選択し、[フィルター]メニューの[スマートフィルター用に変換]❷を選択します。

[スマートオブジェクト]に変換する確認のダイアログボックスが表示されたら[OK]をクリックしてください。

2 レイヤーが[スマートオブジェクト]に変換され、[スマートオブジェクト]を示すマークが表示されます。

[スマートオブジェクト]に変換されると「背景」レイヤーは「レイヤー 0」に変換されます。

3 [スマートオブジェクト]に変換したレイヤーを選択してフィルターを実行すると、レイヤーの下に[スマートフィルター]と適用したフィルター名が表示されます。

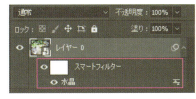

ここでは[フィルター]メニューから[ピクセレート]→[水晶]を適用しました。

4 [レイヤー]パネルの目のアイコン❶をクリックして表示／非表示を切り替えることで、フィルターの効果をオン／オフできます。

フィルター効果を削除するには[レイヤーを削除]ボタン❷にドラッグ&ドロップします。

[スマートフィルター]の効果を変更する

[スマートフィルター]は、あとからフィルターの数値を変更したり、[描画モード]や[不透明度]を設定することができます。

1 フィルター名をダブルクリックすると❶、フィルターのダイアログボックス(ここでは[水晶]ダイアログボックス❷)が表示され、数値を変更できます。

2 [フィルターギャラリー]ダイアログボックスで複数のフィルターを組み合わせると(P.136を参照)、[レイヤー]パネルには[フィルターギャラリー]と表示されます。

3 [ダブルクリックして、フィルターの描画オプションを編集]アイコン❶をダブルクリックすると、[描画オプション]ダイアログボックスが表示されます。ここで[描画モード]❷と[不透明度]❸が設定できます。

CHECK!
複数フィルターの適用時

複数のフィルターを適用中に効果の変更の操作をすると「このスマートフィルターを編集中は、このフィルターの上にリストされるフィルターをプレビューできません。」というダイアログボックスが表示されますので、[OK]をクリックします。

[スマートフィルターマスク]の使用

[スマートフィルター]を適用すると、[レイヤー]パネルに白いサムネールが表示されます。これは[スマートフィルターマスク](または[フィルターマスク])と呼ばれ、[スマートフィルター]の一部をマスクして適用する際に使用します。

COLUMN
レイヤーマスクと同じ

マスクとは表示する部分と表示しない部分を作成する機能です。[フィルターマスク]の場合、フィルターをかける部分とかけない部分を作成できます。レイヤーマスクと同様に[スマートフィルターマスク]も256階調のグレースケールになります。

8-2 スマートフィルター

1 2つのフィルターを使用してから❶、［スマートフィルターマスク］を使用します。［フィルター］メニューから［ピクセレート］→［水晶］を選択して［OK］、続いて［表現手法］→［エンボス］を選択して［OK］で、2つのフィルターを適用します。

2 ［スマートフィルターマスク］のサムネール❶をクリックして選択し、描画色を黒、背景色を白に設定します❷。［ブラシ］ツール❸を選択し、オプションバーでブラシの［直径］や［硬さ］❹などを設定して、画面上をドラッグすると❺、その部分はマスクされてフィルターが非適用となります。

それぞれのフィルターのダイアログボックスの数値は任意でかまいません。

［スマートフィルターマスク］のサムネールには、描画したタッチが表示されます❻。

COLUMN マスクの描画

マスクは［ブラシ］ツールで描画するほかに、［グラデーション］ツールで描画したり、選択範囲を作成して［塗りつぶし］ツールでも作成することができます。レイヤーマスクと同様です。

［スマートオブジェクト］の編集

［スマートオブジェクト］に変換した元画像を編集することができます。保存すると［スマートオブジェクト］にも結果が反映されます。

1 ［レイヤー］パネルで、［スマートオブジェクト］のサムネールをダブルクリックします❶。

［スマートオブジェクト］の元画像の保存についての確認ダイアログボックスが表示されたら［OK］をクリックしてください。

2 ［スマートオブジェクト］に変換した元画像（ここでは「レイヤー0.psb」）が別のウィンドウ❶で開きますので、画像を編集します。ここでは［イメージ］メニューから［色調補正］→［彩度を下げる］を選択しています❷。編集が終わったら［ファイル］メニューから［保存］を選択して保存します。

3 利用側画像のタブ❶をクリックして戻ると、元画像で編集した内容が反映されています❷。

COLUMN psbファイル

［スマートオブジェクト］に変換した元画像は「.psb」という拡張子でPhotoshopによって別ファイルとして管理されています。

Lesson 08 フィルター

8-3 定番のフィルター

レタッチ系の［シャープ］フィルター、［ノイズ］フィルター、
［ぼかし］フィルターは利用頻度の高いフィルターです。
ここでは、これら定番のフィルターの使い方と設定の方法を説明します。

［シャープ］フィルター   Lesson 08 ▶ 8-3 ▶ 08_301.jpg

［シャープ］フィルターは、ぼんやりした画像を鮮明にするフィルターで、ピントが合っていないぼけた画像に使用すると、はっきりした印象になります。［シャープ］フィルターで利用度の高いのが［アンシャープマスク］と［スマートシャープ］です。［アンシャープマスク］と［スマートシャープ］は、ピクセルに対してシャープ処理を行う機能ですが、［スマートシャープ］のほうが、輪郭を過度に強調することなく輪郭を際立たせることができ、［アンシャープマスク］よりも詳細に設定できます。

元画像

［アンシャープマスク］

画像の輪郭をシャープにします。

［量］：数値が大きいほど輪郭が強調されます。
［半径］：シャープ処理する範囲のことで、数値が大きいほど全体が強調されます。
［しきい値］：半径に含まれるピクセルのコントラスト差のことで、「0」にすると、すべてのピクセルが対象になります。

［スマートシャープ］

画像の輪郭をシャープにします。［アンシャープマスク］よりも詳細に設定できます。

［量］［半径］で大きな数値にしても、［ノイズを軽減］でノイズが抑えられます。
［シャドウ］［ハイライト］では、シャドウ部とハイライト部に対してそれぞれシャープ処理できます。

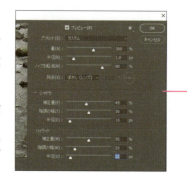

[ノイズ] フィルター

Lesson 08 ▶ 8-3 ▶ 08_302.jpg、08_303.jpg

[ノイズ] フィルターは、ノイズを軽減するものとノイズを加える2種類に分かれ、ノイズを軽減するものには[ダスト&スクラッチ][ノイズを軽減][明るさの中間値][輪郭以外をぼかす]、ノイズを加えるものには[ノイズを加える]があります。ここでは、利用頻度の高い[ダスト&スクラッチ]と[ノイズを加える]を紹介します。

[ダスト&スクラッチ]

周囲と類似性のないピクセルを判断し、ぼかして目立たないようにします。ゴミやノイズを周囲のピクセルとなじませて目立たなくできるので、レタッチ作業で使用されています。

ゴミのある部分に選択範囲を作成します。ここでは[長方形選択]ツールで[Shift]キーを押しながら選択範囲を作成しています。

[半径]:ぼかしの範囲を指定します。
[しきい値]:ノイズの明度を指定します。[プレビュー]を見ながら、ゴミやノイズが消えるまで数値を上げてください。「0」にすると、すべてのピクセルが対象になります。

[Ctrl]([command])+[D]キーで選択が解除できます。

[ノイズを加える]

画像にランダムなピクセルを適用し、高感度フィルムで写真を撮ったような効果になります。ノイズの[分布方法]を選び、[グレースケールノイズ]を加えるか選択します。

[均等に分布]:全体的にノイズを分布します。

[ガウス分布]：不規則にノイズが斑点状に分布します。

[グレースケールノイズ]：色を変更せずに階調だけにグレースケールノイズを適用します。上図は[ガウス分布]を選択し、[グレースケールノイズ]にチェックを入れています。

［ぼかし］フィルター CC CS6

Lesson 08 ▶ 8-3 ▶ 08_304.jpg

［ぼかし］フィルターは、画像をぼかして柔らかく見せる効果があります。背景をぼかして被写体を強調したり、ソフトフォーカスに見せるなど、レタッチ作業に欠かせないフィルターです。［ぼかし］［ぼかし（強）］は、繰り返し実行することで効果が高まります。ここでは、利用頻度の高い［ぼかし（ガウス）］を紹介します。

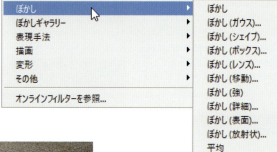

［ぼかし（ガウス）］

指定したピクセル値で画像をぼかします。

［半径］：ぼかし具合を設定します。数値が大きいほど効果が高くなり、かすんだような効果になります。

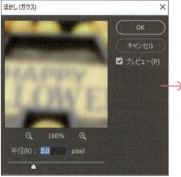

8-4 フィルターの効果

フィルターは内容ごとにカテゴリーされています。
必要なフィルターがどのカテゴリーにあるのか、一覧から探してみましょう。
ここでは、各フィルターの特徴と効果について紹介します。

フィルター一覧 CC CS6   Lesson 08 ▶ 8-4 ▶ 08_401.jpg、08_402.jpg、08_403.jpg

フィルターは、8bitでRGBカラーでの作業が基本になります。CMYKカラーでは使用できないフィルターもあるので注意してください。[フィルター]メニューの項目をすべて表示するには、P.134を参照してください。

[フィルター]メニューの赤枠部分のフィルターを順に解説していきます。

CHECK! お使いのコンピューターのグラフィックプロセッサーまたはそのドライバーがPhotoshopと互換性がない場合は、フィルター機能などが動作できない可能性があります（その場合はグレー表示になります）。詳しくは、https://helpx.adobe.com/jp/photoshop/kb/photoshop-cc-gpu-card-faq.htmlをご覧ください。

フィルターをかける前の元画像

[3D]のカテゴリーのフィルター（2種類）（CC 2015以上）

画像のテクスチャから、表面の凹凸を表現します。

[バンプマップを生成]
凸凹を表現した明暗のテクスチャ画像にします。

[法線マップを生成]
凸凹を表現したRGBで出力したテクスチャ画像にします。

[アーティスティック]のカテゴリーのフィルター（15種類）

絵画のような効果やユニークな効果を表現します。

[エッジのポスタリゼーション]
輪郭を黒で強調し、絵の具で描いたような画像にします。

[カットアウト]
色紙を無造作に切って貼り付けたような画像にします。

[こする]
短い斜線で、暗い部分をこすったような画像にします。

[スポンジ]
濡れたスポンジで、にじませたような画像にします。

[ドライブラシ]
ドライブラシ手法（水彩と油彩の中間）で描いたような画像にします。

[ネオン光彩]
描画色と背景色を使用して、ネオン管が発光しているような画像にします。

[パレットナイフ]
パレットナイフで油絵を描いたような画像にします。

[フレスコ]
短く丸いタッチを重ねたような粗い画像にします。

[ラップ]
ラップフィルムをかけたような画像にします。

[色鉛筆]
色鉛筆で描いたような画像にします。

[水彩画]
水彩画のような画像にします。

[粗いパステル画]
パステル画のような画像にします。

[粗描き]
テクスチャを適用した背景に、にじみやぼかしを使って描いたような画像にします。

[塗料]
さまざまな大きさや種類のブラシで描いたような画像にします。

[粒状フィルム]
粒状のパターンを適用したような画像にします。

［シャープ］のカテゴリーのフィルター（6種類）

隣接するピクセル間のコントラストを強調し、シャープにします。

[アンシャープマスク]
画像の輪郭をシャープにします。［量］［半径］［しきい値］で設定します。

[シャープ]
画像の輪郭をシャープにします。

[シャープ（強）]
［シャープ］よりも、強いシャープ効果になります。

[シャープ（輪郭のみ）]
画像の輪郭のみをシャープにします。

［スマートシャープ］（CCで強化）
画像の輪郭を詳細に設定してシャープにします。

［ぶれの軽減］
手ぶれした画像を自動解析してぶれを除去し、画像の輪郭をシャープにします。

［スケッチ］のカテゴリーのフィルター（14種類）　絵画のような手描きのタッチを表現します。

［ウォーターペーパー］
湿った繊維質の紙に、絵の具を塗りつけたような画像にします。

［ぎざぎざのエッジ］
描画色と背景色を使用して、輪郭をぎざぎざに破った紙切れのような画像にします。

［グラフィックペン］
描画色と背景色を使用して、細いペンで描いたような画像にします。

［クレヨンのコンテ画］
描画色と背景色を使用して、クレヨンで描いたコンテ画のような画像にします。

［クロム］
磨き上げたクロムの表面のような画像にします。

［コピー］
描画色と背景色を使用して、画像をコピーしたような画像にします。

［スタンプ］
描画色と背景色を使用して、ゴム製または、木製のスタンプを押したような画像にします。

［チョーク・木炭画］
描画色と背景色を使用して、チョークや木炭で描いたような画像にします。

［ちりめんじわ］
描画色と背景色を使用して、フィルム膜面の収縮や変形を加えたような画像にします。

［ノート用紙］
描画色と背景色を使用して、手製の紙で作成したような画像にします。

［ハーフトーンパターン］
描画色と背景色を使用して、網点を用いたような画像にします。

［プラスター］
描画色と背景色を使用して、立体のプラスター（漆喰）から型どりしたような画像にします。

Lesson 08　フィルター

［浅浮彫り］
描画色と背景色を使用して、浅い浮彫りにしたような画像にします。

［木炭画］
描画色と背景色を使用して、木炭画のような画像にします。

［テクスチャ］のカテゴリーのフィルター（6種類）　質感や素材を貼り付けたような効果を表現します。

［クラッキング］
ひび割れて溝が入ったような画像にします。

［ステンドグラス］
ステンドグラスに描かれたような画像にします。

［テクスチャライザー］
特定のテキスチャを適用した画像にします。

［パッチワーク］
パッチワーク（手芸のつぎはぎ細工）のような画像にします。

［モザイクタイル］
並べたタイルに描かれたような画像にします。

［粒状］
多様な粒子状のノイズを加えたような画像にします。

［ノイズ］のカテゴリーのフィルター（5種類）　ノイズ（ピクセル）の追加や削除を行います。

［ダスト&スクラッチ］
周囲と類似性のないピクセルを判断し、ぼかして目立たないようにします。

［ノイズを加える］
画像にランダムなピクセルを適用し、高感度フィルムで写真を撮ったような画像にします。

［ノイズを軽減］
画像の品質を保持したままノイズを減らします。

［明るさの中間値］
ピクセルの明るさを中和してノイズを減らします。

[輪郭以外をぼかす]
画像の輪郭を判断して、輪郭以外のすべてのノイズを減らします。繰り返し実行することで効果が高まります。

[ピクセレート]のカテゴリーのフィルター（7種類）

カラー値の近いピクセルを凝集させて、さまざまな効果を表現します。

[カラーハーフトーン]
拡大した網点を用いたような画像にします。

[ぶれ]
手ぶれしたような画像にします。

[メゾティント]
銅板画に使用されるような、メゾティント技法で描いたような画像にします。

[モザイク]
モザイク画のような画像にします。

[水晶]
ピクセルを単色の多角形に分割したような画像にします。

[点描]
点描画のような画像にします。

[面を刻む]
単色や近似色をブロックの集まりのように配置し、手描き風のような画像にします。繰り返し実行することで効果が高まります。

[ビデオ]のカテゴリーのフィルター（2種類）

動画からの画像補正を行います。

[NTSC カラー]　色域をテレビで再現可能な範囲に制限する機能です。
過剰な彩度のカラーがテレビの走査線でにじむのを防ぎます。

[インターレース解除]　動画から取り込んだ静止画の偶数または奇数の走査線を削除して滑らかにする機能です。

［ブラシストローク］のカテゴリーのフィルター（8種類）

さまざまなブラシやインクの表現効果を使用して、絵画のような効果を表現します。

［インク画（外形）］
細い線で輪郭を描いたような画像にします。

［エッジの強調］
エッジを強調したような画像にします。

［ストローク（スプレー）］
スプレーで描いたような画像にします。

［ストローク（暗）］
明暗のコントラストを強調して筆でこすったような画像にします。

［ストローク（斜め）］
斜めに描いたような画像にします。

［はね］
エアブラシで絵の具を吹き付けたような画像にします。

［墨絵］
和紙に墨で描いたような画像にします。

［網目］
網目のテクスチャを適用したような画像にします。

［ぼかし］のカテゴリーのフィルター（11種類）

画像にぼかしの効果を加えます。

［ぼかし］
明暗のコントラストを強調して筆でこすったような画像にします。

［ぼかし（ガウス）］
指定したピクセル値で画像をぼかします。

［ぼかし（シェイプ）］
選択したシェイプの形状で画像をぼかします。

［ぼかし（ボックス）］
隣接するピクセルのカラーの平均値で箱状に画像をぼかします。

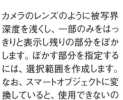

［ぼかし（レンズ）］
カメラのレンズのように被写界深度を浅くし、一部のみをはっきりと表示し残りの部分をぼかします。ぼかす部分を指定するには、選択範囲を作成します。なお、スマートオブジェクトに変換していると、使用できないので注意しましょう。

［ぼかし（移動）］
指定した角度と距離で画像をぶれているようにします。

［ぼかし（強）］
［ぼかし］の3〜4倍の効果で画像をぼかします。

8-4 フィルターの効果

［ぼかし（詳細）］
［半径］［しきい値］［画質］［モード］の設定で画像をぼかします。

［ぼかし（表面）］
輪郭を保持して画像をぼかします。

［ぼかし（放射状）］
カメラをズームしたり、回転したように画像をぼかします。

［平均］
画像の平均値の色で単色に塗りつぶします。

［ぼかしギャラリー］のカテゴリーのフィルター（5種類）

制御点を動かして、直感的な操作でぼかし効果を作成できます。

［フィールドぼかし］
指定した位置ごとに、ぼかしの範囲や量を設定します。

［虹彩絞りぼかし］
円形状の領域で、ぼかしの範囲や量を設定します。

［チルトシフト］
帯状の領域で、ぼかしの範囲や量を設定します。

［パスぼかし］（CC2014以上）
パスに沿ってぼかしの範囲や量を設定します。

［スピンぼかし］（CC2014以上）
回転してぼかしの範囲や量を設定します。

［表現手法］のカテゴリーのフィルター（10種類）

ピクセルの置き換えや、画像のコントラストを強調して絵画のような効果を表現します。

［エッジの光彩］
画像の輪郭を抽出して、ネオンのように光った画像にします。

［エンボス］
画像の輪郭を抽出し、グレースケールの壁に浮き彫りしたような画像にします。

［ソラリゼーション］
ネガ画像とポジ画像を合成し、現像中に露光させたような画像にします。

［押し出し］
画像を分割して押し出したような画像にします。

［拡散］
ピクセルを拡散させたような画像にします。

［風］
風が吹いているような画像にします。

［分割］
タイルのように分割した画像にします。

［油彩］（CC2015で再導入）
油彩で描いているような画像にします。

149

Lesson 08　フィルター

［輪郭のトレース］
明るさが大きく変化する部分を検出して、各チャンネルごとに輪郭を描きます。

［輪郭検出］
画像の輪郭を検出して各チャンネルごとに輪郭を描きます。［輪郭のトレース］よりも、画像の境界がはっきりします。

［描画］のカテゴリーのフィルター（8種類）

炎、フレーム、木の生成、繊維、雲のテクスチャや逆光などを作成します。

わかりやすいように、新規レイヤーに生成しています。

わかりやすいように、新規レイヤーに生成しています。

わかりやすいように、新規レイヤーに生成しています。

［炎］（CC2014以上）
パスを描画して炎を自動生成します。

［ピクチャフレーム］（CC2014以上）
フレームを自動生成します。

［木］（CC2014以上）
木を自動生成します。

［ファイバー］
描画色と背景色を使用して、繊維のようなテクスチャを作成します。

［雲模様1］
描画色と背景色を使用して、雲のようなテクスチャを作成します。

［雲模様2］
描画色と背景色を使用して、雲のようなテクスチャを作成し、元画像と［差の絶対値］モードで合成します。

［逆光］
逆光写真のように、画面の向こうから光が射しているような効果を加えます。

［照明効果］
照明が当たっているような効果を加えます。

［変形］のカテゴリーのフィルター（12種類）

画像を幾何学的に歪めます。

［ガラス］
ガラスを通して見ているように変形します。

［シアー］
曲線に沿って変形します。

［ジグザグ］
同心円の波紋状に変形します。

［つまむ］
中心または外に向かって絞ったように変形します。

[渦巻き]
渦巻き状に変形します。

[海の波紋]
ランダムな間隔の波紋を加え、水面下にある画像を見ているように変形します。

[球面]
球面状に変形します。

[極座標]
直交座標から極座標または、極座標から直交座標に変形します。

[光彩拡散]
背景色を白に設定すると、ソフトな[拡散]フィルターを通して見ているような効果にします。

[置き換え]
置き換えマップと呼ばれる画像を使用して変形します。

[波形]
波打つパターンを詳細に設定して変形します。

[波紋]
池の水面にできた、さざ波のように変形します。

[その他]のカテゴリーのフィルター（6種類）

独自のフィルター効果の作成、フィルターによるマスクの変形、画像内の選択範囲のスクロール、迅速な色補正などを行うことができます。

[HSB/HSL]（CC2014以上）
RGB、HSB、HSLの色空間を相互に変換できます。

[カスタム]
独自のフィルター効果を作成します。

[スクロール]
画像を水平、垂直に移動します。

[ハイパス]
色の変化が大きい部分を輪郭として判別し、暗い部分をグレーで抑えます。

[明るさの最小値]
指定した範囲のピクセルの明るさの値を、もっとも暗い（最小値）レベルに置き換えます。

[明るさの最大値]
指定した範囲のピクセルの明るさの値を、もっとも明るい（最大値）レベルに置き換えます。

HSB、HSLとは　CHECK!

HSB（Hue＝色相、Saturation＝彩度、Brightness＝明度）、HSL（Hue＝色相、Saturation＝彩度、Lightness/Luminance＝輝度）

COLUMN

[Digimarc]のカテゴリーのフィルター

CC2015、CC2017は、[Digimarc]はありません。それ以前のバージョンでは、Digimarc社のデジタル透かし機能を利用して、画像に著作権情報を埋め込むことができます。

Lesson 08　練習問題

Lesson 08 ▶ Exercise ▶ 08_Q01.psd

Q 正方形の新規ファイルを作成し、[ファイバー] というフィルターを使用して、布のようなテクスチャを作成しましょう。
[ファイバー] を実行したレイヤーを複製し、90°回転して乗算モードに設定すると、繊維が縦横に重なったように見えます。

Before

After

A

❶RGBモードで正方形のドキュメントを作成します。ここでは1378×1378pixelにします。
❷描画色を灰色、背景色を白に設定します。描画色は淡い色や薄い色にします。ここではR「205」、G「205」、B「205」にしています。
❸[フィルター] メニューから [描画] → [ファイバー]を選択します。[ファイバー]ダイアログボックスで [変化:20] [強さ:64] として [OK] をクリックすると、繊維のようなテクスチャになります。

❹レイヤーパネルの [背景] を [新規レイヤーを作成] ボタンにドラッグ&ドロップして [背景のコピー] を作成します。
❺レイヤーパネルの [背景のコピー] が選択されている状態で、[編集] メニューから [変形] → [90°回転(時計回り)] を選択します。
❻レイヤーパネルの [背景のコピー] の描画モードを [乗算] ❸に設定すると、布のようなテクスチャになります。色が濃い場合は、レイヤーパネルの [塗り] ❹の数値を下げて調整してください。

よく使う作画の技法

An easy-to-understand guide to Photoshop

Lesson 09

ここではデザインで一般的な表現技法を理解します。自然なシャドウ（影）や明暗で立体感を感じさせると、その部分を目立たせたり、全体にメリハリをつけることができます。切り抜き写真、図形、文字などさまざまな対象に使える、応用範囲の広い基本的なテクニックです。レイヤーを分けて「レイヤースタイル」を適用することで操作が簡単になります。

Lesson 09 よく使う作画の技法

9-1 シャドウをつける

シャドウはシンプルですが視覚的な効果が高い、よく使われるテクニックです。
影によって立体感を演出し、対象物を引き立てます。
同じ素材を使っても影の作り方しだいで浮いたり、切り抜かれたりします。

STEP 01 浮かせるシャドウ

Before

After

対象物の外側にシンプルな影をつけ、少し浮き上がって見せます。距離や角度、サイズの調整で必要に応じた影を作成し、色味は少し変えて自然になじませます。

Lesson 09 ▶ 9-1 ▶ 09_101.psd

1 背景を白にした700×600 pixelの新規ファイルをRGBモードで作成します。新規レイヤーを作成し❶、［長方形選択］ツールを選択し❷、斜めにドラッグして画面中央に長方形の選択範囲を作成し❸、25%のグレーで塗りつぶします（またはダウンロードファイルの09_101.psdを開きます）。

2 ［レイヤー］パネルで「レイヤー1」を選択し、［レイヤー］メニューの［レイヤースタイル］→［ドロップシャドウ］を選択します。

3 ［ドロップシャドウ］が選択された状態で❶［レイヤースタイル］ダイアログボックスが表示されます。ここで［シャドウのカラーを設定］、［不透明度］、［角度］、［距離］、［スプレッド］、［サイズ］を設定して影を作ります❷。これらの操作は数値を入力するか、スライダーで調整します。まずは［シャドウのカラーを設定］をクリックして色を設定します❸

CHECK!

結果の違い
ドキュメントサイズや解像度によって、効果の数値が同じでも見た目の結果は変わります。

9-1 シャドウをつける

4 ［カラーピッカー（ドロップシャドウのカラー）］ダイアログボックスが表示されます。作例ではRGBにそれぞれ、R「50」、G「5」、B「5」と数値を入力して［OK］をクリックします。影の色が変わります。

> **COLUMN**
> **周囲の色で影を変える**
> シャドウの色は初期状態では黒ですが、少し色味を加えたほうが、光源色や周囲にある物の色が影響しているように自然になじむことがあります。作例は無彩色ですが、練習のため茶色にします。

5 ［サイズ］で大きさを設定します。数値を大きくするほど、ぼやけた影になります。光源が近いときのように、対象物を影が包むような設定ができます。ここでは「40」pxにします。

サイズ「5」px　　サイズ「40」px　　サイズ「70」px

6 ［不透明度］で影の濃さを調整できます。数値を下げると、薄く透明になります。色を濃いめに設定して最後に濃さの微調整をすると手軽です。背景に模様がある場合はより透けて見せることができます。ここでは「70」％にします。

不透明度「25」％　　不透明度「50」％　　不透明度「70」％

7 ［距離］で対象物からの表示位置を設定します。机の上にピッタリ置いた紙を持ち上げていくように、数値が大きくなるほど対象と影の距離が離れます。ここでは「40」pxにします。

距離「5」px　　距離「40」px　　距離「70」px

8 ［角度］は、ライトを動かすと影の向きが変わるように、どの方向から光が当たっているかを設定します。数値を入力するか、ホイール上をクリックして調整します。ここでは「125」°にして、左上の光源にします。

角度「125」°　　角度「-35」°

9 ［スプレッド］は影のぼけ具合を設定します。数値が大きくなるほどクッキリします。サイズを大きくしてぼけた影をクッキリさせるときにも使えます。ここでは初期設定のまま「0」％です。

スプレッド「0」％　　スプレッド「35」％　　スプレッド「70」％

10 ほかは初期設定のままで自然に見えます。［レイヤースタイル］ダイアログボックスの［OK］をクリックすると、設定した影がつきます。［レイヤー］パネルの「レイヤー1」に［効果］、［ドロップシャドウ］が加わります。

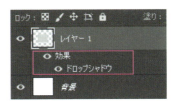

> **COLUMN**
> **効果の再編集**
> 一度決定したあとでも、［レイヤー］パネルで［効果］の文字部分をダブルクリックすると［レイヤースタイル］ダイアログボックスが表示され、いつでも再編集することができます。

STEP 02　切り抜きのシャドウ　CC　CS6

Before

After

対象物の内側に影をつけると、その部分が切り抜かれて穴が開いたように見せることができます。通常の影よりもやや意表を突いた効果を期待できます（作例はLesson 13も参照）。

Lesson 09 ▶ 9-1 ▶ 09_102.psd

1 Step01と同じ、「レイヤー1」に25％のグレーの長方形を描いたファイルを用意します（またはダウンロードファイルの09_102.psdを開きます）。Step01のファイルをそのまま使う場合は、「レイヤー1」のドロップシャドウの効果を削除します。

COLUMN　レイヤースタイルを削除する

［レイヤー］パネルで対象レイヤーの［効果］の文字部分をつかんでパネルの［レイヤーを削除］ボタンにドラッグします。または対象レイヤーを右クリックして［レイヤースタイルを消去］を選択します。

CHECK!　包括光源について

［レイヤースタイル］の［ドロップシャドウ］などの角度にある［包括光源を使用］にチェックが入っていると1つのファイル内で複数の効果を使っても、同じ光源角度にすることができます。［効果］を削除しても、保存していた情報が残ります。

2 ［レイヤー］パネルで「レイヤー1」を選択し、［レイヤー］メニューの［レイヤースタイル］→［シャドウ（内側）］を選択します。

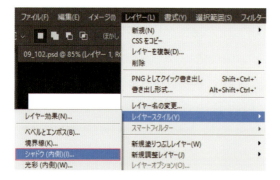

3 ［シャドウ（内側）］が選択された状態で❶［レイヤースタイル］ダイアログボックスが表示されます。Step01と同様に［シャドウのカラーを設定］［距離］［サイズ］［不透明度］［角度］を設定して影を作ります❷。［チョーク］はシャドウの［スプレッド］にあたります。

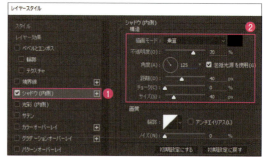

［シャドウのカラーを設定］をクリックしてカラーピッカーでR「50」、G「5」、B「5」に設定します。［距離］は「40」、［サイズ］は「40」、［不透明度］は「70」、［角度］は「125」と入力して［OK］をクリックします。

4 ［シャドウ（内側）］の効果が設定されます。

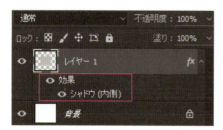

［レイヤー］パネルの「レイヤー1」に［効果］、［シャドウ（内側）］が加わります。

9-2 レイヤースタイルの組み合わせ

素材の外側を明るくする［光彩（外側）］や、形状にラインを追加する［境界線］は、
素材の輪郭をハッキリ引き立てることができます。
単独でも使用可能ですが、シャドウとの組み合わせで、
暗い色の素材でもクッキリとした境界線を保ちながら影をつけることができます。

STEP 01　光彩とドロップシャドウを組み合わせる

Before

After

光彩は素材の周囲に光を放ったような効果を加えます。ドロップシャドウと違い「距離」の設定はなく、四方に均一に広がります。

📷 Lesson 09 ▶ 9-2 ▶ 09_201.psd

1 ダウンロードファイルの09_201.psdを開きます。［レイヤー］パネルで「レイヤー1」を選択します。

「レイヤー1」には、幅360pixel×高さ300pixel、90％のグレーで長方形が描かれています。

2 まずドロップシャドウを設定します。［レイヤー］メニューの［レイヤースタイル］→［ドロップシャドウ］を選択すると、［ドロップシャドウ］が選択された状態で❶［レイヤースタイル］ダイアログボックスが表示されます。［不透明度］に「75」と入力し、［距離］と［サイズ］にそれぞれ「40」pxと入力します❷。

［OK］はクリックせず、［レイヤースタイル］ダイアログボックスは開いておきます。閉じてしまった場合は、［レイヤー］パネルの「レイヤー1」の［効果］をダブルクリックすると開きます。

3 対象物の色が濃いため、影との境界がわかりにくくなっています。

4 次に光彩を設定します。［レイヤースタイル］ダイアログボックスで、左側の［スタイル］から［光彩（外側）］の文字部分をクリックします❶。右側に［光彩（外側）］の設定項目が表示されます❷。

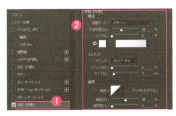

CHECK!

複数の効果を設定するには

レイヤースタイルで複数の効果を一度に設定するときは、チェックボックスではなく効果の「名前」をクリックすると、チェックされると同時に右側にその効果の設定内容が表示されます。

5 ［不透明度］で光の量、［スプレッド］でぼけ具合やクッキリ感、［サイズ］で光の幅を設定します❶。

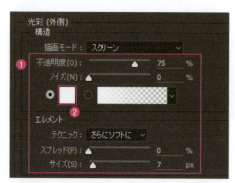

CS6では［光彩のカラーを設定］をクリックして、［カラーピッカー］でRGBにそれぞれ、R「255」、G「255」、B「255」と数値を入力し、黄色から白に変えます❷。

COLUMN

光彩の形状を設定する

［エレメント］の［テクニック］で選べるのは2種類です。［さらにソフトに］はある程度中央に集まったような光になり、［精細］はより形状に沿った光になります。

光彩色にグラデーションも設定できる

［光彩のカラーを設定］で単色を設定するほかに、その右側にある［クリックでグラデーションを編集］でグラデーションを編集して設定することもできます。

6 ［サイズ］を確認します。数値を大きくすると、光彩のぼけ具合も大きくなります。不自然にならないよう、わずかに境界線がわかる程度にします。「1」pxでも効果がありますが、ここでは見やすく初期状態のまま「5」pxにします。

サイズ「1」px

サイズ「5」px

サイズ「10」px

7 ［スプレッド］でぼけ具合を確認します。数値を大きくするとクッキリします。あまり強調せずに「0～5」%にしてなじませます。ここでは初期状態のまま「5」%にします。

スプレッド「0」%

スプレッド「5」%

スプレッド「20」%

8 ここまでの設定ができたら、ほかの設定は初期状態のままで［OK］をクリックします。

COLUMN

境界線

［光彩（外側）］の代わりに［境界線］を加えても同じような効果があります。境界線はボケ感がなく常にクッキリします。

9 影に対象物の輪郭に沿った光彩の効果が加わり、長方形の形状がはっきりしました。［レイヤー］パネルの「レイヤー1」に2種類の効果が追加されたことが確認できます。

CHECK!

効果の初期設定に戻すには

効果の数値を変更したあと、初期設定に戻したい場合は［レイヤースタイル］ダイアログボックスの右側にある［初期設定に戻す］ボタンをクリックします。
ダイアログボックスを開いたときの設定状態に戻したい場合は、Alt（option）キーを押すと［キャンセル］ボタンが［初期化］ボタンに変わるのでクリックします。

9-3 立体感の表現

文字や図形、絵柄などの素材そのものを浮き彫りにして立体感をつける表現も、目立たせたい部分によく使われます。
立体感の高さやフチなどの形状を調整・変更することで印象が変わり、表現の幅が広がります。ここでは基本の操作をマスターします。

STEP 01 クッキリとした立体感を出す [CC] [CS6]

Before

After

台形のプレートのようなシンプルな立体を作ります。輪郭に立体感を加える方法は、文字そのものや、文字を乗せるベースとなるプレート、ボタンにもよく使われる汎用性の高い表現です。

Lesson 09 ▶ 9-3 ▶ 09_301.psd

1 ダウンロードファイルの09_301.psdを開きます。[レイヤー]パネルで「レイヤー1」を選択します。

「レイヤー1」には、幅360pixel×高さ300pixel、30%のグレーで長方形が描かれています。

2 [レイヤー]メニューの[レイヤースタイル]→[ベベルとエンボス]を選択すると、[ベベルとエンボス]が選択された状態で❶[レイヤースタイル]ダイアログボックスが表示されます。ここでは[テクニック][深さ][サイズ][角度][高度][不透明度]を設定します❷。

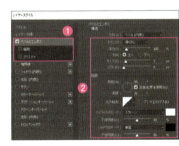

リストから選択するか、数値を入力するか、スライダーをドラッグするか、ホイール上をクリックして調整します。

3 まず[サイズ]で立体の幅を設定します。数値を上げると立体感(画面では縁辺部分の幅)が大きくなります。デザインや目的によって適切な数値が変わります。ここでは「40」pxにします。

サイズ「5」px

サイズ「40」px

サイズ「80」px

4 [テクニック]を初期設定のなだらかでソフトな立体感の[滑らかに]から、クッキリ見える[シゼルハード]に変更します。

5 ［深さ］を設定します。数値を上げるほどコントラストがハッキリしていきます。あまり高いと明暗がハッキリする分、中間の階調の豊かさが失われます。ここでは明るさの中間もわかる「150」％にします。

深さ「50」％　　深さ「150」％　　深さ「300」％

6 ［陰影］の［角度］で光源の向き、［高度］で光源の高さを調整します。［高度］は地表に対する太陽の角度のように考えると理解しやすいでしょう。低い高度＝朝や夕方のように斜めから、高い高度＝真昼のように上から照らしたときの影になります。ここでは［角度］は「125」°❶、［高度］は「30」°❷にします。

高度「1」°　　高度「30」°　　高度「60」°

［角度］と［高度］はホイール上をクリックするか、数値で設定します。［高度］はホイールの中心が90°〜円周が0°です。

7 ［陰影］の［不透明度］でハイライトの強さとシャドウの濃さを調整します。数値が上がるとハイライトは明るく、シャドウは暗くなります。ここでは両方とも「75」％にして、陰影にメリハリをつけます。

「25」％　　「50」％　　「75」％

COLUMN 色の変更

ベベルのハイライトやシャドウは、［ドロップシャドウ］や［光彩（外側）］と同じ要領で、色を変えることもできます。

STEP 02 　輪郭の形とテクスチャ　CC　CS6

Before　　After

Step 01で作成した立体感の表現に、輪郭の変更を加えます。また、テクスチャも追加します。自由な創作も可能ですが、ここでは基本設定から選択します。

Lesson 09 ▶ 9-3 ▶ 09_302.psd

1 Step 01から続けて作業します（またはダウンロードファイルの09_302.psdを開きます）。［レイヤー］パネルで［レイヤー 1］の［効果］の下の［ベベルとエンボス］の文字部分をダブルクリックします。

2 ［ベベルとエンボス］が選択された状態で［レイヤースタイル］ダイアログボックスが開きます。左側の［スタイル］から［輪郭］の文字部分をクリックします。チェックが入り、右側に設定内容が表示されます。

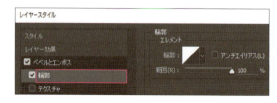

9-3 立体感の表現

3 輪郭の形状を変更します。［輪郭］の［クリックで輪郭ピッカーを開く］❶をクリックすると、すぐ下に［輪郭ピッカー］が表示されて一覧から輪郭の形状を選択することができます。ここでは［円錐］をダブルクリックして選択します❷。

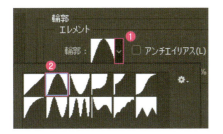

4 境界線が円錐形になります。

図と同じにならない場合は、左のリストの「ベベルとエンボス」の文字部分をクリックして❶、右側の［スタイル］のプルダウン❷でいったん他の項目を選んでから、もう一度［ベベル（内側）］❸を選び直すと同じになります。

5 続いて、テクスチャ効果を加えます。ダイアログボックスの［テクスチャ］の文字部分をクリックします❶。テクスチャの効果が追加され、右側に設定内容が表示されます。ここでは［パターン］を選択し、［比率］［深さ］を設定します❷。

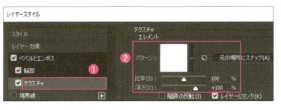

6 ［パターン］のサムネールをクリックすると❶、下にパターンピッカーが表示されます。一覧からパターンをクリックすると選択されてプレビューに反映されます。ダブルクリックか、ピッカーの外をクリックすると決定してピッカーが閉じます。ここでは初期状態の［灰色のみかげ石］にしておきます❷。

7 ［比率］は、数値を大きくするほどパターンが拡大されて模様が大きく粗くなります。ここでは「200」％にします。

比率「50」％　　比率「100」％　　比率「200」％

8 ［深さ］は「-1000」から「+1000」まであり、「0」に近いほうが適用が弱くなります。ここでは「20」％にします。［OK］をクリックして適用します。

深さ「5」％　　深さ「20」％　　深さ「50」％

COLUMN　オリジナルのテクスチャ

［テクスチャ］でオリジナルのテクスチャを適用したい場合は、パターンに登録すると一覧に追加され、利用することができます（P.110参照）。

Lesson 09　よく使う作画の技法

9-4 光沢と刻印の表現

金属のような光沢感は効果・スタイルの中でも花形的表現で、その表情も多彩です。
素材として沢山のスタイルを手に入れることもできますが、
ここではシンプルな基本の光沢をゼロから作成します。
また、刻印文字も背景の画像を活かせる面白い表現です。

STEP 01　シンプルな光沢の作成

Before　　　After

金属のような光沢感は、エンボスをはじめとするレイヤースタイルの複雑な組み合わせで作成することができます。ここでは立体感と光沢の基本表現を合わせて使います。

Lesson 09 ▶ 9-4 ▶ 09_401.psd

1 ダウンロードファイルの09_401.psdを開きます。［レイヤー］パネルで「レイヤー1」を選択します。

「レイヤー1」には、幅360pixel×高さ300pixel、黒で長方形が描かれています。

2 ［レイヤー］メニューの［レイヤースタイル］→［ベベルとエンボス］を選択します。［ベベルとエンボス］が選択された状態で［レイヤースタイル］ダイアログボックスが表示されます❶。

まず［ベベルとエンボス］の［角度］❷、［サイズ］❸、［光沢輪郭］❹、［不透明度］❺を設定し、さらに［グラデーションオーバーレイ］❻、［ドロップシャドウ］❼、［境界線］❽を設定して光沢感を作ります。

3 まず［陰影］の［角度］に「125」と入力して角度を変更します❶。［サイズ］で立体の幅を表現します。ここでは「40」pxにします❷。

4 ［光沢輪郭］の❶をクリックします。［輪郭ピッカー］から［リング］をダブルクリックして選択します❷。［光沢輪郭］の形状が変わります。

9-4 光沢と刻印の表現

5 ［ハイライトのモード］は［スクリーン］のまま、［不透明度］を「100」％に変更します。不透明度を高くすると光沢部分が強くなります。

6 ［レイヤースタイル］ダイアログボックスの［スタイル］から［グラデーションオーバーレイ］の文字部分をクリックします❶。効果にチェックが入り、右に設定項目が表示されます。［クリックでグラデーションを編集］をクリックします❷。

7 ［グラデーションエディター］が表示されます。ここで両端が黒、中央が白のグラデーションを作成します❶。［OK］をクリックします❷。グラデーションの効果が変更されます❸。

［グラデーションエディター］については6-2 P.107を参照してください。

8 ［スタイル］から［ドロップシャドウ］の文字部分をクリックします❶。効果にチェックが入り、右に設定項目が表示されます。ここでは引き立てるために少しだけ影をつける程度にします。［不透明度］を「30」％❷、［距離］を「5」px、［サイズ］を「10」pxにします❸。

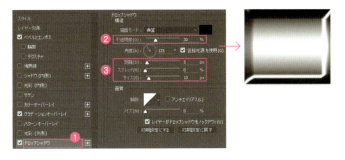

9 ［スタイル］から［境界線］の文字部分をクリックします❶。効果にチェックが入り、右に設定項目が表示されます。［サイズ］を「1」pxにします❷。色は黒のままにして❸、［OK］をクリックします。光沢の質感になりました。

COLUMN

色の変更

［グラデーションオーバーレイ］のほか、［カラーオーバーレイ］や［サテン］などで全体に色味を加えたり変えることができます。また、色を大きく変えた場合はシャドウ部分の色も合わせて変更し、なじませまるとよいでしょう。

STEP 02　背景に刻印する　CC　CS6

Before　　After

レイヤースタイルの [シャドウ] の応用で、[塗り] を「なし」にすると、背景に刻印されたような面白い表現ができます。刻印の表現に合わせたスタイルを利用します。

Lesson 09 ▶ 9-4 ▶ 09_402.psd

1 ダウンロードファイルの09_402.psdを開きます。この表現は塗りが透明なため背景に模様や色があったほうがハイライト部分が引き立ちます。[レイヤー] パネルで「レイヤー1」を選択します。

2 [レイヤー] パネルで「レイヤー1」の [塗り] の数値に「0」%と入力して Enter (return) キーを押すか、またはスライダーで一番左に移動します。

「背景」レイヤーは35%のグレーで、「レイヤー1」には、幅360pixel×高さ300pixel、黒で長方形が描かれています。

塗りの値がゼロになるため、この段階では黒の長方形が消えたように見えます。

3 [レイヤー] パネルで「レイヤー1」を選択したまま、[レイヤー] メニューの [レイヤースタイル] → [ベベルとエンボス] を選択します。[ベベルとエンボス] が選択された状態で [レイヤースタイル] ダイアログボックスが表示されます。

画面では背景の一部が少し盛り上がったように見えます。

4 [構造] の [スタイル] を [ピローエンボス] ❶、[深さ] を「250」% ❷、[サイズ] を「40」px ❸に、[陰影] の [角度] を「120」° ❹に、ハイライトとシャドウの [不透明度] をそれぞれ「75」% ❺に設定します。

[ピローエンボス] は掘られたように周りに溝がある表現で、よく利用されるスタイルです。この段階でほぼ刻印が表現できます。

5 仕上げに明るい部分を明確にします。[スタイル] から [光彩 (内側)] の文字部分をクリックして有効にします❶。光の明るさの強さを調整する [不透明度] を「75」% に明るくして❷、メリハリを付ける [チョーク] の数値を上げて「50」% に、[サイズ] をエンボスの約半分の「20」pxにします❸。[OK] で完成です。

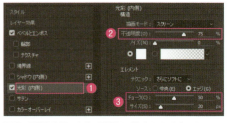

図形の形状と光源の角度に影響されず、まんべんなくハイライトの表現を加えることができます。

9-5 レイヤースタイルのコピーと保存

複雑なレイヤースタイルを作成した場合でも、同じ効果をもう一度最初から設定することなく、手軽にコピーして使うことができます。また、スタイルを追加・保存して、いつでも読み込むこともできます。[スタイル]パネルの整理術も確認します。

STEP 01　レイヤースタイルのコピー　CC　CS6

Before

After

何も効果を加えていないレイヤーに、ほかのレイヤー効果と同じスタイルを適用したい場合、コピーして使うことができます。すでに加えてある効果を入れ替えたい場合も同じ要領で変更できます。

 Lesson 09 ▶ 9-5 ▶ 09_501.psd

1 ダウンロードファイルの09_501.psdを開きます。スタイルのコピー元レイヤー、ここでは「レイヤー1」を選択します❶。[レイヤー]メニューの[レイヤースタイル]→[レイヤースタイルをコピー]を選択します❷。

「レイヤー1」が9-4で作成した光沢表現の長方形で、「レイヤー2」に幅500pixel×高さ100pixel、黒で長方形が描かれています。

2 コピー先レイヤーを選択します。ここではシンプルな黒い長方形の描かれている[レイヤー2]です❶。[レイヤー]メニューの[レイヤースタイル]→[レイヤースタイルをペースト]を選択します❷。

3 コピー元のレイヤーのスタイルと同じ効果がコピー先のレイヤーにも加わります。

[レイヤー]パネルでも「レイヤー1」と同じ効果が「レイヤー2」に付加されていることが確認できます。

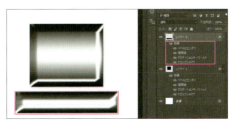

CHECK!
ドラッグでコピー

[レイヤー]パネル上で、Alt(option)キーを押しながら[効果]の文字部分をドラッグすることで、ほかのレイヤーにレイヤー効果をコピーすることもできます。

COLUMN
効果の数値を調整する

コピーされる効果の数値はコピー元と全く同じですので、適用対象の形が変わると作例のように仕上がりも変わります。必要に応じてエンボスのサイズなど効果の数値を調整します。

STEP 02　レイヤースタイルの登録と削除

Before

After

よく使うレイヤースタイルを登録して保存しておけば、いつでも読み込んで利用することができます。レイヤースタイルを登録するには[スタイル]パネルで操作します。

📥 **Lesson 09 ▶ 9-5 ▶ 09_502.psd**

スタイルを登録する

1 ダウンロードファイルの09_502.psdを開きます。[スタイル]パネルのタブをクリックします。

[スタイル]パネルが表示されていない場合は[ウィンドウ]メニューから[スタイル]を選択します。

2 [レイヤー]パネルで登録したい効果が付加されているレイヤー、ここでは「レイヤー1」を選択し❶、[スタイル]パネル上で[新規スタイルを作成]ボタンをクリックします❷。

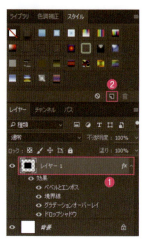

[スタイル]パネルの何もないところをクリックしても新規スタイルの登録操作ができます。

3 [新規スタイル]ダイアログボックスが表示されます。わかりやすいスタイル名を入力し、[OK]をクリックします。

[現在のライブラリに追加]にチェックを入れると「Creative Cloud ライブラリ」に追加されます。ここではチェックを外します。

4 [スタイル]パネルにスタイルが登録されます。

スタイルを削除する

不要なスタイルは[スタイル]パネルから削除できます。誤って効果がつかないよう、[レイヤー]パネルの何もないところをクリックしてレイヤーの選択をすべて解除しておきます❶。[スタイル]パネルで不要なスタイルを[スタイルを削除]ボタンにドラッグします❷。

> **CHECK!** ワンクリックでスタイルを削除する
>
> [Alt]([option])キーを押しながらサムネールをクリックしても削除できます。

スタイルのセットを保存する

必要なスタイルの整理ができたら、オリジナルのスタイルセットとして保存します。

1 [スタイル] パネル右上の ■ をクリックしてメニューを表示し❶、[スタイルを保存] を選択します❷。

2 [名前を付けて保存]（[保存]）ダイアログボックスが開きます。Photoshopの「Styles」フォルダを指定できる状態になっているので、そのまま、わかりやすい名前を入力し❶、[保存] をクリックします❷。

スタイルを初期化する

1 [スタイル] パネルのパネルメニューを表示し❶、[スタイルの初期化] を選択します❷。

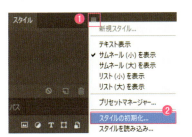

2 「現在のスタイルを置き換えますか?」というダイアログボックスが表示されたら [OK] をクリックします❶。「置き換える前に、現在のスタイルへの変更を保存しますか?」というダイアログボックスが表示されたら [いいえ]（[保存しない]）をクリックします❷。スタイルが初期化されます。

保存したスタイルを読み込む

保存したスタイルは読み込んで、ほかのファイルでも使うことができます。

1 [スタイル] パネルのパネルメニューを表示し❶、[スタイルを読み込み] を選択します❷。

2 ダイアログボックスが表示されます。保存場所の「Styles」フォルダから使用したいファイル名を選択し❶[読み込み]（[開く]）をクリックします❷。

COLUMN

スタイルファイルの保存場所

CCの場合は以下に保存されます。

● Windowsの場合

C:¥Users¥ユーザー名¥AppData¥Roaming¥Adobe¥Adobe Photoshop CC 201x¥Presets¥Styles

※「AppData」フォルダを表示するには [フォルダーオプション] で隠しファイルを表示する必要があります。

● Macの場合

ライブラリ/Application Support/Adobe/Adobe Photoshop CC 201x/Presets/Styles

※ライブラリの表示は、optionキーを押しながらFinderの [移動] メニューから [ライブラリ] を選択します。

Lesson 09　よく使う作画の技法

9-6　3Dオブジェクトにする

本格的な3Dソフトを使わなくても、Photoshopで図形や文字を立体的にして
タイトルやロゴ、マークにしたり、写真や模様を立体的にして
手軽にデザインに使用することができます。

STEP 01　長方形を3Dにする　CC　CS6

Before

After

文字や図形に奥行きをつけて立体感を持たせます。
エンボス効果の立体感では得られないリアルな3次
元の迫力を表現することができます。この機能を使う
にはOpenGLに対応しているパソコンが必要です。

Lesson 09 ▶ 9-6 ▶ 09_601.psd

1 ダウンロードファイルの09_601.psdを開きます。[レイヤー] パネルで「レイヤー1」を選択します。

「レイヤー1」には、幅360pixel×高さ300pixel、25%のグレーで長方形が描かれています。

2 [3D] メニューから [選択したレイヤーから新規3D押し出しを作成] を選択します❶。「3Dワークスペースに切り替えますか?」というダイアログボックスが表示されるので、[はい] をクリックします❷。

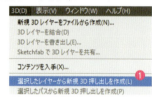

3 「ワークスペース」で表示されるパネルと、「画面」にパースのグリッドなどが表示され、3D操作用に切り替わります。[移動] ツールを選択します。

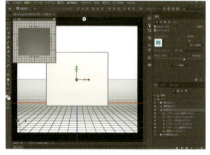

オプションバーの [3Dモード] のアイコンが見えるようにウィンドウの幅は広げます。

4 オプションバーで [3Dオブジェクトを回転] が選択されていることを確認します❶。画面でオブジェクトの外側をドラッグすると向きが立体的に変わります。左上から右下方向にドラッグすると図のようになります❷。

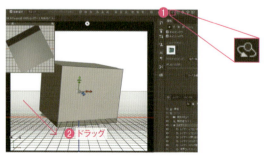

9-6 3Dオブジェクトにする

5 [3D]パネルで「レイヤー1」が選択されていることを確認し❶、オプションバーの[3Dオブジェクトを拡大・縮小]ボタンをクリックします❷。画面上でドラッグすると、オブジェクトの大きさが拡大・縮小されます。ここでは右下から左上方向にドラッグしています❸。

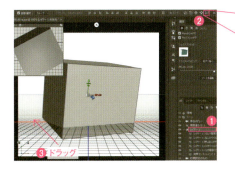

[属性]パネルの表示項目を[メッシュ]にするには、[3D]パネルの[フィルター:シーン全体]で「レイヤー1」を選択するか、[フィルター:メッシュ]ボタンをクリックします。

6 [属性]パネルの[押し出しの深さ]で、立体表現の厚みを調整します。プラス方向に数値が多くなると奥行きが長くなります。「0」で厚みがなくなり、マイナス方向に多くなると手前に奥行きが増えます。ここでは「+200」pxにします。

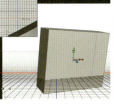 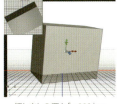 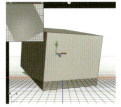

押し出しの深さ「-100」px　押し出しの深さ「+200」px　押し出しの深さ「+500」px

7 [3D]パネルで[無限遠ライト1]をクリックします❶。光源の位置を変え、光の当たり方を調節することができます。画面の小さい丸を動かすようにドラッグします❷。

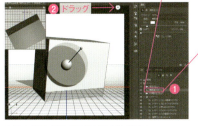

光源の位置が変わり正面が明るくなりました。

8 [移動]ツールを選択中は画面にグリッドが表示されますが、ほかのツールを選ぶと非表示になります。ここでは[選択]ツールをクリックします。グリッドを非表示にして全体を確認してから操作を終了します。

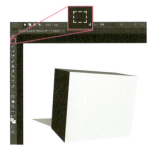

9 [ウィンドウ]メニューの[ワークスペース]→[初期設定]を選択すると、パネルの表示が初期状態に戻ります❶。[レイヤー]パネルで「レイヤー1」にレイヤー効果が加わっていることが確認できます❷。

COLUMN

[3D]ワークスペースの再表示

[ウィンドウ]メニューから[ワークスペース]→[3D]にすると再び[3D]設定用のワークスペースになります。また、[ウィンドウ]メニューの[3D]を選択すると、初期設定ワークスペースのままで手軽に[3D]パネルだけを表示することもできます。

球体などの作成

レイヤー全体の写真などを特定の形状に変える場合は、[3D]メニューから[レイヤーから新規メッシュを作成]→[メッシュプリセット]で選択します。たとえば球体は[球]を選択します。

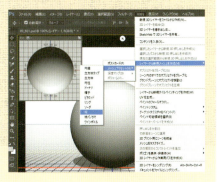

Lesson 09　練習問題

Lesson 09 ▶ Exercise ▶ 09_Q 01.psd

9-3で作成した作例を使って、
クッキリした立体感を滑らかでソフトな立体感に変更しましょう。
スタイルの設定を変えて作成します。

Before　　　After

❶ [レイヤー]パネルで「レイヤー 1」の[効果]の[ベベルとエンボス]の文字部分をダブルクリックします。[ベベルとエンボス]の設定項目が表示された状態で[レイヤースタイル]ダイアログボックスが開きます。
❷ [構造]の[テクニック]を[シゼルハード]から[滑らかに]に変更します。
❸ [構造]の[ソフト]の数値を上げます。作例は「8」pxです。
❹ [OK]をクリックしてレイヤー効果を適用します。

Lesson 09 ▶ Exercise ▶ 09_Q 02.psd

9-4で作成した作例を使って、
光沢のイメージをオレンジ色に変更しましょう。
スタイルの設定を変えて作成します。

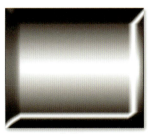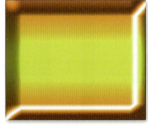

Before　　　After

❶ [レイヤー]パネルで「レイヤー 1」の[効果]の[グラデーションオーバーレイ]の文字部分をダブルクリックします。[グラデーションオーバーレイ]の設定項目が表示された状態で[レイヤースタイル]ダイアログボックスが開きます。
❷ [グラデーション]の[クリックでグラデーションを編集](サムネール部分)をクリックします。[グラデーションエディター]が開きます。
❸ [プリセット]の中ほどにある[オレンジ、イエロー、オレンジ]をクリックします。[OK]をクリックして[グラデーションエディター]を閉じます。
❹ [レイヤースタイル]ダイアログボックスで[OK]をクリックします。

写真の色を補正する

An easy-to-understand guide to Photoshop

Lesson 10

Photoshopはその名の通り、写真の補正をするために生まれたアプリケーションです。ここでは、そのもっとも中心的な機能である、写真の補正の方法について学びます。撮影に失敗した写真をうまく補正して利用できるようにしたり、いまひとつの写りの写真をプロが撮ったように美しく見せることができるようになります。

Lesson10 写真の色を補正する

10-1 明るさ・コントラストを調整する

[明るさ・コントラスト]はその名の通り、明るさとコントラストを調整できる手軽な機能です。
画像の明るさの過不足を補ったり、
コントラスト（メリハリ感）を調整したりすることができます。
ここでは暗く、コントラストの低い画像を調整してみます。

STEP 01　画像を明るくする

画像の明るさを調整するには、[明るさ]のスライダーをドラッグします。左に動かすと暗く、右に動かすと明るくなります。直接数値を入力してもかまいません。調整範囲は±150です。ここでは、暗い画像を明るくします。

Lesson10 ▶ 10-1 ▶ 10_101.jpg

[イメージ]メニューの[色調補正]→[明るさ・コントラスト]を選びます。[明るさ・コントラスト]ダイアログボックスが表示されるので、[明るさ]スライダーを右に「+55」程度までドラッグします。画像全体が明るくなります。

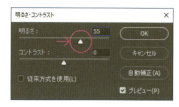

COLUMN

[従来方式を使用]とは

[従来方式を使用]にチェックが入っていない初期設定の状態では、[明るさ][コントラスト]ともに、強い調整を行っても白飛びや黒つぶれが生じにくくなっています。より極端な調整を行いたい場合は[従来方式を使用]にチェックをして調整を行ってください。

[従来方式を使用]にチェックして[コントラスト]を「100」とした場合の画像。非常に強いコントラストになっています。

STEP 02　コントラストを強める

次にメリハリ感を左右するコントラストを調整します。画像のコントラストを強めるには[コントラスト]のスライダーを右に、弱めるにはスライダーを左に動かします。または数値を直接入力します。調整範囲は−50〜+100です。

Lesson10 ▶ 10-1 ▶ 10_102.jpg

ここでは、コントラストを強めて画像をクッキリとさせます。[コントラスト]スライダーを右に「60」までドラッグします。[OK]をクリックして確定します。

10-2 レベル補正で階調を補う

[レベル補正]では、おもに画像の「階調幅」を調整します。
[レベル補正]画面に現れるヒストグラムを参考にしながら、
画像を適度な明るさに調整することができます。
ここでは、調整前後のヒストグラムの変化もあわせて確認してください。

STEP 01　シャドウ階調を補う

この画像の場合、[ヒストグラム]パネルを見るとシャドウ側、ハイライト側、共に不足していることがわかります。まずシャドウ階調を補っていきます。これで黒が引き締まります。

Lesson10 ▶ 10-2 ▶ 10_201.jpg

1 [イメージ]メニューから[色調補正]→[レベル補正]を選びます。[レベル補正]ダイアログボックスが表示されるので、[入力レベル]の左端のシャドウのスライダーをヒストグラムが立ち上がる部分(「31」程度)まで右に移動します。

2 これで画像の黒が引き締まります。[ヒストグラム]パネルで見ると、不足していたシャドウ側(左側)にも山ができてシャドウ階調があることがわかります。

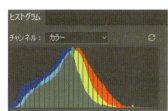

STEP 02　ハイライト階調を補う

次にハイライト側を調整します。不足しているハイライトの階調を補うことでヌケのよい画像になります。また、シャドウ階調とハイライト階調が補われることでコントラストも適度になります。

Lesson10 ▶ 10-2 ▶ 10_202.jpg

右端のハイライトのスライダーをヒストグラムが立ち上がる部分(「203」程度)まで左にドラッグします。[ヒストグラム]パネルでハイライト側が補われることも確認してください。

10-3 トーンカーブで自由に調整する

[トーンカーブ]は、明るさやコントラスト（トーン、調子）を調整します。
他の類似の機能と異なるのは、任意の階調に対して調整できることです。
自由度の高い、より高度な調整が可能です。

STEP 01 トーンカーブの主な操作　CC　CS6

画像を[トーンカーブ]で調整するには、[イメージ]メニューから[色調補正]→[トーンカーブ]を選びます。
表示される[トーンカーブ]ダイアログボックスで設定します。

トーンカーブの変更方法

トーンカーブはカーブが滑らかなほど画質劣化（階調飛び）が少ないので、[ポイントを編集してトーンカーブを変更]を利用します。トーンカーブのどこかをつかんでドラッグすると、それに合わせてカーブ全体が変化します。この全体的な変化によって、調整後でも滑らかな階調が維持されます（ただし、極端なカーブを描くと階調飛びなどが生じます）。つかんだところにはポイントができ、複数のポイントを置いて複雑なカーブを描くこともできます。画像で効果を確認して、[OK]をクリックして確定します。

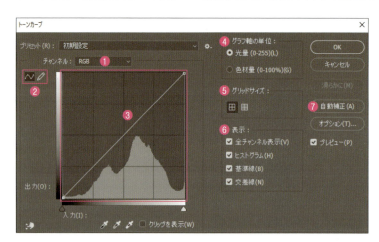

❶チャンネル
明るさを調整したい場合、チャンネルは[RGB]（CMYK画像の場合は[CMYK]）を選びます。それ以外を選ぶと、選んだチャンネルに応じて、明るさではなく色の補正が可能になります。

❷ポイントを編集してトーンカーブを変更／描画してトーンカーブを変更
カーブの変更方法を切り替えます。鉛筆マークの[描画してトーンカーブを変更]はフリーハンドでカーブを描きます。通常は波形マークの[ポイントを編集してトーンカーブを変更]で行います。

❸トーンカーブの操作画面
最初は右45度の直線ですが、この線を操作して変更する（線を描き直す）ことで、明るさやコントラストの調整が行えます。

❹グラフ軸の単位
データの種類に応じて使い分けます。RGB画像の場合は[光量]を、CMYK画像の場合は[色材料]を選びます。

❺グリッドサイズ
トーンカーブの操作画面に表示されるグリッド（方眼線）のサイズを選びます。

❻表示
トーンカーブの操作画面の表示オプションを指定します。[全チャンネル表示][ヒストグラム][基準線][交差線]の表示の有無が選べます。

❼自動補正
[自動補正]ボタンをクリックすると、画像の状態を判断してPhotoshopが自動的に明るさやコントラストを調整してくれます。

10-3 トーンカーブで自由に調整する

STEP 02　全体的な画像の明るさを調整する　CC　CS6

Before

After　　　After

明るく →　　← 暗く

トーンカーブを使って画像を明るくするには、カーブが上に膨らんだ状態にします。暗くするには、カーブが下に膨らんだ状態にします。ドラッグする位置や距離によって結果が異なるので、画像の状態をよく見て適切な明るさになるように調整します。

📥 Lesson10 ▶ 10-3 ▶ 10_302.jpg

全体的に画像を明るくする

トーンカーブの中央付近を上方にドラッグします。上方にドラッグするほど明るくなります。

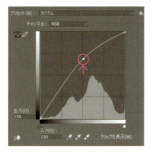

全体的に画像を暗くする

画像を暗くするには、逆の操作を行います。中央付近を下方にドラッグします。下方にドラッグするほど暗くなります。

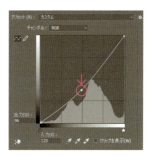

CHECK!

トーンカーブの操作をやり直す

変更中のトーンカーブの操作を最初からやり直すには、[Alt]([option])キーを押すと[キャンセル]ボタンが[初期化]ボタンに変わりますのでクリックします。

画像内をドラッグしてトーンカーブを調整する　COLUMN

[トーンカーブ]パネル左下の[画面セレクターの表示切り替え]ボタンをクリックして有効にすると、図のように画像内を上下にドラッグすることで同様の調整が可能になります。

STEP 03　特定の階調を明るく（暗く）する　CC　CS6

ハイライト側を暗く

シャドウ側を明るく

After

トーンカーブでは特定の階調だけを調整することができます。その場合は、変えたくない階調に固定用のポイントを置いた上で、調整したい階調の部分だけをドラッグしてカーブさせます。

📥 Lesson10 ▶ 10-3 ▶ 10_302.jpg

1 [Alt]([option])キーを押しながら［初期化］ボタンをクリックして、トーンカーブを初期化します。図のようにシャドウ側❶と中間調❷に対し、元の直線上に固定用のポイントをクリックしておきます。

2 ハイライト側をドラッグして引き下げると、ハイライト階調のみを暗くできます（明るくしたい場合は、カーブを持ち上げます）。

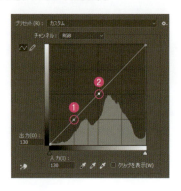

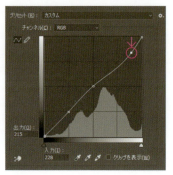

同様の方法で、中間調とハイライト側に固定用のポイントを置けばシャドウ側だけを、ハイライト側とシャドウ側に固定用のポイントを置けば中間調だけを調整することが可能です。

STEP 04　コントラストを調整する　[CC] [CS6]

コントラストを調整するには、ハイライト側とシャドウ側のカーブを反対方向に動かします。結果的にカーブの形状が「S字」や「逆S字」になります。それぞれのドラッグするポイントの高さや左右の位置によってコントラストが変化するので、画像の状態を見ながらイメージに合わせて調整してください。

Lesson10 ▶ 10-3 ▶ 10_302.jpg

コントラストを強める

[Alt]([option])キーを押しながら［初期化］ボタンをクリックして、トーンカーブを初期化します。まずハイライト側を持ち上げます❶。この段階では画像全体が明るくなります。次に、シャドウ側を引き下げます❷。ハイライト側を持ち上げるほど、そしてシャドウ側を引き下げるほどコントラストが強まります。

コントラストを弱める

[Alt]([option])キーを押しながら［初期化］ボタンをクリックして、トーンカーブを初期化します。まずハイライト側を引き下げます❶。この段階では画像全体がいったん暗くなります。次にシャドウ側を持ち上げると、コントラストが低くなります❷。カーブは「逆S字」の形を描きます。

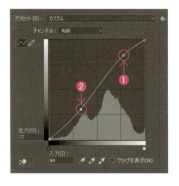

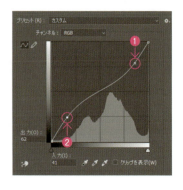

10-3 トーンカーブで自由に調整する

STEP 05　トーンカーブで色補正を行う　CC　CS6

Before

After

[トーンカーブ]でも、チャンネルを[レッド][グリーン][ブルー]に切り替えることで色補正を行うことができます。ここではアンバー（黄赤）かぶりをした写真を例に色補正を行ってみます。黄色や赤が強い濁った印象の写真をスッキリとさせてみます。

Lesson10 ▶ 10-3 ▶ 10_305.jpg

1 黄色と赤に分けて考えて色補正をしていきます。トーンカーブで色補正を行う場合、[チャンネル]を切り替えます。まず黄色かぶりを補正しますが、RGBモードでは黄色のチャンネルはないので、補色である[ブルー]チャンネルを使います。

CHECK！
補色とは
補色というのは混ぜ合わせると無彩色になる色のことです。代表的な例として、「赤←→シアン」、「緑←→マゼンタ」、「青←→黄色」の組み合わせがあります。補色を強めることで、元の色かぶりを補正し、自然な色合いにすることができます。

2 [ブルー]チャンネルに切り替えたら、図のようにカーブを持ち上げます（入力値「87」→出力値が「106」程度）。このように青を持ち上げることで、黄色かぶりはおよそ補正されます。

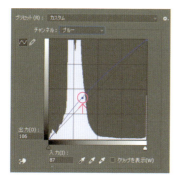

3 次に[レッド]チャンネルに切り替えます❶。赤かぶりを抑えるため、カーブを図のように引き下げます❷（入力値「81」→出力値「70」程度）。これは、実際には赤の補色であるシアンを強める操作になります。

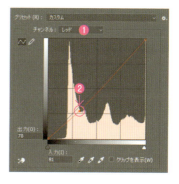

4 色補正を行うと、明るさの印象が変わる場合があります。必要に応じて[RGB]チャンネルに戻して❶、明るさやコントラストを調整しましょう。ここでは、図のように少々明るく❷しておきました。[OK]をクリックして確定します。

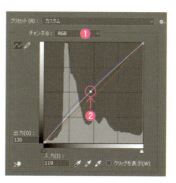

CHECK！
各チャンネルのカーブを非表示にする
個別のカラーチャンネルで調整を行い[RGB]チャンネルに戻ると、各チャンネルで操作したカーブが見えます。これが邪魔な場合は、[トーンカーブ表示オプション]の[全チャンネル表示]のチェックを外すと表示されません。

Lesson10 写真の色を補正する

10-4 シャドウ・ハイライトで階調を調整する

[シャドウ・ハイライト]では、シャドウを明るくする、ハイライトを暗くする、あるいはその両方を同時に行うことができます。
[トーンカーブ]でもシャドウとハイライトの調整ができますが、こちらはより強力な調整が可能です。

STEP 01 シャドウ・ハイライトの主な操作 CC CS6

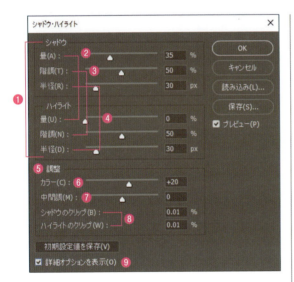

[イメージ]メニューから[色調補正]→[シャドウ・ハイライト]を選び、表示される[シャドウ・ハイライト]ダイアログボックスで設定します。より細かなコントロールをするために[詳細オプションを表示]した状態で調整するのがいいでしょう。

❶ [シャドウ]欄と[ハイライト]欄
[シャドウ]欄および[ハイライト]欄の調整項目は同じものです。異なるのは、それぞれの調整の効果がハイライトに効くか、シャドウに効くかの違いです。なお[シャドウ・ハイライト]を開くと自動的に[シャドウ]の[量]が「35」％になります。

❷ 量
[シャドウ]の場合は、シャドウ階調を明るくする強さを、[ハイライト]の場合は、ハイライト階調を暗くする強さを調整します。0～100％の間で調整します。

❸ 階調
[シャドウ]の場合は、シャドウ側からどれだけ明るい部分まで調整するか、[ハイライト]の場合はハイライト側からどれだけ暗い部分まで調整するかをそれぞれ指定します。[量]を調整すると有効になります。0～100％の間で調整します。

❹ 半径
調整するピクセルの範囲を指定します。被写体の細かさに応じて調整します。ディテールに十分な効果を与えたい場合は小さめの値にします。輪郭部に明るさのにじみが出た場合、この値を大きめにすることで、にじみをぼかすことができます。[量]を調整すると有効になります。0～2500pxの間で調整します。

❺ [調整]欄
[シャドウ]と[ハイライト]の調整によって画像がねむくなったり、色彩感（彩度）が低下したりすることがあります。その場合、ここにあるパラメーターで調整します。

❻ カラー
[シャドウ]と[ハイライト]を調整すると、彩度が弱まって見えることがあります。[カラー]をプラス側に調整すると、低下した彩度を補うことができます。逆にマイナス側に調整すると彩度が低いシックな印象になります。－100～＋100の調整幅があります。

❼ 中間調
[シャドウ]と[ハイライト]の調整によってコントラストが低下しますが、気になる場合は、[中間調]をプラス側に調整します。特に[シャドウ]と[ハイライト]を同時に調整した場合に有効です。－100～＋100の調整幅があります。

❽ シャドウのクリップ、ハイライトのクリップ
ここでいうクリップとは階調の切り捨てのことです。つまりシャドウの場合はどれだけ黒つぶれさせるか、ハイライトの場合は白飛びさせるかを指定します。値を大きくするほど、切り捨てられる階調が広がります。

❾ 詳細オプションを表示
[詳細オプションを表示]にチェックが入っていないと[シャドウ]欄[ハイライト]欄ともに、[量]だけが調整可能になります。

10-4　シャドウ・ハイライトで階調を調整する

STEP 02　シャドウとハイライトを調整する　CC　CS6

Before

After

シャドウがつぶれ気味でハイライトが飛び気味の印象がある画像を、見やすい階調の画像にします。ただし、軟調になったり、トーンジャンプが起きやすかったりするので、画像の状態をよく見て各パラメーターを丁寧に調整するようにしてください。

Lesson10 ▶ 10-4 ▶ 10_402.jpg

1 ［イメージ］メニューから［色調補正］→［シャドウ・ハイライト］を選びます。まず［シャドウ］欄を調整します。ここでは［量］を「35」%、［階調］を「40」%、［半径］を「30」pxとしました。影となっていた暗い樹々が明るくなります。

2 次に［ハイライト］欄を調整します。ここでは［量］を「40」%、［階調］を「35」%、［半径］を「30」pxとしました。これによって、少し飛び気味だった白っぽい空の階調が出てきます。

ただ、［シャドウ］と［ハイライト］の両方を調整したため、画像が少しねむい状態になってしまいました。

3 画像をクッキリとさせるために、最後に［調整］欄を操作します。色みを強める［カラー］は初期設定の「+20」のままとし、［中間調］を「+20」としました。そのほかは初期設定のままで［OK］をクリックして確定します。

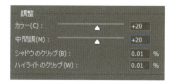

COLUMN

明るさのにじみ（ハロ）が出たときは

［シャドウ］と［ハイライト］の両方を調整すると、被写体の輪郭部で明るさのにじみ（ハロ）が生じやすくなります❶。その場合は、［シャドウ］または［ハイライト］の［半径］の値を大きめに調整するとにじみがぼけるので、にじみが目立たなくなります❷。

バンディングが出たときは

［シャドウ］と［ハイライト］の両方を調整し、さらに［調整］欄の［コントラスト］を強めにプラス補正すると、このようなバンディング（階調の縞模様、トーンジャンプともいう）が生じます❸。これは調整のしすぎによるものです。［コントラスト］を下げたり、また［シャドウ］［ハイライト］ともに［量］や［階調］の値を小さめにすると、バンディングは目立たなくなります❹（ただし全体の補正効果は弱まります）。

❶

❷

❸

❹

Lesson 10 写真の色を補正する

10-5 色相・彩度で色を調整する

色の3要素として、色相（色あい）、彩度（色の鮮やかさ）、明度（明るさ）があります。
これら3つの要素を調整できるのが［色相・彩度］です。
画像処理でよく使うのは、［彩度］そして［色相］です。
ここでは特にこの2つのパラメーターについて説明します。

STEP 01　色相・彩度の主な操作　CC　CS6

［イメージ］メニューから［色調補正］→［色相・彩度］を選び、［色相・彩度］ダイアログボックスで設定します。

［マスター］が選ばれているとき

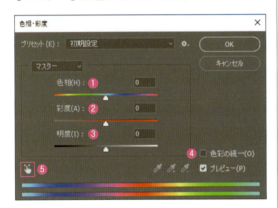

［マスター］以外が選ばれているとき

特定の色あいのみを調整したい場合は、［マスター］ではなく調整したい色あいを選びます。この場合は、下段のカラーバーの部分で調整の対象となる色の範囲を広げたり狭めたりできることが特徴です。

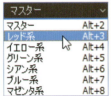

6つの色あいを調整の対象にできます。

❶色相
画像全体の色相を変更します。画像内のすべての色の色あいが変わります。－180～＋180の間で調整可能です。

❷彩度
画像全体の彩度を変更します。画像内のすべての色の彩度が変わります。－100～＋100の間で調整可能です。－100にするとモノクロ画像になります。

❸明度
画像全体の明度を変更します。画像内のすべての色の明るさが変わります。－100～＋100の間で調整可能です。－100で画面全体が真っ暗に、＋100で画面全体が真っ白になります。

❹色彩の統一
画像全体をモノトーン（単一色）の状態にします。

❺画面セレクターの切り替え
クリックして選択し、画像内の調整したい色の上で左右にドラッグすると、その色の彩度を調整できます。Ctrl（command）キーを押しながらドラッグすると、その色の色相を調整できます。なお、［マスター］選択時に使用すると、調整した色に合わせて［マスター］以外の色あいが選ばれます。

❻［スポイト］ツール
調整したい色の範囲を決めるために使います。3つのボタンの機能は、左から次のようになります。
- ［スポイト］ツール：画像上で調整したい色をクリックして調整する基準色を決めます。
- ［サンプルに追加］：＋のスポイトは、色の範囲を広げるために使います。クリックした色が調整される色の範囲内に含まれるようになります。
- ［サンプルから削除］：－のスポイトは、ある色を調整される色の範囲外にしたい場合に、画像上でその色をクリックします。

❼カラーバー
選んでいる色に応じてカラーバーにある区間が表示されます。真ん中の薄いグレーで表示される部分がはっきりと調整される色の範囲、その左右の濃いグレーの範囲が次第に効果が弱くなっていく範囲（フォールオフ）を示しています。区間外の色は調整の対象外となります。この区間はスポイト操作によって変更されます。また、区間を区切るスライダーを直接ドラッグすることでも変更可能です。

STEP 02　画像全体の彩度と色相を変更する　CC　CS6

Before

After

画像全体の彩度と色相の調整を行ってみましょう。［マスター］選択時に［色相］や［彩度］を変更すると、画像全体の調整が行えます。ここでは［彩度］で色みを強調してから［色相］の調整を行い、自然で色のはっきりした写真にします。

Lesson10 ▶ 10-5 ▶ 10_502.jpg

［イメージ］メニューから［色調補正］→［色相・彩度］を選びます。［マスター］が選ばれた状態で、［彩度］を「＋45」とすると❶、全体の色がハッキリします。全体にマゼンタがかった色なので［色相］を「＋10」程度に調整し❷、ノーマルな色あいにしました。

彩度を強めすぎると、絵の具を塗ったように色がべったりとして不自然に見えるので注意してください。

STEP 03　特定の色の彩度を調整する　CC　CS6

Before

After

日没後の夕暮れの写真です。シルエットになっている街並みは無視し、ここでは赤みを帯びた空に対して調整を行い、その印象を強めてみます。ここでは［彩度］のみを調整しますが、もちろん［色相］も調整可能です。

Lesson10 ▶ 10-5 ▶ 10_503.jpg

1 ［色相・彩度］ダイアログボックスで、空の赤に近い［レッド系］を選びます❶。次に、調整したい色をきちんと含めるために［サンプルに追加］（＋のスポイト）を選んで❷、調整したい空の範囲をドラッグします❸。

❸ドラッグ

2 カラーバーの調整対象色の範囲が広がり❶、これで赤っぽい空全体が調整対象に含まれます。[彩度]を「＋40」とします❷。空の赤が強まって印象が強くなります。

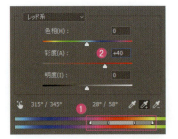

CHECK!

空以外をドラッグしてしまった場合の修正方法

調整対象色の範囲を狭めるには[サンプルから削除]（－のスポイト）を使います。影響を与えたくない色の部分でクリックかドラッグすると、対象から除外され調整の効果が及ばなくなります。

STEP 04　画像を直接ドラッグして彩度を調整する　CC　CS6

Before　　　After

［色相・彩度］では、スライダーで調整する以外に、画像内の調整したい色にマウスを合わせ、左右にドラッグすることで彩度を調整する機能も用意されています。直感的かつ簡単な操作で特定色の彩度を調整することができます。

📥 Lesson10 ▶ 10-5 ▶ 10_504.jpg

1 ［色相・彩度］ダイアログボックスで、［画面セレクターの切り替え］ボタンをクリックして選択します❶。マウスポインタが人さし指の形に変わります。特定色を調整しますが、この方法では［マスター］のままでかまいません❷。

2 空の青の彩度を強めてみましょう。マウスを空に合わせて右にドラッグすると、その長さに応じて彩度が上がります（左にドラッグすると彩度が下がります）。空の青だけ彩度が強調されます。

3 続けてそのまま、樹林帯にもマウスを合わせて右にドラッグします。色が込み入っているのでマウスの位置をずらし、何カ所かで同様の操作をして調整の精度を上げます。この作業モードをやめるには、［画面セレクターの切り替え］ボタンをクリックします。［OK］をクリックして作業を終了します。

この操作に合わせて［色相・彩度］ダイアログボックスでは［シアン系］に変わって調整される色の範囲が決定し、［彩度］の値が調整されます。

［色相・彩度］ダイアログボックスでは［イエロー系］に変わって調整される色の範囲が決定し、［彩度］の値が調整されます。

COLUMN

Ctrl（command）＋ドラッグで色相を調整する

［画面セレクターの切り替え］ボタンが選択された状態で、Ctrl（command）キーを押しながら左右にドラッグすると、［彩度］ではなく［色相］が調整されます。

10-6 レンズフィルターで色かぶりを補正する

銀塩写真のポジフィルムでは光源によって色かぶりが生じます。
デジタルカメラでもホワイトバランスを太陽光にして撮ると光源による色かぶりが生じます。
銀塩写真では色のついたフィルターで色補正を行いますが、
似たような機能がPhotoshopの［レンズフィルター］です。

STEP 01　色かぶりは「補色」を適用して色補正する　CC　CS6

Before

After

作例はアンバー（黄赤）かぶりが生じた写真です。デジタルカメラのホワイトバランスを太陽光にして撮ったため、白熱球の影響が強く出ています。これを色補正してみましょう。

Lesson10 ▶ 10-6 ▶ 10_601.jpg

1 ［イメージ］メニューから［色調補正］→［レンズフィルター］を選びます。［レンズフィルター］ダイアログボックスが開きます。調整によって明るさが変わるのを防ぐために［輝度を保持］にチェックを入れます❶。次に［フィルター］でアンバー成分の黄色の補色である［ブルー］を選び❷、［適用量］を「50」％とします❸。

2 続けてやはりアンバー成分の赤の補色にあたる［シアン］を選び❶、［適用量］を「30」％としました❷。完全に色補正せず、多少雰囲気を残すようにしています。

このように補色の関係を参考にしながら、画像の状態にあった色を選び直すことで精度の高い色かぶり補正が可能です。

黄色みは抑えられましたが赤っぽさが残っています。

COLUMN
さらに細かく色かぶりを補正する

［レンズフィルター］は画像の均一な色かぶりをしている場合に有効です。シャドウやハイライトなど、階調ごとに異なる色かぶりをしている画像の場合は［カラーバランス］（P.184）を利用してください。CCであれば、［Camera Rawフィルター］（P.186）を使うことで、さらに精度の高い色補正が可能になります。

10-7 カラーバランスで階調別に色かぶりを補正する

［カラーバランス］は、シャドウ、中間調、ハイライトの3つの階調ごとの色かぶりを補正することができます。必ずしも3つの階調を調整しなければならないわけではなく、必要な階調のみを補正してもかまいません。

STEP 01　階調ごとの色かぶりを把握してから補正する　CC　CS6

［カラーバランス］では階調ごとの色かぶり補正ができますが、そのためには、補正したい部分がどの階調に含まれるかを把握する必要があります。そこで、あらかじめ［情報］パネルでRGB値を確認しておきます。

Lesson10 ▶ 10-7 ▶ 10_701.jpg

1 ここでは、暗い道路❶と右上の明るく白いボード❷のRGB値をチェックします。［情報］パネルを表示し、それぞれの場所にマウスを合わせると、道路部分のRGB値は順に「5、70、45」、白いボードは「77、187、222」です。どちらも赤の成分が少なく、緑の成分が多めということがわかります。

シャドウ階調＝道路部分のRGB値

ハイライト階調＝白いボード部分のRGB値

2 ［イメージ］メニューの［色調補正］→［カラーバランス］を選びます。明るさが変化しないように［輝度を保持］にチェックを入れます❶。まずシャドウ階調を補正しましょう。［階調のバランス］で［シャドウ］を選び❷、まずは緑を抑えるために［マゼンタ・グリーン］を「−20」❸、赤成分を強めるために［シアン・レッド］を「＋5」❹、濁りを抑えるために［イエロー・ブルー］を「＋5」❺とします。

3 次にハイライト階調の補正です。［階調のバランス］で［ハイライト］を選びます❶。補正の方向性はシャドウとほぼ同様です。緑を抑えるために［マゼンタ・グリーン］を「−25」❷、赤成分を強めるために［シアン・レッド］を「＋10」❸、空をスッキリさせるために［イエロー・ブルー］を「＋15」❹としました。［OK］をクリックして確定します。

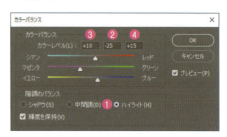

10-8 白黒でカラー画像をモノクロ画像に変換する

[白黒]はカラー画像をモノクロ画像にするための機能です。
平坦なモノクロではなく、元の色をどの程度のモノクロの濃さで表現するかを調整することができます。
色の違いを濃度の違いとして表すことで、より印象的なモノクロ画像をつくることができます。

STEP 01　色の違いを濃度の違いとして表す　CC　CS6

Before

After

[白黒]は、元の色の違いを、モノクロ変換後の濃度の違いとして表現できるのが大きな特徴ですが、そのためにはある程度、モノクロ変換後のイメージを持つことも大事です。ここでは写真中にある青、赤、緑に注目して階調豊かに仕上げてみます。

Lesson10 ▶ 10-8 ▶ 10_801.jpg

1 [イメージ]メニューから[色調補正]→[白黒]を選びます。[白黒]の操作画面が表示され、プレビュー画像はモノクロになります。

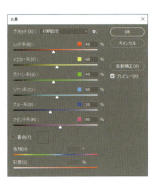

2 [白黒]の調整は、画像上を直接左右にドラッグして操作するのが簡単です。濃度を調整したい部分にマウスを合わせ、濃度を高く(暗く)したい場合は左に、濃度を低く(明るく)したい場合は右にドラッグします。

濃度を下げる ← → 濃度を上げる

3 元の色の違いに合わせ、必要な部分でそれぞれドラッグして仕上げます。空の部分では左にドラッグして暗めに❶、クレーン部分では右にドラッグしてやや明るめに❷、コンテナ部分も右にドラッグして明るめにしました❸。なお、最後に各スライダーを微調整しています。

4 グレー画像に仕上げるだけでなく、色をつけることもできます。[着色]にチェックを入れ❶、[色相]および[彩度]の値を調整すれば❷、好みの色で着色できます。ここでは暖色系の色みにしてみました。[OK]をクリックして作業を終了します。

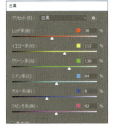

ドラッグ操作に合わせて、[白黒]ダイアログボックスの6つの色系の値が調整されることも確認してください。

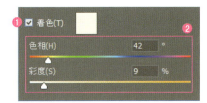

Lesson10　写真の色を補正する

10-9 Camera Rawフィルターで詳細な調整をする

CCでは［Camera Rawフィルター］を利用することができます。
色かぶりの補正、詳細な色補正、明るさやトーンの調整、パース調整など多彩で強力な
機能が備わっています。ここではCamera Rawフィルターのいくつかの機能を紹介します。

STEP 01　一連の画像調整を行ってみる　CC　CS6

Before

After

［Camera Rawフィルター］は、画像調整においてPhotoshop以上のパワフルな機能も多く、1つの画面内で複数の機能を利用できる便利さもあります。ここでは、色かぶりなどの色補正、いくつかの明るさ補正、精細感の調整、部分補正などを行ってみます。

Lesson10 ▶ 10-9 ▶ 10_901.jpg

1　［フィルター］メニューから［Camera Rawフィルター］を選びます。

COLUMN

Camera Rawとは
Camaera Rawは、もともとRAW画像を現像して開くためのプラグイン（追加機能）でしたが、CCからフィルターとして開いた画像に対して利用できます。

2　［Camera Raw］の画面が開きます。まず色かぶり補正を行ってみましょう。ツールバーから［ホワイトバランス］ツールを選び❶、図のようにグレーの壁の部分でクリックすると❷、アンバーの色かぶりが瞬時に補正されます。

10-9 Camera Rawフィルターで詳細な調整をする

3 次に全体的に画像を明るくするために［基本補正］パネルを選んで❶、［露光量］を「＋0.4」とします❷。画面下部の少し暗い部分を明るくするために［シャドウ］を「＋45」とします❸。

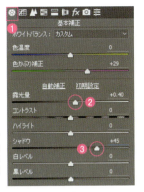

やや暗い部分もありますが、これ以上明るくすると白飛び部分が目立つので、とりあえずこの程度にとどめておきます。白飛びが気になるようであれば［白レベル］や［ハイライト］である程度、白飛びした階調を復元することができます。

4 色があっさりしている印象なので、色みを強めましょう。［彩度］を「＋20」程度にします。

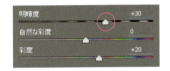

5 ［明瞭度］を「＋30」程度にします。［明瞭度］をプラス側に調整するとディテールのコントラストが強調され、精細感や立体感が増したように見えます。

6 微妙な明るさ調整をします。［トーンカーブ］パネルに切り替え❶、［ポイント］タブを選びます❷。［チャンネル］は［RGB］のまま、図のようにトーンカーブを調整し、微妙なコントラスト調整を行います❸。

7 空のイメージをよりドラマチックなものにしてみましょう。補正ブラシ❶を選び、補正する内容を設定します。雲をより立体的に見せるために［コントラスト］を「＋50」❷、［明瞭度］を「＋50」❸としますが、以上の調整で彩度が強まってしまうので［彩度］は「－20」とします❹。ブラシそのものの設定は、ここでは［サイズ］を「20」、［ぼかし］を「100」、［流量］を「100」、［密度］を「100」としました❺。以上の設定をした［補正ブラシ］で空の範囲をドラッグすると、雲の陰影が強調され立体感が強まります❻。［補正ブラシ］をやめるときは Esc キーを押します。

8 シャープとノイズの調整を行います。［ディテール］パネルに切り替え❶、［ズーム］ツール❷でクリックやドラッグを行い画像を拡大して作業します。まず［シャープ］は［適用量］を「25」とします❸。シャープを適用するとノイズが目立つので、［ノイズ軽減］の［輝度］を「10」程度にしてざらつきを抑えます❹。最後に［OK］をクリックして［Camera Rawフィルター］を終了します。

完全にノイズが見えなくなるまで処理をするとシャープさが薄れるので、多少ノイズが残るくらいでいいでしょう。

Lesson10　練習問題

Lesson10 ▶ Exercise ▶ 10_Q01.jpg

　明るさ補正や色補正を行って、写真を自然な状態に近づけてください。
ポイントは、まず画像の状態を把握できるようになること。
「暗く」、「黄色かぶり」が生じていると判断できたら正解です。
あとは、それに応じた補正を行います。

Before　　　　　　　　　　　　　　　After

❶明るさの補正を行います。ここでは[トーンカーブ]を使います。[イメージ]メニューから[色調補正]→[トーンカーブ]を選択します。トーンカーブを持ち上げて中間調を明るくします❶。

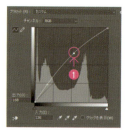

❷アンバーの色かぶりの補正は[カラーバランス]で行います。色かぶり補正は難しい補正のひとつですが、見慣れた空の青や、無彩色である船のペンキの白を手がかりにして行います。
❸[イメージ]メニューから[色調補正]→[カラーバランス]を選択します。黄色かぶりなのでブルー系を強める方向で調整します。[階調のバランス]から[シャドウ][中間調][ハイライト]をそれぞれ選択して、[カラーバランス]の値を次のように設定します。
● [シャドウ]：[シアン−レッド]−3、[イエロー−ブルー]＋7
● [中間調]：[シアン−レッド]−16、[イエロー−ブルー]＋30
● [ハイライト]：[シアン−レッド]−9、[イエロー−ブルー]＋13

❹これらの補正は、相互に影響し合うので、調整レイヤーを利用して最終的なバランスを見ながら各補正を行うとよいでしょう。
❺CCであれば、色かぶりの補正は[Camera Rawフィルター]の[ホワイトバランス]ツールを使うとやりやすいでしょう。

写真の修正・加工

An easy-to-understand guide to Photoshop

Lesson 11

特に仕上がりにこだわる写真は、目立つごみやノイズは消しておきます。より被写体の理想イメージに近づけるために、不要な映り込みを消したり、部分的に位置を調整したりする加工も行います。建築写真の場合はパースを修正して、水平や垂直をまっすぐに見せるのも一般的です。

Lesson 11 写真の修正・加工

11-1 ゴミや不要物を消す

写真内に大小のゴミや不要物が写り込んでいると、
写真そのものが汚く見えてしまいます。それらゴミや不要物を取り除くことで、
写真の品質が向上します。さまざまなツールが用意されていますので、
状態に応じて使いやすいものを選びましょう。

STEP 01 スポット修復ブラシツール

Before

After

[スポット修復ブラシ]ツールはクリックまたはドラッグするだけで周囲のテクスチャに合わせてゴミを取り除いてくれるツールです。

Lesson 11 ▶ 11-1 ▶ 11_101.jpg

クリックまたはドラッグだけでゴミを消す

ここでは写真の左側の左下に写り込んだスプーンの先を消してみます。オプションバーの[コンテンツに応じる]を選ぶと、周囲の画像に合わせて自然にゴミを消すことができます。

1 [スポット修復ブラシ]ツールを選びます。オプションバーの[種類]から[コンテンツに応じる]を選びます❶。[ブラシピッカー]を開き[直径]を「70」px、[硬さ]を「60」%とします❷。

[直径]は消したい対象物に対し、1～2周りほど大きめにすると使いやすいでしょう。

2 消したい部分に対し、塗り残しがないようにクリック、またはドラッグしてください。うまくいかない場合は、取り消し操作（Ctrl）（command）＋Z）を行い、やり直してみてください。

ドラッグ

なんどかやり直しても不自然さが残る場合は、その不自然に見える部分に対して[スポット修復ブラシ]ツールでドラッグするのもひとつの方法です。

11-1 ゴミや不要物を消す

STEP 02　コピースタンプツール

Before　　　After

[コピースタンプ]ツールは手動でコピー元を指定し、コピー先へペーストすることで不要物を消します。消したい場所にあるはずのテクスチャと同じ(似た)コピー元を指定するのが、きれいに仕上げるコツです。

Lesson11 ▶ 11-1 ▶ 11_102.jpg

コピー元を指定して画像をペースト

ここでは3カ所に写り込んでいる登山者を消してみます。消したい箇所の周辺部のテクスチャを利用することで処理後の状態が自然に見えるようになります。

1 [コピースタンプ]ツールを選びます。オプションバーの[ブラシプリセットピッカー]を開き、[直径]を「21」px、[硬さ]を「70」%とします❶。[モード]は[通常]、[不透明度]と[流量]は共に「100」%、さらに[調整あり]にチェックします❷。

2 作業しやすいように消したい部分を拡大表示します。まず、向かって右側の登山者を消すために、その右側で Alt (option)キー+クリックし、コピー元とします。

3 マウスポインタをコピー元から離すと、カーソル円の中にコピー元の画像が表示されます❶。消したい部分に対してドラッグすると、コピー元の画像がコピーされ登山者が消えます。

CHECK!

[調整あり]
コピー元とコピー先の位置関係が一定となります。チェックを外すとコピー元は常に最初に指定した位置から始まります。

4 続けて向かって左側の登山者を消します。今度は登山者の左側で Alt (option)キー+クリックしてコピー元とし❶、いったんマウスを放してから登山者の部分をドラッグして消します❷。消したい部分のテクスチャが複雑な場合、左右や上下から挟み込むように処理することで自然に仕上げることができます。同様の方法で、他の部分も処理します。

Lesson 11 写真の修正・加工

STEP 03　パースに合わせて不要物を消す　CC　CS6

Before

After

パース（遠近感）のついた画像を修正する場合、[Vanishing Point]を使えば、パースに沿った変形（拡大・縮小）を自動的に行いながら、不要物を消すことができます。

Lesson 11 ▶ 11-1 ▶ 11_103.jpg

バニシングポイントを利用する

ここでは画面中央左上にあるヒモを消してみましょう。[Vanishing Point]でパースに沿った遠近を指定することによって、[スタンプ]ツールの使用時に、自動的に画像が拡大・縮小され、自然なイメージで仕上げることができます。

1 [フィルター]メニューから[Vanishing Point]を選びます。「Vanishing Point」ウィンドウが開きます。[面作成]ツールを選び❶、背景の生地の広がりに合わせて図のように4カ所をクリックして面を作成します❷。あとからポイントをドラッグして変形することもできます。

作業は面の内側で行われるため、十分な広さを確保してください。

2 [スタンプ]ツールを選び❶、オプションバーで[直径]を「100」px、[硬さ]を「50」%、[不透明度]を「100」、[ブレンド]は[オフ]にし、[調整あり]にチェックします❷。Alt（option）キーを押しながら生地の部分でクリックしてコピー元を指定します❸。

3 ヒモの部分にマウスを移動すると、コピーされる画像が表示されます。敷いてある生地のテクスチャが揃う位置にマウスを合わせてドラッグし、ヒモを消します。ひもを左右から挟み込むようにして処理すると、より自然に仕上がります。[OK]で確定します。

[ブレンド]はコピー元とコピー先の画像の混ざり具合を指定します。

必要に応じて[直径]や[硬さ]の値を変えたり、またコピー元を指定し直したりしてなるべく自然に仕上げるようにします。

STEP 04 被写体の不足を補う `CC` `CS6`

Before

After

デザイン上の都合で、不要な部分を消して自然な感じに埋めたい場合があります。これが簡単にできるのが［コンテンツに応じる］を利用した［塗りつぶし］です。

📥 Lesson11 ▶ 11-1 ▶ 11_104.jpg

コンテンツに応じる塗りつぶし

画面上部に中途半端に写り込んだ花畑を消し、芝で埋めてみます。［コンテンツに応じる］は［塗りつぶし］でも利用可能で、これは比較的広範囲に適用したい場合に有効です。画像を回転した際に生じる四隅の余白などにも応用できます。

1 ［なげなわ］ツールを選びます。オプションバーの［ぼかし］を「3」pxとします。

［ぼかし］の値は小さ過ぎても大き過ぎても境界が不自然に目立ちます。画像によって調整してください。

2 上部の花畑に対し、ひとまわりほど大きめにドラッグして選択範囲にします。選択範囲はあまり大きくしないほうが、きれいに仕上がります。

3 ［編集］メニューから［塗りつぶし］を選択して、［塗りつぶし］ダイアログボックスを表示します。［内容］は［コンテンツに応じる］❶、自然に仕上げるために［カラー適用］にチェックを入れ❷、［描画モード］は［通常］❸、［不透明度］は「100」%❹とします。［OK］をクリックすると、花畑の代わりに芝で埋められます。Ctrl（command）+Dキーで選択範囲を解除します。

COLUMN 選択範囲で仕上がりが変わる

絵柄によっては境界部分が不自然になったり、また意図しない絵柄で埋められることがあります。そのような場合は、選択範囲の作成からやり直すと、うまくいくことがあります。

Lesson 11 写真の修正・加工

11-2 被写体の位置をずらす

写真のバランスをとったり、あるいはデザイン上、空間を設けたいなどの理由で、写っている被写体の位置をずらしたいことがあります。
なるべく自然な形で、しかも少ない手順で被写体の位置を移動してみましょう。

STEP 01　コンテンツに応じた移動ツール　CC　CS6

Before

After

ここではCS6から搭載された［コンテンツに応じた移動］ツールを使って水滴の位置をずらします。左側に空間を空けるため、水滴は右側にずらします。

Lesson 11 ▶ 11-2 ▶ 11_201.jpg

1 ツールパネルから［コンテンツに応じた移動］ツールを選びます。元画像を維持する［構造］と移動後の色のなじみを調整する［カラー］があります。［構造］の値は1～7で数値が大きいほど元画像を維持します。［カラー］の［値］は1～10で、値が大きいほど色がなじみます。ここでは順に「4」と「5」としました。また、［ドロップ時に変形］のチェックは外します。

2 水滴の周囲をドラッグして選択し❶、右方向にドラッグして移動します❷。移動前の元の部分はボケで埋められます❸。ただ、きれいに処理されていない部分もあり、そこに対しては［コピースタンプツール］で対処します。

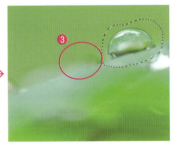

何度かやり直しても、どうしても処理後の状態がきれいになりませんでした。

11-2 被写体の位置をずらす

STEP 02　コピースタンプツールであと処理　CC　CS6

After

［コンテンツに応じた移動］ツールは、きれいに処理されることも多いのですが、うまくいかない場合もあります。ここでは［コピースタンプ］ツールを使って、不自然さを解消します。

Lesson11 ▶ 11-2 ▶ 11_202.jpg

1 選択範囲が残っているので、［選択範囲］メニューから［選択範囲を解除］を選んで、選択範囲を解除しておきます。

2 ［コピースタンプ］ツールを選びます。オプションバーで［直径］を「130」px程度、［硬さ］を「30」％程度❶、［不透明度］を「100」％❷にします。

3 ボケの部分を拡張するようなイメージで不自然な部分をきれいにします。Alt（option）キーを押しながらボケ部分でクリックします❶。マウスを不自然な画像部分に移動し、ドラッグしてボケ部分を拡張します❷。一度で自然なイメージにならない場合は、少しコピー元をずらすなどして作業を繰り返して仕上げてください。

COLUMN

［スポット修復ブラシ］ツールを使う

ここでは［コピースタンプ］ツールを使いましたが、［スポット修復ブラシ］ツールなどできれいに処理できる場合もあります。

Lesson 11 写真の修正・加工

11-3 ノイズを軽減する

デジタルカメラではISO感度を高くしたり、
長秒露光で撮影するとノイズが目立ってきます。
ザラザラとした「輝度ノイズ」と色付きのピクセルが現れる「色ノイズ」ですが、
[ノイズを軽減]で目立たなくすることができます。

STEP 01　輝度ノイズと色ノイズを抑える

Before

After

[ノイズを軽減]フィルターは、輝度ノイズや色ノイズを軽減することができます。

Lesson 11 ▶ 11-3 ▶ 11_301.jpg

ノイズを軽減する

[フィルター]メニューから[ノイズ]→[ノイズを軽減]を選びます。[ノイズを軽減]ダイアログボックスが表示されます。[基本]を選びます❶。かなりノイズが多い画像なので、[強さ]を「8」、[ディテールを保持]を「60」%、[カラーノイズを軽減]を「100」%、[ディテールをシャープに]を「10」%とします❷。[OK]をクリックします。

[強さ]はノイズ軽減の処理の強さです。[ディテールを保持]はノイズ軽減によってねむくなる細部を保持します。[カラーノイズを軽減]は色ノイズを抑えます。[ディテールをシャープに]は、ノイズ軽減でねむくなった細部をシャープにします。JPEG由来のノイズを目立たなくするには[JPEGの斑点を削除]にチェックを入れます。[詳細]を選択すると、RGBなどのチャンネルごとに調整できるようになります。

残ったざらつき感を抑える

[ノイズを軽減]で処理しても残ってしまうざらつきに対しては、[ダスト&スクラッチ]が有効です。あまりねむくならない程度に処理しましょう。[フィルター]メニューから[ノイズ]→[ダスト&スクラッチ]を選びます。[ダスト&スクラッチ]ダイアログボックスが表示されます。ここでは[半径]を「1」pixel、[しきい値]を「30」レベルとします。[OK]をクリックします。

[ダスト&スクラッチ]は画像をぼかすような処理をします。[半径]の値が大きいほどぼけてきます。[しきい値]を大きくするほど効果は弱まります。

COLUMN　かけ過ぎに注意

[ノイズを軽減]や[ダスト&スクラッチ]を強くかけ過ぎるとねむくなり、精細感がなくなります。多少のノイズは実際にはそれほど目立たないことも多いので、処理しすぎないようにするのがコツです。

11-4 パースとレンズ描写の補正

建物を見上げたり、斜めから見たりすると遠くにあるほどすぼまって（パースがついて）見えます。
そのようなパースを補正したり、レンズ由来の歪みなどを補正してみましょう。

STEP 01　レンズ補正 CC CS6

Before

After

ここでは[レンズ補正]フィルターを使用します。[レンズ補正]はパース補正やレンズの歪みの補正、周辺光量の補正などが行えます。

Lesson11 ▶ 11-4 ▶ 11_401.jpg

上下左右のパースを補正する

1 [フィルター]メニューから[レンズ補正]を選びます。[レンズ補正]ウインドウが開いたら、[カスタム]タブを選びます❶。水平・垂直のガイドラインとして[グリッドを表示]にチェックを入れ❷、[サイズ]を「64」程度にしておきます❸。

2 [変形]の[垂直方向の遠近補正]を「-18」にします❶。これで上すぼまりのパースが補正されます。

[自動補正]タブ

CHECK!

[自動補正]タブでは、レンズプロファイルが用意されている場合に、そのプロファイルデータをもとに自動的に歪曲収差や色収差、周辺光量が補正されます。

3 画像が少し傾いているので回転して修正します。[角度補正]ツールを選び❶、壁面の垂直線に沿うようにドラッグして❷回転します。角度はおよそ[0.32]°ほどになります。

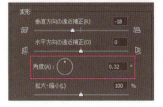

ゆがみを補正する

ゆがみ（歪曲収差）というのは、画像の中心が膨らんで写ったり、あるいはへこんで写ったりするレンズの光学的な現象です。[歪曲収差]で補正します。

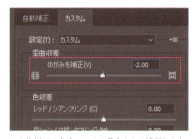

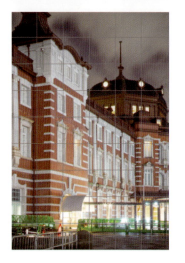

この作例では多少へこんで見えるので補正します。[歪曲収差]の[歪みを補正]を「-2.00」とします。

暗い周辺部の明るさを補正する

撮影する際のレンズの種類や絞り値によっては、画像の周辺部が暗く写ります。これを周辺光量の低下と呼びます。雰囲気ある写真になるのですが、広告写真などではそのような効果は不要なので補正するとよいでしょう。

1 [周辺光量補正]の[適用量]はプラス側で周辺が明るく、マイナス側で周辺が暗くなります。[中心点]は補正の範囲を調整します。ここでは周辺を明るくしたいので[適用量]を「+30」、[中心点]は「+50」とします。[OK]をクリックして確定します。

2 [レンズ補正]を実行すると、画像が「背景」ではなく「レイヤー0」となります。この状態ではTIFFやJPEGで保存することができませんので、必要に応じて[レイヤー]メニューから[画像を統合]を実行して「背景」にしておきましょう。

COLUMN

[Camera Raw]でパースを補正する

CCでは、[Camera Rawフィルター]を使ってパースの補正などを行うことができます（P.186）。

11-5 ぶれの軽減

撮影の際にカメラや被写体が動いてしまうと写真がぶれてしまいます。
ぶれた写真はこれまで補正がとても難しかったのですが、
CCから利用できる［ぶれの軽減］である程度のぶれを目立たなくすることができます。

STEP 01　［ぶれの軽減］でぶれを抑える　CC　CS6

Before　　　After

［ぶれの軽減］では画像の状態に合わせて自動的にパラメーターが設定されます。ぶれの軽減効果が弱い、あるいは強すぎる場合には再調整を行うことができます。

Lesson11 ▶ 11-5 ▶ 11_501.jpg

自動補正の効果を確認する

［ぶれの軽減］を開くと画像の状態に合わせて自動補正が適用されています。その効果を確認しながら、操作方法を理解しましょう。

1　［フィルター］メニューから［シャープ］→［ぶれの軽減］を選びます。画像の状態を考慮した状態で［ぶれの軽減］が開きます。［プレビュー］にチェックすると❶補正後の画像、チェックを外すと補正前の画像が左のプレビュー画面に表示されます❷。［ディテール］パネルの［ディテールをドック解除］をクリックすると❸パネルがフローティングし、確認したい部分にドラッグして詳細を確認できます。

右側の［詳細］パネルが閉じている場合は、右向き三角形をクリックしてパネルを開きます。

2　どの程度ぶれが抑えられているかを確認してみましょう。［ディテール］パネル内をマウスでプレスやドラッグするとぶれ軽減前の画像に切り替わり、効果を確認できます。パネル右上で表示倍率の変更が可能です。

確認したら、パネルの左上の［×］をクリックしてパネルをドッキングさせます。これで十分なぶれの軽減効果があると思ったら、［OK］をクリックして確定してもかまいません。

ぼかし予測領域

プレビュー画像内に表示される四角の枠は［ぼかし予測領域］と呼ばれ、その領域内の画像の状態からぶれを解析しています。特に問題がなければ、最初に設定された［ぼかし予測領域］を使うとよいでしょう。

［ぼかし予測領域］の中央のポイントやハンドルをドラッグすることで、領域の移動や大きさの変更が可能です。

領域のサイズを小さくし、位置をずらした結果、［ぶれの軽減］効果が強くなりすぎて逆に画質が劣化した例です。中央のポイントの位置によっては画質が荒れるほどの補正がなされることもありますし、また予測領域が小さすぎても逆効果になることが多いようです。

ぼかしトレーシングの設定

1 ［ぼかしトレーシングの設定］で、自動で設定された値を任意で調整することができます。

❶［ぼかしトレーシングの境界］でぶれが適度に軽減される値を探します。
❷［ソースノイズ］は画像に合わせたノイズ軽減を行います。ここは［自動］でよいでしょう。
❸画質がざらつく場合には［滑らかさ］を調整します。
❹別にシャープネスを適用している場合に目立つノイズには［斑点の抑制］を調整します。中間程度の輪郭の細かな部分に発生するノイズ（輪郭のにじみなど）に特に有効です。

2 [Alt]（[option]）キーを押すと［キャンセル］ボタンが［初期化］ボタンに変わるので、クリックして初期状態に戻しておきます❺。

複数の［ぼかし予測領域］を作成する

必要に応じて複数の［ぼかし予測領域］を作成でき、個別に設定が有効になります。

1 ［詳細］パネルの❶［推奨されたぼかしトレーシングを追加］ボタンをクリックすると❷、最適と考えられる位置とサイズで新たに［ぼかし予測領域］が作成され❸、個別のパラメーター調整ができます❹。任意の位置に任意のサイズで［ぼかし予測領域］を作成するには［ぼかし予測］ツールを選び❺、画像上でドラッグします。

2 最適な効果を得るために2つの［ぼかし予測領域］を比較して一方を無効化することができます。[Ctrl]（[command]）キーを押しながら［詳細］パネルで選択されていないアイコンをクリックします❻。

COLUMN

画質荒れに注意

全体にぶれが効果的に抑えられれば問題ありませんが、画質が荒れる場合もあるので注意してください。

11-5 ぶれの軽減

3 比較用のプレビューウィンドウが表示されます。どちらか良好なプレビューの[このぼかしトレーシングを使用]チェックボタンをクリックすると❶、その[ぼかし予測領域]は有効のまま、他方は無効になります。

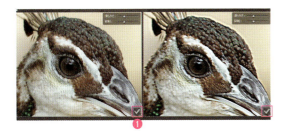

4 [詳細]パネルで、左側の[ぼかし予測領域]は有効、右側の[ぼかし予測領域]は無効になりました❶。無効にするには手動でチェックを外してもかまいません。また、アイコンを選択して[ぼかしトレーシングを削除]ボタンをクリックすれば削除できます❷。このようにして、最適なぶれの軽減効果を探っていきます。最後に[OK]をクリックして確定します。

STEP 02 方向ぶれを低減する CC CS6

Before　After

明らかに1方向のみにぶれている場合は[ぼかし方向]ツールを使います。ぶれの向き、長さに合わせてドラッグすると、ぶれを軽減することができます。

 Lesson11 ▶ 11-5 ▶ 11_502.jpg

1 [ぶれの軽減]を起動したら、まず[詳細]パネルに自動的に作成される[ぼかし予測領域]のアイコンを選択し❶、[ぼかしトレーシングを削除]をクリックして削除します❷。[ぼかし方向]ツールを選びます❸。

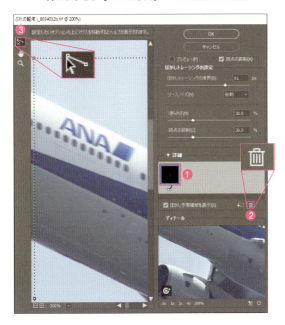

2 ぶれの向き、長さに合わせてドラッグすると方向ぶれが低減されます❶。[ぼかし方向]ツールの選択時は、設定が[ぼかしトレーシングの長さ]と[方向]に変わります❷。必要に応じてこれらと[滑らかさ][斑点の抑制]を調整し、ぶれが最小になるようにします。[OK]をクリックして確定します。

Lesson 11 写真の修正・加工

11-6 商品に反射をつける

広告などでは床に商品が映り込んだ写真を見かけます。
撮影時に工夫して撮ることもできますが、セットや照明の設定が大変です。
ここでは商品だけの写真を加工して、反射つきの写真にしてみます。

STEP 01 映り込みを作成する

Before

After

画像を開いて電球のオブジェのパスを作成します。そのパスを選択範囲にしてオブジェをコピー&ペースト。回転したり、不透明度を変えたりして反射画像を作ります。

Lesson 11 ▶ 11-6 ▶ 11_601.jpg

商品のパスから選択範囲を作成する

最終的に被写体を選択範囲にする必要があります。ここでは電球の曲線を再現するためにパスを利用しますが、被写体によっては[クイック選択]ツールなどで選択範囲を作成してもいいでしょう。

1 [ペン]ツールを使って電球の輪郭のパスを作成し、保存します。保存したパスは[パス1]になります。

2 [パス]パネルで[パス1]をクリックして選び❶、[パスを選択範囲として読み込む]ボタンを押します❷。パスが選択範囲になります❸。

202

電球画像の複製を2枚つくる

選択範囲をコピーし、2回ペーストを行って、電球画像の複製を2枚作ります。

Ctrl（command）+Cでコピーを実行し、Ctrl（command）+Vを2回実行します。電球画像のレイヤーが2つペーストされ、[レイヤー]パネルに「レイヤー1」「レイヤー2」と表示されます❶。ここから先は背景の画像は不要なので、「背景」レイヤーの目のアイコンをクリックして非表示にしておきます❷。

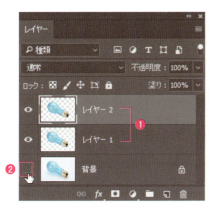

カンバスサイズを大きくする

映り込みを入れるためにカンバスサイズを大きくします。下への映り込みを考慮し、高さを下に1.3倍ほどの大きさにします。

[イメージ]メニューから[カンバスサイズ]を選びます。[カンバスサイズ]が開いたら[高さ]を「130」%くらいにし❶、[基準位置]は上の中央をクリックして❷、[OK]をクリックします。カンバスが下に拡大されます。

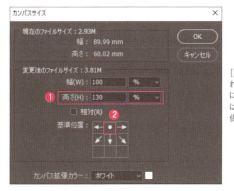

[カンバス拡張カラー]は拡大された部分の色の指定で「背景」に適用されます。ここでは「背景」は非表示にしているので特に関係ありません。

映り込み画像を反転して位置を合わせる

映り込み画像を作っていきます。「レイヤー1」を選び、画像を上下反転したら、およその位置を合わせます。

1 [レイヤー]パネルで「レイヤー1」を選びます❶。[編集]→[変形]→[垂直方向に反転]を選んで上下反転します❷。

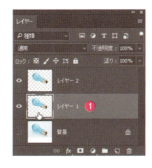

2 反転したレイヤー1に対し、[移動]ツールで図のような位置にとりあえず合わせます。

> **COLUMN**
> **レイヤーのスナップ**
> メニューの[表示]→[スナップ]、さらに[表示]→[スナップ先]→[レイヤー]が選ばれていると、レイヤー同士が吸着します。操作しにくいときは、スナップを解除してください。またレイヤーの位置の微調整はカーソルキーで行えます。

反転した画像を回転、縮小する

反転した「レイヤー1」が選ばれた状態で、[編集]メニューから[変形]→[回転]を選び、❶のように回転します。続けて[編集]メニューから[変形]→[拡大・縮小]を選び、❷のように1〜2まわりほど縮小します。以上を終えたら、オプションバーの[○]で確定します。

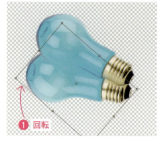 

レイヤーマスクで自然な写り込みにする

映り込みがはっきり見えすぎると、鏡に映っているようで不自然です。画像を淡くして、次第に見えなくすることで自然な映り込みにします。

1 「レイヤー1」をクリックして選択し❶、[不透明度]を「70」%にします❷。映り込みの画像が薄くなります。さらに下に行くほど薄くなるように、レイヤーマスクを利用します。[レイヤーマスクを追加]ボタンをクリックします❸。

2 「レイヤー1」にレイヤーマスクが追加されます(この段階では画像に変化はありません)。追加されたレイヤーマスクをクリックして選択しておきます。

 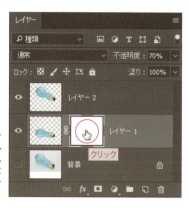

必ずレイヤーマスク(右側のサムネール)をクリックして選択してください。画像(左側のサムネール)が選ばれていると、次の操作で画像全面がグラデーションになってしまいます。

3 描画色を白、背景色を黒として、[グラデーション]ツールを選びます。オプションバーで[線形グラデーション]を選び❶、図のように正立した電球の上部から反転した電球の下部にかけて下向きに Shift キーを押しながら垂直にドラッグします❷。画像が次第に薄れていく効果が得られます。

[モード]は[通常]、[不透明度]は「100」%、[逆方向]のチェックは外しておきます。

STEP 02　背景のグラデーションを描く　CC　CS6

After

背景が透明なので、背景を用意します。全面が白の状態でもかまいませんが、ここでは広告写真のように淡い円形のグラデーションを描いてみましょう。

Lesson11 ▶ 11-6 ▶ 11_602.psd

1 ［レイヤー］パネルで「背景」をクリックしてから❶、［新規レイヤーを作成］ボタンをクリックし❷、「背景」の上にレイヤーを作成します。作成された新規レイヤー「レイヤー3」をクリックして選択しておきます❸。

2 描画色は白、背景色はRGBの値がすべて「230」の明るいグレーにします。［グラデーション］ツールを選び、オプションバーで［円形グラデーション］を選びます。

［モード］は［通常］、［不透明度］は「100」％、［逆方向］のチェックは外しておきます。

CHECK!

［描画色から背景色へ］を選ぶ

描画色は白、背景色はグレーですが、このときオプションバーの［グラデーションエディター］でプリセットの［描画色から背景色へ］が選ばれていることを確認してください。そうでないとグラデーションの再描画がきちんとなされません。

3 正立している電球の中心付近から画像の角にかけてドラッグします。ドラッグの始点が明るく、終点がグレーとなるグラデーションが描かれます。ドラッグの始点や距離を変えることで好みのグラデーションを作成してください。最後にレイヤーを統合して完成です。

ドラッグ

必要に応じて、レイヤーを統合したり、トリミングなどを行ってください。なお、［反射形グラデーション］を使ってもきれいに仕上げることができます。

COLUMN

元画像と背景の明るさを合わせる

明るめの背景にしたのは、元画像の背景が明るいためです。暗い背景にすると、電球の縁や明るさに違和感が生じやすくなります。加工後に明るい背景にしたい場合は元画像の背景も明るくして撮っておく、暗い背景にしたい場合は、元画像の背景を暗くして撮っておくと、違和感のない自然な仕上がりになります。

Lesson11　練習問題

Lesson11 ▶ Exercise ▶ 11_Q 01.jpg

Q シベの背景にちょうど花びらがかかっており、ピントの合ったシベが目立ちにくい状態です。背景の花びらを短くし、シベを目立たせてください。
[クイック選択]ツール、[ワープ]、レイヤー機能などを使います。

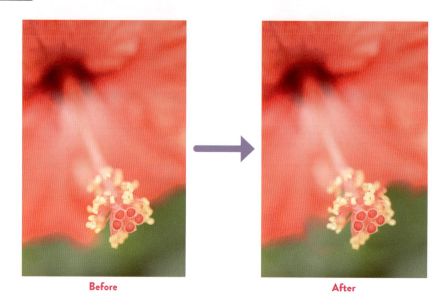

Before → After

A

❶ [クイック選択]ツールでシベのピントの合っている部分を選択範囲にします。

❷ [Ctrl]([command])＋[C]でコピーし、[Ctrl]([command])＋[V]でペーストします。このときペーストされた画像は「レイヤー1」になります。

❸ [レイヤー]パネルで「背景」レイヤーを[新規レイヤーを作成]アイコンにドラッグして複製します。複製した「背景のコピー」レイヤーに対し、[長方形選択]ツールでシベを囲むように選択範囲を作成したのち、[編集]メニューから[変形]→[ワープ]で、図のように花びらを変形・確定します。

❹ [レイヤー]パネルの[マスクを追加]アイコンで「背景のコピー」にレイヤーマスクを作成し、描画色を黒とした[ブラシ]ツールで不自然な部分をマスクして完成です。最終的に図のようなレイヤー状態になります。

画像の合成

An easy-to-understand guide to Photoshop

Lesson 12

Photoshopによる写真加工は、補正や修正だけにとどまりません。複数の素材を組み合わせて現実にはなかった写真を作り出すことができます。空の表情を変えたり、被写体の背景だけぼかしたり、別々に撮った被写体と背景を合成したりできます。ここではレイヤーマスクを使った実践的な画像の合成方法について説明します。

Lesson12　画像の合成

12-1 曇天の空を晴れた山並みにする

風景写真は、必ずしも思い通りの天気になるわけではありません。
ここでは曇天を晴天の山並みに置き換えてみます。
どんよりしたイメージが、夏らしい写真に変貌します。

STEP 01　レイヤーマスクで合成する　CC　CS6

Before

After

山並みの写真にひまわりの写真をペーストします。合成の境界部分を丁寧に処理し、また背景となる山並みをぼかしたり、明るくしたりすることで、合成の不自然さを解消します。

Lesson12 ▶ 12-1 ▶ 12_101a.jpg、12_101b.jpg

山並みの写真にひまわりの写真を重ねる

1 素材となる2つの写真を同時に開きます。Shiftキーを押しながら、[移動]ツールでひまわりの写真（12_101b.jpg）を山並みの写真（12_101a.jpg）にドラッグ&ドロップします。以降、不要なのでひまわりの写真は閉じておきます。

2 ひまわりの写真が少し小さいので山並みの写真にサイズを合わせます。「レイヤー1」が選ばれていることを確認し、[編集]→[変形]→[拡大・縮小]を選び、Shiftキーを押しながら四隅を外側に移動し拡大します❶。オプションバーの[○]で確定します❷。

12-1 曇天の空を晴れた山並みにする

空の部分をマスクする　ひまわりの曇天の空をレイヤーマスクでマスクし、晴れた山並みが見える状態にします。

1　［クイック選択］ツールを選び❶、オプションバーで［直径］は「5」px、［硬さ］は「100」％にして❷、曇天部分をドラッグし❸、選択範囲にします。

2　最初のドラッグでは林の部分が含まれやすくなります。その際はオプションバーで［現在の選択範囲から一部削除］に切り替え、その部分をクリック、ドラッグします。

［−］のツールに変え、林部分をドラッグして、空だけが選択範囲になるようにします。

> **CHECK!**
>
> ［現在の選択範囲から一部削除］のショートカット
>
> ［クイック選択］ツールの使用中、[Alt]（[option]）キーを押している間はカーソルに［−］の記号がつき、［現在の選択範囲から一部削除］の状態になります。

3　オプションバーの［選択とマスク］をクリックします。［選択とマスク］ワークスペースが表示されます。

4　空ではなくひまわり畑が透明になるので［反転］ボタンをクリックします❶。［ぼかし］を「5.0」px ❷、［エッジをシフト］を「−50」% ❸、［出力先］に［レイヤーマスク］を選んで❹、［OK］します。ひまわり畑の空がマスクされ、背景の山並みが見えるようになります。

> **COLUMN**
>
> **CC2015.5より前のバージョンでは**
>
> ［選択とマスク］の代わりに［境界線を調整］を使います。その際、事前に［選択範囲］メニューから［選択範囲を反転］の処理をしておく必要があります。

山並みをずらし、ぼかして遠近感を自然にする

山並みが見える位置まで上にずらします。
また、ぼかしを加えて自然な遠近感を与えます。

1 山並みの画像を上にずらします。「背景」のままでは移動できないので、「背景」をダブルクリックし❶、[新規レイヤー]画面でそのまま[OK]すると❷、「レイヤー0」になります❸。

2 ツールバーで[移動]ツールを選び❶、Shiftキーを押しながら上方向にドラッグします❷。

3 「レイヤー0」が選択された状態で、[フィルター]メニューから[ぼかし]→[ぼかし(ガウス)]を選び、[半径]を「6」pxとし、[OK]をクリックします。山並みがぼけて自然な遠近感になります。

4 山並みの印象が強いので、明るくして全体のバランスを取ります。[レイヤー]パネルで「レイヤー0」が選ばれていることを確認❶したら、[色調補正]パネルで[トーンカーブ]をクリックします❷。[属性]パネルで[トーンカーブ]を全体的に持ち上げて明るくすると❸、明るさのバランスがとれます。

12-1 曇天の空を晴れた山並みにする

境界部分が自然に見えるように仕上げる

境界部分が不自然だと、合成した印象が強まります。そのような部分を解消します。

1. 消えているひまわりの花びらを見えるようにします。[レイヤー]パネルで「レイヤー1」のレイヤーマスクをクリックします❶。描画色を白、[直径]を「2」px〜「5」px、[硬さ]を「0」%とした[ブラシ]ツールで、消えている花びらをドラッグして、花びらを復活させます❷。はみ出して描画したら描画色を黒にして塗り直します。

2. 遠景にある欠けてしまったひまわりの花の形を整えます。やり直ししやすいように[レイヤー]パネルで[新規レイヤーを作成]❶をクリックして新規レイヤーを作成し、いちばん上に配置し、選んでおきます❷。

3. ツールバーから[指先]ツールを選び、オプションバーで[直径]を「15」px、[硬さ]を「0」%❶、[モード]は[通常]❷、[強さ]を「50」%❸、[全レイヤーを対象]❹にチェックを入れます。

4. 画像を拡大し、[指先]ツールで残っているひまわりの画像を伸ばすように(小さく円を描くように)ドラッグし、ひまわりの花を描きます。花が欠けているすべての部分を補ったら完成です。

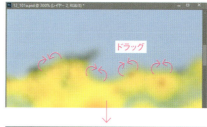

Lesson12 画像の合成

12-2 背景をぼかす

全体にピントが合った写真より、背景がぼけた写真のほうが
被写体を際立たせることができます。背景をコピーしたレイヤーを作り、
作業はレイヤーで主被写体と背景とに分けて処理します。

STEP 01　レイヤーマスクで背景をぼかす

Before

After

ここでは被写体のネコを目立たせるように、背景だけをぼかしてみましょう。背景を複製してから、レイヤーマスクを使います。

Lesson12 ▶ 12-2 ▶ 12_201.jpg

「背景」を複製してレイヤーマスクを適用する

1 ［レイヤー］パネルで「背景」を「新規レイヤーを作成」ボタンにドラッグ&ドロップします。「背景のコピー」レイヤーができます。

2 「背景のコピー」レイヤーを選択し❶、［レイヤーマスクを追加］ボタンをクリックして❷レイヤーマスクを追加します。そのレイヤーマスクサムネールをクリックして選択しておきます❸。また「背景」は目のアイコンをクリックして非表示にしておきます❹。

 →

12-2　背景をぼかす

レイヤーマスクを元に画像をぼかす

ネコの座っている位置と奥の部分とでぼけ具合を変えることで、遠近感のあるぼけ画像を作ります。

1. ［グラデーション］ツールを選び、描画色を黒、背景色を白とします。オプションバーで［線形グラデーション］を選び、［モード］は［通常］、［不透明度］は「100%」として、ネコの足から頭付近まで下から上にドラッグします。画像の下の部分が透明になります。

2. ここからは画像に処理を行います。［レイヤー］パネルで「背景のコピー」の画像のサムネールをクリックして選択します。

3. ［フィルター］メニューから［ぼかし］→［ぼかし（レンズ）］を選び、［ぼかし（レンズ）］ダイアログボックスで図のように設定します。ネコの足下付近から画像の上部にかけてぼけが次第に大きくなります。

［プレビュー］にチェックして［高速］を選んでおきます❶。［深度情報］の［ソース］に［レイヤーマスク］を選び、［ぼかしの焦点距離］は「0」、［反転］のチェックはなしです❷。［虹彩絞り］の［形状］は［六角形］を選び、［半径］は「70」、［絞りの円形度］は「50」、［回転］は「0」とします❸。

4. ［OK］をクリックして確定します。レイヤーマスクが有効なので、画像の下部は半透明の状態のままです。

レイヤーマスクでぼけを変える　COLUMN

ここで行っている操作は、レイヤーマスクのグラデーションの濃度に合わせてぼけの強さを変化させる方法です。［ぼかしの焦点距離］を変えると、ピントの合った位置がこの場合は上下に変化します。ここでは、ネコの足下にピントを合わせたいので「0」としています。

5 「背景のコピー」のレイヤーマスクのサムネールを Shift キーを押しながらクリックして無効化すると、上部がぼけた画像が現れます。

背景を複製してマスクする

ぼけていないネコの画像を得るために、背景を複製し、選択範囲を作成します。

1 レイヤーパネルで「背景」を「新規レイヤーを作成」ボタンにドラッグ&ドロップします❶。複製された「背景のコピー2」はレイヤーのいちばん上に配置します❷。

2 ［クイック選択］ツール❶を選び、オプションバーで［直径］を「5」px程度、［硬さ］を「100」％にして❷、ネコの輪郭の内側をドラッグします❸。次に［選択とマスク］ボタンをクリックします❹。

3 ［選択とマスク］ワークスペースが表示されます。［属性］パネルで［表示］を［黒地］に❶、［不透明度］を「100」％にします❷。［境界線ブラシ］ツールを選び❸、オプションバーで［＋］（検出領域を拡大）にし、［直径］は「15」px、［硬さ］は「50」％程度にします❹。

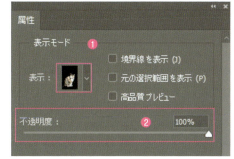

CHECK!

［境界線を調整］を使う

CC 2015.5より前のバージョンでは［境界線を調整］を使ってください。

4 ネコの輪郭部分をドラッグすると、隠れていた輪郭部の細かな毛並みが現れます。境界の外側の不要部分まで見えてきた場合はオプションバーで［－］（元のエッジに戻す）を選んでその部分をドラッグして、毛並みだけが見えるようにしてください。輪郭全体をこの方法で処理します。

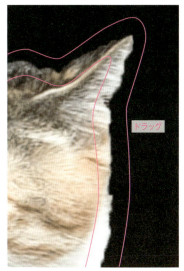

5 ［属性］パネルで［出力先］に［レイヤーマスク］を選び、［OK］をクリックします。画像には、ぼけていないネコが現れ、レイヤーマスクは図のようになります。

輪郭のにじみを修正する

「背景のコピー」レイヤーは全体をぼかしているため、結果的にネコの輪郭がにじんだように見えています。これを修正します。

1 [レイヤー]パネルで「背景のコピー」をクリックして選択します❶。[コピースタンプ]ツールを選び、オプションバーで[ブラシピッカー]を開き[直径]は「100」px、[硬さ]は「0」%とします❷。[モード]は[通常]、[不透明度]は「100」%、[調整あり]にチェックし、[サンプル]は[現在のレイヤー]とします❸。

[コピースタンプ]ツールは処理する箇所に応じて[直径]の大きさや[硬さ]の値を変更してください。

2 ネコのにじみのない外側から、にじんだ部分へコピーするようにしてにじみを目立たなくします。

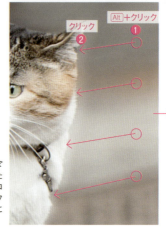

向かって右側の輪郭です。白っぽい滲みがあります。外側のぼけた部分を輪郭部にコピーします。コピー元の指定は[Alt]キー＋クリックで行い、続けてマウスを輪郭部に移動してクリックします。

3 にじみが目立つネコの輪郭部すべてに対して同様の処理をします。場所によってはコピー元とコピー先の距離が長くなります。にじみが目立たなくなったら、必要に応じてレイヤーを統合して終了です。

柄のある背景の場合は、別の場所の似た柄をコピー元に指定し、コピーしてください。

12-3 2つの写真を自然に合成する

合成写真は、どれだけ自然に仕上げるかが最終的な目標となってきます。明るさや色、合成の境界部分の仕上げ、必要に応じて影を加えるなど、さまざまな観点から自然な仕上げを追求することが肝心です。

STEP 01　箱とオブジェをコピー&ペーストする　CC　CS6

Before

After

合成に使用する画像を1つにまとめておきます。Shiftキーを押しながらドラッグすることで中央に配置することができます。

📥 Lesson 12 ▶ 12-3 ▶ 12_301a.jpg、12_301b.jpg

1 合成する箱とオブジェ(以下箱)の画像(12_301a.jpg)と背景となる敷物の画像(12_301b.jpg)の2つを開きます。2つとも大きさは揃えています。[移動]ツールを選び、Shiftキーを押しながら箱の画像を敷物にドラッグ&ドロップします。上のレイヤーに配置されるため、いったん全面が箱の画像になります。

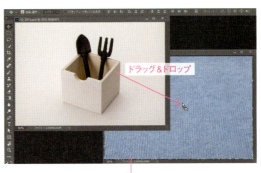

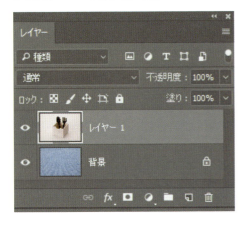

12_301a.jpg(箱の画像)は以降使わないので、閉じてかまいません。

STEP 02　箱を切り抜く　CC　CS6

Before

After

ペーストした箱の画像を切り抜いて、単純に切り抜き合成された状態にします。

Lesson12 ▶ 12-3 ▶ 12_302.psd

1 ［クイック選択］ツール❶で、箱と鉄のオブジェを選択範囲にします。オプションバーで［直径］を「5」px程度❷にして選択漏れがないように、選択範囲を作成します。

CHECK!

［境界線を調整］を使う

CC2015.5より前のバージョンでは［境界線を調整］を使ってください。

2 オプションバーの［選択とマスク］ボタンをクリックします❶。［表示］❷をクリックして［レイヤー上］❸にして合成後の状態を見ながら作業します。［滑らかに］を「5」、［ぼかし］を「0.5」、［エッジをシフト］を「−20」とします❹。［出力設定］で［レイヤーマスク］❺を選んで［OK］します。図のようなレイヤーの状態になります。

3 切り抜き後の状態を拡大表示してチェックします。境界部分にノイズが残っていたり、うまく切り抜かれていない部分をレイヤーマスクの編集で対処します。［レイヤー］パネルでレイヤーマスクを選択し❶、［ブラシ］ツールで塗ります❷。箱の画像を見せたければ描画色を白、隠したければ黒にして境界部分をきれいに仕上げます。

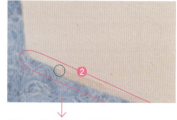

STEP 03　明るさと色を揃える　CC　CS6

Before　　　After

箱の画像の明るさや色みのバランスをとります。ここでは[トーンカーブ]の調整レイヤーを使います

Lesson 12 ▶ 12-3 ▶ 12_303.psd

1 [色調補正]パネルでトーンカーブを選び❶、[属性]パネルでトーンカーブ操作を行います。画像が赤みを帯びているので[レッド]チャンネル❷でカーブを引き下げます❸。続けて[RGB]チャンネルに変え❹、全体的にカーブを持ち上げますが❺、シャドウ部は固定し❻、メリハリのある明るい画像にします。

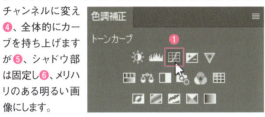

2 色調補正が画像全体にかかっているので、箱とオブジェだけに効果がかかるようにします。レイヤーパネルでトーンカーブの調整レイヤーと「レイヤー1」の間にマウスを置き、Alt（option）キーを押しながらクリックします。調整レイヤーがクリップされ、「レイヤー1」の見えている範囲だけに調整レイヤーの効果がかかるようになります。

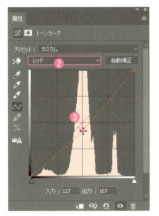

COLUMN

レイヤーをクリップする別の方法

調整レイヤーをクリップするには、[属性]パネルの下段左端のボタンをクリックしても可能です。

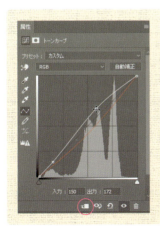

STEP 04　接地部分の影を描く　CC　CS6

Before

After

箱が敷物から浮いたように見え不自然なので、影を描いて自然に見えるようにします。影を描くことで箱が敷物に接地した状態で見えるようになります。

Lesson 12 ▶ 12-3 ▶ 12_304.psd

敷物の繊維が入り組んでいるため、自然な影を描くには[ブラシ]ツールを使いフリーハンドでわざと細かな凸凹があるように描くのが適していますが、ここでは効率のよい方法を紹介します。

1 ［レイヤー］パネルで「背景」を選択してから❶、「レイヤー1」のレイヤーマスクを Ctrl （command）キー＋クリック❷して選択範囲を呼び出し、［新規レイヤーを作成］ボタンをクリックして❸、「レイヤー2」を作ります❹。画像上には選択範囲が現れます❺。

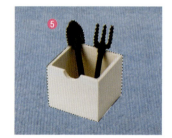

2 ［塗りつぶし］ツールを選び、描画色を黒として選択範囲内でクリックします❶。隠れているレイヤーを描画しているので、画面に大きな変化はありませんが、レイヤーで描画を確認できます❷。ここで Ctrl （command）＋ D で選択範囲を解除します。

3 「レイヤー2」が選択された状態で［フィルター］メニューから［ぼかし］→［ぼかし（ガウス）］を選び、「8」pxとして［OK］します。黒で描画された「レイヤー2」のボケが箱の境界の外側に見えるようになります。

4 余分な部分にも影がはみ出しているので処理します。［レイヤー］パネルで［レイヤーマスクを追加］❶をクリックして、「レイヤー2」にレイヤーマスクを作成します。作成されたマスクのサムネール❷をクリックして選択しておきます。［塗りつぶし］ツールで描画色を黒として画像をクリックし❸、レイヤーマスクを黒で塗りつぶします（いったん影が消えます）。レイヤーの状態は❹のようになります。

5 一般的に光の当たっている部分とそうでない部分とでは影の濃さが違います。まずは向かって左側の明るい側の接地部分の影を描きます。描画色を白、［直径］を「80」px、［硬さ］を「0」、［不透明度］を「100」％とした［ブラシ］ツールで、向かって左下の接地面をドラッグします❶。この部分だけに影が現れます。この面は明るいので少し影を弱くします。［レイヤー］パネルで「レイヤー2」が選ばれた状態で［不透明度］を「70」％程度にします❷。影が薄くなります❸。

Lesson 12　画像の合成

6 今度は向かって右側の接地部分の影を描きます。レイヤーパネルで「レイヤー2」を［新規レイヤーを作成］ボタンにドラッグ&ドロップします❶。複製された「レイヤー2のコピー」のレイヤーマスクを選択します❷。

7 影のレイヤーが2枚重なっているため、左下の接地部分の影が濃くなっています。これを元の薄さに戻すために、描画色を黒とした［ブラシ］ツールで左下の接地部分をドラッグします❶。次に描画色を白とした［ブラシ］ツールで右側の接地部分をドラッグし、影を出します❷。こちら側は暗い面なので影も濃くします。［レイヤー］パネルで［レイヤー2のコピー］の［不透明度］を「90」%程度にします❸。ここまでの操作で、左右の接地面で濃さの違う影が得られます❹。

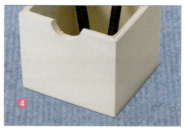

STEP 05　箱とオブジェの影を描く　CC　CS6

Before

After

最後に光の向きと反対側に箱とオブジェの影を伸ばします。こうすることでより自然な印象になります。

Lesson12 ▶ 12-3 ▶ 12_305.psd

12-3 2つの写真を自然に合成する

1. [レイヤー]パネルで「レイヤー2のコピー」を[新規レイヤーを作成]にドラッグして複製し❶、「レイヤー2のコピー2」のレイヤーマスクのサムネールをクリックして選択します❷。[編集]メニューから[塗りつぶし]を選び、[内容]を[ホワイト]❸にして[OK]し、いったんマスク全面を白（透明）にします❹。ここで「レイヤー2のコピー2」の画像サムネールを選択しておきます❺。

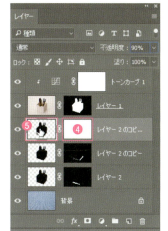

2. [編集]メニューから[変形]→[自由な形に]を選び、「レイヤー2のコピー2」の影を図のように変形し、[Enter]（[return]）キーで確定します。

3. [フィルター]メニューから[ぼかし]→[ぼかし（ガウス）]を選んで「30」pxとして[OK]すると、影が大きくぼけます。

4. [レイヤー]パネルで「レイヤー2のコピー2」レイヤーマスクをクリックし❶、描画色を白、背景色を黒とし、オプションバーで[線形グラデーション]とした[グラデーション]ツールで影の方向に合わせてドラッグします❷。これで徐々に影が弱まります。最後に同レイヤーの[不透明度]を「60」%ほどにして❸完成です。

223

Lesson12　練習問題

Lesson12 ▶ Exercise ▶ 12_Q01a.jpg、12_Q01b.jpg

　画像Aに画像Bの花火を合成して、にぎやかな花火写真にしてください。
花火の位置をずらして合成しますが、
画像下部の明るい部分がダブってしまうのを上手に処理してください。
また、花火の合成そのものには描画モードを利用します。

Before　　　　　　　　　　　　　After

❶画像Aと画像Bを開きます。［移動］ツールを選択し、画像Aを画像Bに Shift キーを押しながらドラッグして「レイヤー1」としてコピーします。

❷［移動ツール］で画像Aの花火をBの花火の左に配置します。画像AとBはサイズが同じなので、上下の位置を揃えて左にずらします。位置がわかりにくいときは「レイヤー1」の不透明度を少し下げます（移動後は不透明度「100」％に戻します）。

❸配置したら「レイヤー1」の［描画モード］を［比較（明）］に変えます。画像Bの明るい部分だけが表示されます。

❹画像Aの明るいビルや街灯をレイヤーマスクで隠します。［レイヤー］パネルで「レイヤー1」を選択して、［マスクを作成］ボタンをクリックしてレイヤーマスクを作成します。

❺描画色を黒、背景色を白として［ブラシ］ツールで、画像右側のビルの周囲や、左下の道路の街灯などをマスクします。

❻画像Aの花火やその根本が隠れてしまったら描画色を白としてその部分を描画し直します。［ブラシ］ツールの［硬さ］を「0」％とすると違和感なく仕上がります。図はマスクの状態です。

❼花火が地上から打ち上げられているように見えれば完成です。最終的な［レイヤー］パネルは図のようになります。

グラフィック
デザインをつくる

An easy-to-understand guide to Photoshop

Lesson 13

ここではポスターやフライヤーなどによく使われる主なパーツを作成し、組み合わせてデザインします。部品には効果を加えたタイトル文字、ワンポイントイラスト、背景模様を何種類か作成します。各操作を簡潔にするためパーツごとにファイルを分けますが、そのような場合は、ファイルのサイズや解像度を確認・統一して作業を進めることも重要です。

Lesson13 グラフィックデザインをつくる

13-1 スタイルで手軽に定番効果を出す

Lesson09でつくったようなレイヤー効果を複数組み合わせたスタイルが、ワンクリックで使えるように用意されています。
ガラス風、抽象模様、トーンの追加、テクスチャの追加など多様です。
ここでは金属の質感があるタイプを使います。

STEP 01　文字を金属質にする　CC　CS6

Before　　After

金属の質感は、さまざまなデザインで頻繁に使われる表現です。影の付き方や立体感をデータのサイズに合わせて調整して仕上げます。

 Lesson13 ▶ 13-1 ▶ 13_101.psd

1 背景を白にした700×600pixelの新規ファイルをRGBモードで作成し、太めの文字を入力します（またはダウンロードファイルの13_101.psdを開きます）。

ここではフォント「Arial Black (Regular)」、スタイル「Black (Regular)」、サイズ「300」pt、色は黒です。

2 ［スタイル］パネルのタブをクリックして表示します。初期状態のスタイルが表示されます。

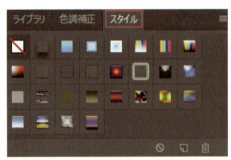

［スタイル］パネルが表示されていないときは［ウィンドウ］メニューから［スタイル］をクリックします。

3 ［スタイル］パネルのパネルメニュー■をクリックし❶、［Webスタイル］を選択します❷。

4 「現在のスタイルを置き換えますか？」というダイアログボックスが表示されたら［OK］をクリックします❶。「置き換える前に、現在のスタイルへの変更を保存しますか？」というダイアログボックスが表示されたら［いいえ］（［保存しない］）をクリックします❷。

［追加］をクリックすると初期設定のスタイルのあとに追加されます。

5 表示されているスタイルが［Webスタイル］に変わります。スタイルの一覧から［マーキュリー］をクリックします。文字にスタイルが適用され、光沢のあるシルバーやプラチナのようになります。

6 ［レイヤー］パネルで確認すると、Lesson09で作成した光沢感よりも複雑な効果が加えられていることがわかります。

COLUMN

［ライブラリやフリー素材］

他のスタイルをクリックしたり、他のライブラリも見てみましょう。［効果］でどのように設定されているかを確認すると、自分でスタイルつくる際の参考にもなります。またスタイルをまとめた素材集の販売や、ネット上でフリー素材も提供されており、豊富な種類を手軽に入手することができます。

CHECK!

ファイルのサイズと解像度

ポスターやフライヤーの印刷物は通常、使用目的に合わせて300〜350dpi程度の高い解像度で作成し、Webデータは72dpiで作成します。ここでは練習なので小さいファイルの72dpiで進めます。

STEP 02　色を変える　CC　CS6

Before　　　　　After

用意されているスタイルは、あとから調整して色や立体感などを自由に変えることができます。手軽に表現の幅を大きく広げることができます。

Lesson13 ▶ 13-1 ▶ 13_102.psd

1 Step01から引き続き操作します（またはダウンロードファイルの13_102.psdを開きます）。［レイヤー］パネルの「Go!」レイヤーの［効果］の［ベベルとエンボス］の文字部分をダブルクリックします。

2 ［ベベルとエンボス］が選択された状態で［レイヤースタイル］ダイアログボックスが表示されます❶。ここで色の設定がされている何カ所かについてすべて変えてブルー系にします。［陰影］の［シャドウのモード］の［シャドウのカラーを設定］をクリックします❷。

［効果］の項目が隠れている場合は、該当レイヤーの右端にある をクリックすると表示されます。

変える箇所は［ベベルとエンボス］の［陰影］の［シャドウ］❷、［境界線］❸、［カラーオーバーレイ］❹、［ドロップシャドウ］❺のそれぞれのカラーです。

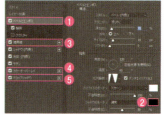

3 [カラーピッカー（ベベルとエンボスのシャドウのカラー）］が表示されます。全体の色みに影響するためハッキリしたブルーに変更します。ここではR「0」、G「192」、B「255」と数値を入力して［OK］をクリックします。ベベルとエンボスのシャドウの色が変わります。

4 同じ要領で［境界線］の色を変えます。［境界線］の文字部分をクリックして設定項目を表示します❶。［塗りつぶしタイプ］の［カラー］をクリックして［カラーピッカー］でRGB値を変更します❷。輪郭を引き締めるため濃いめのブルーに設定します。R「0」、G「75」、B「165」と数値を入力して［OK］をクリックします。

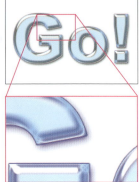

線幅が1ピクセルのためわかりづらいですが境界線の色が変わります。

5 ［カラーオーバーレイ］の文字部分をクリックして設定項目を表示します❶。［表示色］の［オーバーレイのカラーを設定］をクリックして［カラーピッカー］でRGB値を変更します❷。色の引き締めに影響するので、ここでは濃いブルーに変更します。R「0」、G「65」、B「165」と数値を入力して［OK］をクリックします。

これで文字の色がすべてブルー系に入れ替わりました。

6 影がついているので、影も少し色を変えてみます。［ドロップシャドウ］の文字部分をクリックして設定項目を表示します❶。［構造］の［シャドウのカラーを設定］をクリックして［カラーピッカー］でRGB値を変更します❷。やや暗めの紺色に変更します。R「0」、G「20」、B「140」として［OK］をクリックします。［レイヤースタイル］ダイアログボックスの［OK］をクリックして確定します。あとで利用しますので「13_102z.psd」という名前でファイルを保存します。

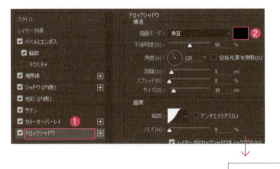

ブルー色の光沢金属のスタイルができました。同じ手順でピンクや緑やオレンジなど、好きな色みに変えることができます。

13-2 スタイルで輪郭の作成と応用

ここでもライブラリのスタイルをアレンジして新しいスタイルを作成します。
文字に輪郭線を加えるデザインは印刷物やWebなど、どこにでも頻繁に使われる表現です。
輪郭の幅を変えるだけでも印象が変わります。

STEP 01　輪郭（境界線）のあるスタイルを使う　CC　CS6

Before　After

輪郭があるスタイルはいくつか用意されていますが、ここでは「Go!」という文字に、境界線とグラデーションを組み合わせたスタイルを選びます。

Lesson13 ▶ 13-2 ▶ 13_201.psd

1 背景を白にした700×600pixelの新規ファイルをRGBモードで作成し、太めの文字を入力します（またはダウンロードファイルの13_201.psdを開きます）

ここではフォント「Arial Black（Regular）」、スタイル「Black（Regular）」、サイズ「300」pt、色は黒です。

2 ［スタイル］パネルのパネルメニュー■をクリックし❶、［テキスト効果］を選択します❷。「現在のスタイルを置き換えますか?」というダイアログボックスが表示されたら［OK］をクリックします。

「置き換える前に、現在のスタイルへの変更を保存しますか?」というダイアログボックスが表示されたら［いいえ］（［保存しない］）をクリックします。

3 ［スタイル］パネルに［テキスト効果］のスタイル一覧が表示されます。［レイヤー］パネルで「Go!」の文字レイヤーが選択されていることを確認し❶、［シェードベベル赤］をクリックして適用します❷。

［シェードベベル赤］は一覧の下のほうにあるので、［スタイル］パネルの脇のスライダーでスクロールするか、パネルの高さを広げて表示させます。

4 文字に［シェードベベル赤］のスタイルが適用され、［レイヤー］パネルで複数のレイヤー効果が加わったことが確認できます

Lesson 13 グラフィックデザインをつくる

STEP 02　幅と色と間隔を変える

Before

After

境界線（縁取り）の幅を広げて印象を強くします。境界線を太くしたぶん、文字間隔も調整します。ここでは読みやすいように広げますが、逆に意図的にもっと重ねるデザインもあります。

 Lesson13 ▶ 13-2 ▶ 13_202.psd

1 Step 01 から引き続き操作します（またはダウンロードファイルの 13_202.psd を開きます）。[レイヤー] パネルで「Go!」レイヤーにある [効果] の [境界線] の文字部分をダブルクリックします。

2 [境界線] が選択された状態で [レイヤースタイル] ダイアログボックスが表示されます。[サイズ] を「20」pxに変更して太くします❶。[カラー] の [境界線のカラーを設定] をクリックして表示されるカラーピッカーで [RGB] で、R「0」、G「85」、B「255」として [OK] します❷。

文字の境界を中心に太さが20pxとなりますので、境界線が文字の内側にも入って文字が細く見えます。

3 [構造] の [位置] は境界線を描く位置の指定です。[中央] から [外側] に変更します。文字の境界から外に境界線が配置され、文字の太さが元通りになります。

4 [グラデーションオーバーレイ] の文字部分をクリックします❶。[グラデーション] の [クリックでグラデーションを編集] ❷をクリックして [グラデーションエディター] を表示します。左端の [カラー分岐点] をダブルクリックしてカラーピッカーを表示し、[RGB] で、R「255」、G「0」、B「140」とします。グラデーションが黄色〜白からピンク〜白に変わります。[OK] をクリックします。

[グラデーションエディター] については6-2 P.107を参照してください。

5 太くした境界線が重なって窮屈なので、文字の間隔を少し広めに調整します。[レイヤー] パネルで「Go!」のレイヤーが選択されていることを確認し❶、[文字] パネルで [選択した文字のトラッキングを設定] の数値を「40」にします❷。

[文字] パネルがない場合は [ウィンドウ] メニューから [文字] を選択して表示します。アイコン化されている場合はクリックします❸。

STEP 03 影を整える　CC　CS6

Before

After

境界線を太くしたので影（ドロップシャドウ）が見えなくなっています。境界線を含めた輪郭に合わせて影の大きさや位置を調整します。さらに必要な効果を選んでデザインを完成させます。

Lesson13 ▶ 13-2 ▶ 13_203.psd

1 Step02から引き続き操作します（またはダウンロードファイルの13_203.psdを開きます）。境界線で見えなくなったドロップシャドウを調整します。［レイヤー］パネルで「Go!」レイヤーにある［効果］の［ドロップシャドウ］の文字部分をダブルクリックします。

2 ［ドロップシャドウ］が選択された状態でレイヤースタイルのダイアログボックスが開きます❶。境界線の外側まで自然に広がるように、ここでは［角度］を「130」°、［距離］を「10」px、［スプレッド］「50」％［サイズ］を「35」pxとします❷。［OK］をクリックします。隠れていた影が見えるようになります。

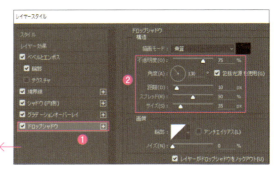

しかし境界線を太らせたことで、すべての効果が加わると少しくどい感じになってしまいました。そこで必要な効果を選択しましょう。

3 ［レイヤー］パネルで「Go!」レイヤーの［効果］の下にある5つの目のアイコンをそれぞれクリックして、表示／非表示を切り替えてみましょう。ここでは文字の色が引き立って読みやすいので、［シャドウ（内側）］を非表示として完成にします。あとで利用しますので「13_203z.psd」という名前でファイルを保存します。

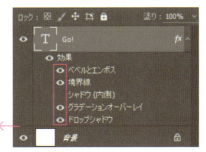

Lesson13 グラフィックデザインをつくる

13-3 さまざまな水玉模様の背景をつくる

フィルター機能を使って、背景などに使える模様のような表現をゼロからつくることができます。
さまざまな模様を作成できますが、ここではいくつかのパターンの水玉模様を作ります。
色合いやドットの大きさ、間隔を変えて、さまざまなデザインに応用できます。

STEP 01 グラデーションをカラフルな模様に変える

Before

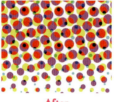
After

[カラーハーフトーン]を使うとカラフルなドット模様をつくることができます。このStepではグラデーションを使用して、模様によるグラデーションも楽しみます。

Lesson13 ▶ 13-3 ▶ 13_301.psd

1 サイズ700×600pixelの新規ファイルをRGBモードで作成します。[グラデーション]ツールを選択し、Shiftキーを押しながら中央から下へドラッグしてピンク色から白のグラデーションを描きます（またはダウンロードファイルの13_301.psdを開きます）。

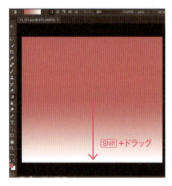

グラデーションのピンク色は[CMYK]で、C「0」、M「70」、Y「30」、K「0」の設定です。

2 [フィルター]メニューから[ピクセレート]→[カラーハーフトーン]を選択します❶。[カラーハーフトーン]ダイアログボックスが表示されます。[最大半径]の数値が大きいほど円の直径が大きくなります。ここでは[最大半径]を「40」pixelとします❷。あとは初期設定のまま[OK]をクリックします。

[カラーハーフトーン]はオフセット印刷の手法でCMYKの4色のドットの組み合わせで色を表現するフィルターです。ドットが極端に大きく見えることで手軽に面白いパターンが作成できます。

3 カラフルなドット模様ができました。あとで利用しますので「13_301z.psd」という名前でファイルを保存します。

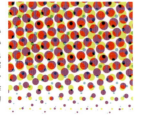

プレビューで確認できないため結果がわかりづらいですが、指定したピンク色はCMYKのドットに分解されました。また、新規ファイルをCMYKモードで作成すると仕上がりが変わります。

COLUMN

カラーハーフトーンの色

元の色によって同じ数値を指定しても円の大きさをはじめとする仕上がりが変わります。また、ここではグラデーションを元に作っていますが、写真などを元にするともっと複雑なパターンになります。

13-3 さまざまな水玉模様の背景をつくる

STEP 02　水玉のグラデーションイメージをつくる

Before　　After

Step01の数値を変えると、シンプルな水玉模様の大きさが徐々に変わるグラデーションイメージを作成することができます。角度によって交差したり並行するタイプの模様を作り分けられます。

Lesson13 ▶ 13-3 ▶ 13_302.psd

1 前のステップ同様の手順でサイズ「700×600pixel」のファイルに緑から白のグラデーションを作成します（またはダウンロードファイルの13_302.psdを開きます）。［フィルター］メニューから［ピクセレート］→［カラーハーフトーン］を選択します。

グラデーションの緑の色はR「0」、G「255」、B「0」とします。

2 ［カラーハーフトーン］ダイアログボックスが表示されます。［最大半径］はStep01と同じ「40」pixelにします❶。［チャンネル1］〜［チャンネル4］に同じ数値を入力すると、だんだん大きさの変わるシンプルなドットグラデーションになります。「90」と入力すると❷並行して均一に小さくなっていく水玉模様になります。

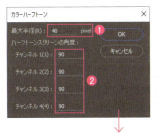

プレビューで確認できませんので、結果を確認するには［OK］をクリックして Ctrl （command）＋ Z キーで取り消してください。

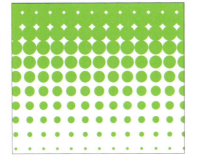

3 ［チャンネル］をすべて「45」にすると、交差して均一に小さくなっていく水玉模様になります。これで［OK］をクリックします。

色によっては単色でなく2色以上の2重の円になります。その場合はこのあとStep03、04を参考にしてグレーで作成し、あとから色を変更します。

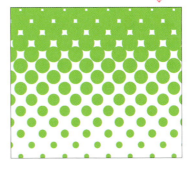

STEP 03　シンプルな水玉模様をつくる　CC　CS6

Before　　After

全面のシンプルな水玉模様にするには元のレイヤーを均一に塗ります。元の色の濃さによって水玉の大きさやドットの間隔が変わります。グレーで作成しておくと、あとで色のバリエーションを簡単に作成できます。

Lesson13 ▶ 13-3 ▶ 13_303.psd

1 サイズ700×600pixelの新規ファイルをRGBモードで作成し、色は25％のグレーで[編集]メニューから[塗りつぶし]を選択して塗りつぶします(またはダウンロードファイルの13_303.psdを開きます)。[フィルター]メニューから[ピクセレート]→[カラーハーフトーン]を選択します。

CHECK!
グレーの濃度を選ぶ

[スウォッチ]パネルの初期状態では、5％ごとのグレーが用意されています。パネルの表示を「リスト」に変更すると名称で濃度がわかり選びやすくなります。

2 [カラーハーフトーン]ダイアログボックスで[最大半径]を「80」にします❶。[チャンネル1]～[チャンネル4]までのすべてに「45」と入力すると、交差した水玉模様になります❷。

3 [最大半径]を「45」pixelにします。[チャンネル]はすべて「45」にして、交差した水玉模様にします。[OK]をクリックします。

4 [最大半径]が「80」pixelのときとの違いは単純に半径の大きさだけでなく、元の色の濃さによって円と円の間隔も調整されて変わります。

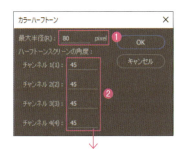

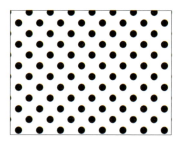

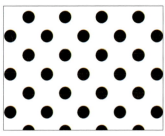

プレビューで確認できませんので、結果を確認するには[OK]をクリックして Ctrl (command) + Z キーで取り消してください。

CHECK!
色の濃さと仕上がり

水玉模様のドットごとの間隔は元の色の濃さと関連しています。遠目に見たとき同じ濃さの印象に見えるようにドットの間隔が調整されて仕上がります。画像全体を拡大・縮小したように[最大半径]に比例して間隔も広く・狭くなります。

COLUMN
グレーで作成して着色する

元の色によってはドットが2重に作られます。その解決策としてグレーで作成するときれいに仕上がります。また、濃さの段階が数値で明確にわかりやすいグレーが、間隔の仕上がり予想イメージもつかみやすく作成しやすい手順です。

STEP 04　グレーの水玉模様に色をつける　CC　CS6

Before　After

Step 03で作成した水玉模様に色を加えます。さまざまな方法がありますが、ここでは[色相・彩度]を利用して手軽に変えます。

Lesson13 ▶ 13-3 ▶ 13_304.psd

1 Step 03から引き続き操作します（またはダウンロードファイルの13_304.psdを開きます）。[イメージ]メニューの[色調補正]→[色相・彩度]をクリックします。

COLUMN

ハーフトーンパターンで水玉をつくる

[フィルター]メニューの[フィルターギャラリー]→[スケッチ]の[ハーフトーンパターン]も違ったタイプの水玉模様になります。

2 [色相・彩度]ダイアログボックスが表示されます。まず[色彩の統一]にチェックを入れます❶。この機能はカラー写真をセピアカラーに変えるときなどにも使われますが、全体を特定色の階調で表現した画像に変更することができます。彩度「100」、明度「40」にしてから❷、色相を「180」とします❸。[OK]をクリックします。

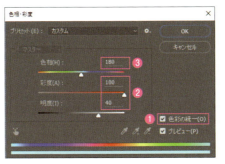

先に[彩度]と[明度]をある程度高い数値にすると色みがわかりやすく、[色相]を調整しやすくなります。

3 水色の水玉模様ができます。あとで利用しますので「13_304z.psd」という名前でファイルを保存します。

COLUMN

色を変える方法

ほかにも次のような方法があります。

●調整レイヤーで[色相・彩度]を適用する

非破壊の調整レイヤー（P.81）を使用すると、あとからの色の変更も簡単です。ただし、別ファイルに複製する際はレイヤーを統合するかグループ化して利用します。

●上のレイヤーの描画モードで色を変更

水玉模様の上に新規レイヤーを作って変えたい色で塗りつぶし、[レイヤー]パネルで描画モードを[比較（明）]や[スクリーン]にすることでも色を変えることができます。

Lesson13 グラフィックデザインをつくる

13-4 ワンポイントイラストを描く

ブラシで簡単に描けるイラストに少しだけ手を加えて、デザインに追加するワンポイントにします。
作例の星形やリボンのほか、簡単な花や葉、
果物、月や三角などの単純な図形、音符などにも応用できます。

STEP 01 切り抜いたようなイラストを描く　CC　CS6

シンプルなブラシとシンプルな影を組み合わせます。白い背景に白いイラストを描いてシャドウの効果を加えることで、イラストの形に穴が空いたような面白い表現として使うことができます。

After

📥 Lesson13 ▶ 13-4 ▶ 13_401.psd

1 背景を白にした700×600pixelの新規ファイルをRGBモードで作成します❶。新規レイヤーを作成します❷（またはダウンロードファイルの13_401.psdを開きます）。

2 描画色を黒に設定します。あとで色を変えるので好きな色でもかまいませんが、黒で塗ると塗り残しに気づきやすくなります。

3 ブラシの設定をします。ツールバーで［ブラシ］ツールを選択して、オプションバーの［クリックでブラシプリセットピッカーを開く］をクリックします❶。［ブラシプリセットピッカー］が開きますので、［ハード円ブラシ］を選択します❷。

4 ［直径］を変更しながらイラストを描きます。画面に移動して大きさを確認するとサイズが見た目でわかります。ここではラフな星形を描きます。最初に「10」px程度で外枠を描き、細い部分はそのまま塗ります。中央の広い部分は「40」px程度で塗りつぶします。

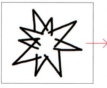 →  →

イラストやレタッチにはペンタブレットがあると格段に操作性がよくなります。

13-4　ワンポイントイラストを描く

5　イラストの色を白に変えます。イラストを描いた「レイヤー1」を選択したまま[編集]メニューから[塗りつぶし]を選択します。[塗りつぶし]ダイアログボックスで、[内容]を[ホワイト]にして❶、[透明部分の保持]にチェックを入れます❷。[OK]をクリックすると、背景と同色になり画面は真っ白になります。

6　イラストに内側のシャドウを適用します。[レイヤー]メニューから[レイヤースタイルを追加]→[シャドウ（内側）]をクリックして、[レイヤースタイル]ダイアログボックスを表示します❶。[不透明度]を「60」%、[角度]を「125」°、[距離]を「5」px、[チョーク]を「3」%、[サイズ]を「12」pxとして[OK]をクリックします❷。イラストの内側に影がついて切り抜かれたようになります。あとで利用しますので「13_401z.psd」という名前でファイルを保存します。

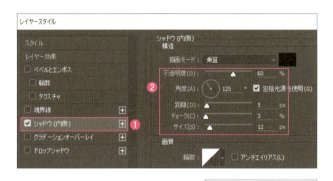

STEP 02　カラフルなブラシで描く　CC　CS6

種類や設定によって、パステルのようなカラフルなブラシをつくることができます。色が混ざったようなソフトな印象のブラシでリボンのような波形を描きます。

📥 Lesson13 ▶ 13-4 ▶ 13_402.psd

1　背景を白にした700×600pixelの新規ファイルをRGBモードで作成します❶。新規レイヤーを作成します❷（またはダウンロードファイルの13_402.psdを開きます）。

2　[カラー]パネルで描画色と背景色を違った色に設定します。ここで設定した色がブラシで混ぜ合わります。ここでは描画色をR「123」、G「255」、B「255」にして、背景色をR「90」、G「146」、B「255」にしています。

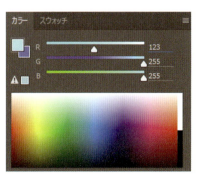

[カラー]パネルでRGBで指定するには、パネルメニュー■をクリックして[RGBスライダー]を選択します。

3 ツールバーで［ブラシ］ツールを選択します。［ウィンドウ］メニューから［ブラシ］を選択して［ブラシ］パネルを表示します（アイコン化している場合はクリックします）。ここで［ブラシ先端のシェイプ］、［シェイプ］、［カラー］の設定を順に行います。

4 ［ブラシ先端のシェイプ］をクリックして設定します❶。リストを少し下にスクロールして中央あたりにある［Chalk 60 pixels］をクリックします❷。［間隔］は数値を上げるとブラシの隙間が多くなります。ここでは微妙に隙間を加える程度の「5」％のままにします❸。

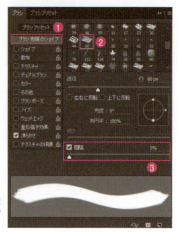

［間隔］を上げておくと、［シェイプ］を設定している際に、どのような変化があるのかプレビューで確認しやすくなります。

5 ［シェイプ］の文字部分をクリックして設定します❶。［サイズのジッター］を中程度の「50％」にします❷。［角度のジッター］を「50」％にします❸。

［サイズのジッター］は描画中にサイズをランダムに変えます。数値を上げると変化が大きくなります。［角度のジッター］は描画中に角度をランダムに変えます。「50」％程度で変化が大きくなります。このブラシは長方形に近い形なので、角度を変えるとより自然に描いたように見えます。

6 ［カラー］の文字部分をクリックして設定します❶。［描点ごとに適用］にチェックが入っていることを確認します❷。［描画色・背景色のジッター］を「80」％に❸、［色相のジッター］は少しだけカラフルさを追加するように「20」％にします❹。これでブラシの設定は終了ですので をクリックして［ブラシ］パネルを閉じます❺。

［描画色・背景色のジッター］は描画色と背景色の混ざり具合を設定します。数値が「0」％だと描画色のみで、「100」％にすると半々の割合で混ざります。［色相のジッター］は、数値を大きくするほどさまざまな色が混ざります。描画色の明度と彩度に合わせて色相はランダムに混じり、背景色は影響しません。

7 キャンバス上でドラッグしてゆるやかな波形の曲線を描きます。実際には試し描きをしながら最適なブラシを作成します。あとで利用しますので「13_402z.psd」という名前でファイルを保存します。

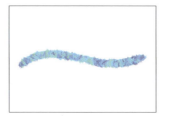

COLUMN

ぼかしを加えてよりソフトに

ブラシで描いたあとに［フィルター］の［ぼかし（ガウス）］の効果を加えると、よりソフトな仕上がりになります。

13-5 グラフィックデザインをつくる

ここまで作成した素材を1つのファイルにまとめて、位置の調整や組み合わせを検討し、仕上げます。
なお、先に全体のラフイメージができ上がっていれば、
最初から同じファイル上でレイヤー分けして作成しても、デザインがしやすくなります。

STEP 01　新規ファイルにレイヤーを複製する　CC　CS6

Before

After

レイヤーごとにファイルからファイルへ複製します。複製元や複製先の解像度に関わらず作成したピクセル数がそのまま複製されます。13-1から13-4の作例はすべて700×600pixelで作成したので、同じような仕上がりサイズになります。

 Lesson13 ▶ 13-5 ▶ 13_501.psd

1 背景を白にした700×600pixelの新規ファイルをRGBモードで作成します。名前を「13_501.psd」としてまず保存しておきます（またはダウンロードファイルの13_501.psdを開きます）。

2 続いて、13-3のStep01で作成したカラフルなドット模様のファイル13_301z.psdを同時に開きます❶。13_501.psdに複製したいレイヤー（ここでは「背景」）を選択します❷。

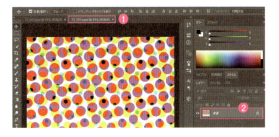

3 ［レイヤー］メニューから［レイヤーを複製］を選択します❶。［レイヤーを複製］ダイアログボックスが表示されます。［新規名称］にわかりやすい名前を入力します❷。ここでは「背景-カラフル」とします。

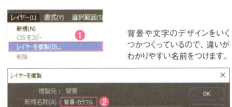

背景や文字のデザインをいくつかつくっているので、違いがわかりやすい名前をつけます。

4 ［保存先］の［ドキュメント］で現在開いているファイルから複製先を選択できます。新規作成した「13_501.psd」を選択します。［OK］をクリックすると、13_301z.psdの「背景」レイヤーが13_501.psdに「背景-カラフル」レイヤーとして複製されます。

5

複製元ファイルの13_301z.psdはタブの［閉じる］ボタンをクリックして閉じます❶。複製先の13_501.psdで［レイヤー］パネルを確かめると、「背景-カラフル」レイヤーが追加されたことがわかります❷。

COLUMN

複数レイヤーはグループ化して複製

いくつかのレイヤーをまとめて別のファイルに複製する場合はグループ化してから複製します。複製の操作手順は同じで、グループ化したまま複製されます。

6

同じ手順を繰り返し、Lesson13でこれまで作成したあと5つの素材を13_501.psdファイルへとまとめます。複製元のファイルとレイヤー名と、複製後のレイヤーの［新規名称］は以下のようにします。

13-3 Step04（13_304z.psd）「背景」→「背景-水玉」
13-4 Step01（13_401z.psd）「レイヤー1」→「イラスト-星」
13-4 Step02（13_402z.psd）「レイヤー1」→「イラスト-線」
13-2 Step03（13_203z.psd）「Go!」→「Go!-青枠ピンク」
13-1 Step02（13_102z.psd）「Go!」→「Go!-水色光沢」

同じようにしてあと5つのレイヤーを複製します。図は13-3 Step04で作成した13_304z.psdの「背景」レイヤーを「背景-水玉」レイヤーとして複製しているところです。

7

すべてのレイヤーの複製が完了すると、複製先の13_501.psdはこのようになります。［レイヤー］パネルで各レイヤーについている［効果］は、をクリックして格納し、表示をスッキリさせておきます。

白い「背景」を含めて7つのレイヤーができました。

STEP 02　素材を組み合わせてデザインをつくる　CC　CS6

Before

After

各素材の位置を調整し、［レイヤー］パネルの目のアイコンで表示と非表示を切り替えて組み合わせを検討します。［レイヤーカンプ］に候補のデザイン案を登録すると、ワンクリックで切り替えて比較することができます。

Lesson13 ▶ 13-5 ▶ 13_502.psd

13-5 グラフィックデザインをつくる

1 Step01から引き続き操作します（またはダウンロードファイルの13_502.psdを開きます）。[選択] ツールを選んで❶、画面上の素材をドラッグしてイラストの「星」は右上寄り❷、イラストの「線」は下寄り❸に移動して配置します。

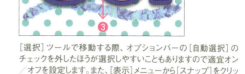

[選択]ツールで移動する際、オプションバーの[自動選択]のチェックを外したほうが選択しやすいこともありますので適宜オン／オフを設定します。また、[表示]メニューから[スナップ]をクリックしてチェックを外しておくと、位置の微調整がしやすくなります。

2 「背景-水玉」「Go!-水色光沢」の2つのレイヤーの目のアイコンをクリックして非表示にします。

3 [ウィンドウ] メニューの [レイヤーカンプ] をクリックして❶、[レイヤーカンプ] パネルを表示します。[新規レイヤーカンプを作成] ボタンをクリックします❷。

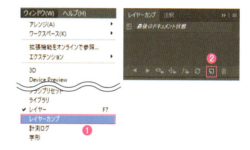

4 [新規レイヤーカンプ] ダイアログボックスが表示されます。わかりやすい名前を入力します❶。ここでは「カラフル-ピンク」として [OK] をクリックします。[レイヤーカンプ] パネルに「カラフル-ピンク」が登録されます❷。

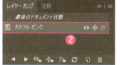

[位置]にチェックを入れておくと、レイヤーの位置も記憶されます。

5 次に [レイヤー] パネルで「Go!-青枠ピンク」を非表示にして、「Go!-水色光沢」と「背景-水玉」を表示します❶。同じ要領で [レイヤーカンプ] にこの状態を「水玉-水色光沢」と名前をつけて追加登録します❷。

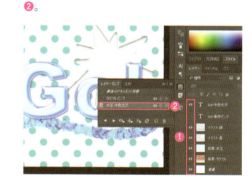

6 [レイヤーカンプ] パネルで アイコンをクリックするだけで、レイヤーの表示状態を切り替えることができます。複数のデザインを試してみて、比較検討するときに便利です。

241

Lesson13 練習問題

Lesson13 ▶ Exercise ▶ 13_Q01.psd

Q ピンク色のグラデーションから単色の水玉のグラデーションイメージを作ります。
［カラーハーフトーン］の適用だけでは2色になるので、
［色相・彩度］の［色彩の統一］を利用します。
この練習では調整レイヤーを使って色を変更してみましょう。

Before　　　　　　　　After

A
❶ 13_Q01.psdを開き、［フィルター］メニューから［ピクセレート］→［カラーハーフトーン］をクリックします。
❷ ［カラーハーフトーン］ダイアログボックスが表示されます。［最大半径］に「40」pixel、チャンネルにはすべて「45」と入力して［OK］をクリックします。
❸ ピンクと赤の2重のドットになるので色を整えます。［レイヤー］パネルの［塗りつぶしまたは調整レイヤーを新規作成］ボタンから［色相・彩度］の調整レイヤーを作成します。
❹ 表示される［属性］パネルの［色彩の統一］にチェックを入れます。
❺ ［彩度］を「100」とし［明度］と［色相］を画面を見ながら調整します。ここでは［色相］を「306」、［明度］は「0」とします。

Lesson13 ▶ Exercise ▶ 13_Q02.psd

Q 同じ素材を使ったグラフィックデザインで、
文字とイラストの上下の位置を入れ替える［レイヤーカンプ］を作りましょう。

Before　　　　　　　　After

A
❶ 13_Q02.psdを開きます。そのままの状態で［レイヤーカンプ］パネルで［新規レイヤーカンプを作成］をクリックします。［新規レイヤーカンプ］ダイアログボックスで［位置］にチェックを入れて、名前は「レイヤーカンプ1」のまま［OK］をクリックします。
❷ ［選択］ツールを選びます。オプションバーの［自動選択］にチェックを入れて、ドラッグして「Go!-青枠ピンク」と「イラスト-星」の上下の配置を入れ替えます。
❸ ［レイヤーカンプ］パネルで［新規レイヤーカンプを作成］ボタンをクリックします。［新規レイヤーカンプ］ダイアログボックスで［位置］にチェックを入れて、名前は「レイヤーカンプ2」のまま［OK］をクリックします。
❹ ［レイヤーカンプ］パネルで選択し、それぞれの表示を確認します。

Webの
デザインをつくる

An easy-to-understand guide to Photoshop

Lesson 14

Webデザインが大きな広がりを見せています。Web向けでも画像調整の基本は同じですが、仕上がりを前提に紙とは異なる面も多くあり、制作の際は気をつける必要があります。ここではWeb向けのPhotoshop設定を済ませ、ワイヤーフレーム制作から画像のスライス出力まで、流れに沿って解説します。

Lesson14　Webのデザインをつくる

14-1 Webデザインのための事前準備

PhotoshopでWebサイトのデザインをするときは、単位やカラーなど、あらかじめいくつかの設定が必要です。
また、設定しておくとより便利に操作できる項目もあわせてご紹介します。

環境設定　CC　CS6

単位をpxにする　Webサイト制作では、[pixel]という単位を使うのが主流です。[環境設定]で、あらかじめ単位をpixelに設定しておきましょう。（以後、[pixel]を[px]と表記します。）

1 [編集]メニュー❶の[環境設定]❷から、[単位・定規]❸を選択します。

2 [単位]の[定規]と[文字]を[pixel]にします。

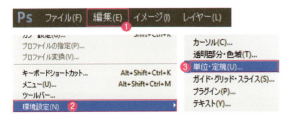

1px単位でガイドが引けるようにする　ガイドは、矩形などを揃えるときに使う便利な機能です。下のように設定することで、1pxごとのガイドを引くことができます。

1 [編集]メニュー❶の[環境設定]❷から、[ガイド・グリッド・スライス]❸を選択します。

2 [グリッド]の[グリッド線]と[分割数]に同じ数字を入力します。ここでは、[グリッド線]は「10」pixel、[分割数]は「10」とします。

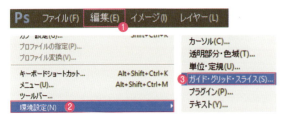

3 [表示]メニュー❶の[表示・非表示]❷から[グリッド]❸を選択します。

4 同じ[表示]メニューから[定規]をクリックしてチェックを入れます。これで端数のでないガイドを引くことができます。

新規作成時の設定 CC CS6

解像度は72pixel/inch、カラーモードはRGBにします。Macのディスプレイの解像度が72dpi、WindowsやMacのディスプレイの色再現でRGBが採用されているため、それに合わせて設定をします。

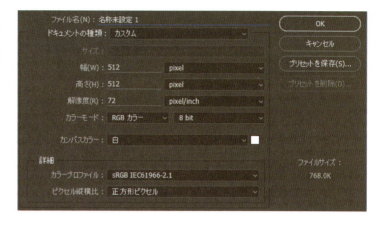

その他の設定 CC CS6

カンバス上のオブジェクトを直接操作

カンバス上のオブジェクトを直接選択し、より直感的に操作できるようにします。[移動]ツールを選択し❶、上部のオプションバーにある[自動選択]にチェックを入れ、その横にあるポップアップメニューから[レイヤー]を選択します❷。

COLUMN

スマートフォンWebのデザインについて

今回はPC向けのWebサイトのデザインをつくりますが、最近ではスマートフォン向けのデザインもあわせてつくることが多くあります。

●新規作成時の設定

新規作成時、[ドキュメントの種類]を[アートボード]にし、[アートボードの種類]を[iPhone 6 (750, 1334)]にします。このとき、[幅]が750pxになっていますが、これはiPhone6(7)の解像度が画面サイズの2倍になっているためです。現在、解像度が3倍の機種もあるのですが、スマートフォンWebの制作では、多くは2倍サイズで作ります。

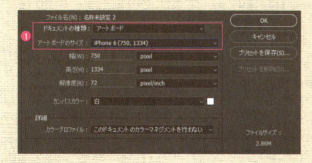

●基本的な作り方

スマートフォン向けのデザインは、多くはPCのデザインを流用します。ただ、PCと比べて横幅が狭いため、PCでは横組みになっていたものを縦組みに直したりします。

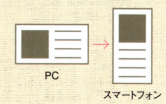

Lesson14　Webのデザインをつくる

14-2　ワイヤーフレームをつくる

ワイヤーフレームとは、Webサイトのメニューやコンテンツを大まかに配置した設計図です。ユーザーに何を伝えたいのか、どうして欲しいのかを事前にまとめ、それに合わせたレイアウトを作ります。
※ここでは、カフェの簡単な紹介サイトを想定します。

STEP 01　情報の整理　CC CS6

お店に来るお客さんにとって必要となる情報を洗い出します。ロゴ、お店の雰囲気がわかる写真、営業時間などのお店情報が必要になるのではないでしょうか。お客さんにとって必要な情報を考え、整理してみましょう。

- ロゴ（店名）
- メイン画像
- 営業時間
- お店の住所
- 料理
- メニュー
- お知らせ

お客さんはどんな情報が知りたいんだろう？

STEP 02　要素の配置　CC CS6

Step01で整理した情報に沿って、ページの設計を行います。ここではトップページに載せる情報として、ロゴ、ナビゲーション、メイン画像などを左図のように配置していきます。

📥 Lesson14 ▶ 14-2 ▶ 14_202.psd

1 ［ファイル］メニューの［新規］を選択❶します。［新規ドキュメント］ダイアログボックスが表示されるので、横幅・縦幅に「1100」pxを入力し❷、［OK］を押します。

2 ［表示］メニュー❶から［定規］を選択します❷。するとカンバス上に目盛りが表示されます。

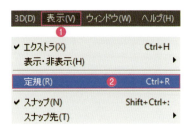

3 コンテンツ部分を960pxとし、横のガイドをそれぞれ70px、1030pxで引きます。ガイドは、定規の目盛りの部分からドラッグすることで引くことができます。

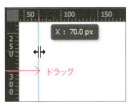

4 ［描画色］を＃「dddddd」にし❶、次に［長方形］ツールを選択します❷。

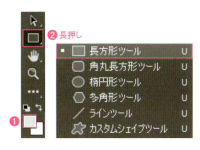

5 ロゴが入るあたりのカンバス上をクリックします❶。［長方形］ダイアログボックスが表示されるので、［幅］に「300」px、［高さ］に「50」pxを入力し❷、［OK］を押します。

6 ［横書き文字］ツールを選択し❶、で作成した長方形の上をクリックします。「ロゴ」と入力します❷。

7 4〜5の操作を繰り返し、ナビゲーションやメイン画像、お知らせエリアなどを作成し、配置します。詳しい内容はダウンロードのファイル14_202z.psdを確認してください。

8 要素はそれぞれフォルダにまとめてわかりやすくしておきます。各要素のレイヤーをそれぞれ Shift キーを押しながら複数選択するか、カンバス上でドラッグをして選択します。

9 Ctrl （command）＋Gキーでフォルダをつくります。「ロゴ」、「メイン画像」などと名前をつけます。

10 Ctrl （command）＋Sキーでファイルを保存します。ファイル名は、「ワイヤーフレーム」とします。

Lesson14　Webのデザインをつくる

14-3 ロゴをつくる

ロゴは、お店の雰囲気を伝える重要な要素です。
ここでは簡易的なロゴの作り方を紹介します。
お店の雰囲気に合わせてシンボルマークを作り、店名のフォントを選びましょう。

CHECK!

デザインを始める前に

今回のデザイン作成では、サンプルファイルにあるワイヤーフレームを元に作成していきます。ファイルは以下の場所にあります。

Lesson14 ▶ 14-3 ▶ 14_301.psd

STEP 01　シンボルマークをつくる、フォントを選ぶ　[CC] [CS6]

Before / After

シンボルマークは文字の横にあるモチーフのことで、ここでは簡単な図形を組み合わせて木のアイコンを作成します。店名のフォントは、お店の雰囲気に合わせて選んでみましょう。

Lesson14 ▶ 14-3 ▶ 14_301.psd

1 木のアイコンをつくります。［描画色］を#「4b7909」にし❶、［多角形］ツールを選択します❷。

2 カンバス上をクリック❶すると、［多角形］ダイアログボックスが表示されます。［幅］に「23」px、［高さ］に「25」px、［角数］に「3」を入力し❷、［OK］をクリックします。

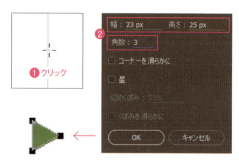

14-3 ロゴをつくる

3 Ctrl（command）+ T キーを押して、オプションバーの［回転］に「-90」°を入力し、Enter（Return）キーを2回押します。

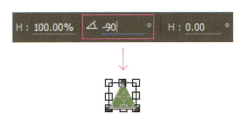

4 次に幹の部分を作ります。［描画色］を#「41290e」にし❶、［長方形］ツールを選択します❷。

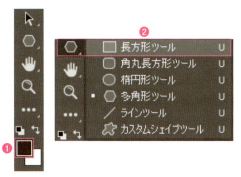

5 キャンバス上をクリックし、［長方形］ダイアログボックスの［幅］に「3」px、［高さ］に「6」pxを入力し、［OK］をクリックします。

6 ［移動］ツール❶でキャンバス上の長方形を選択します❷。

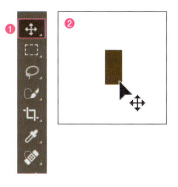

7 長方形をドラッグして動かし、三角形の真ん中辺りに移動させます。三角形の底辺から6px下に動かします。

キーボードの↓キーで、1pxごとの移動ができます。

8 キャンバス上の三角形と長方形をShiftキーを押しながらクリックし、複数選択します。Alt（option）キーを押しながらドラッグして、2つの木を複製し、下のように並べます。

Shiftキーを押しながらクリック

Alt（option）キーを押しながらドラッグで複製

9 緑の三角形に質感を入れます。「多角形1」レイヤーを選択し❶、［レイヤー］パネルの下にある［レイヤースタイル］ボタン❷をクリックします。

10 ［レイヤースタイル］のメニューが表示されるので、［パターンオーバーレイ］をクリックします。

カラーオーバーレイ…
グラデーションオーバーレイ…
パターンオーバーレイ…
光彩（外側）…
ドロップシャドウ…

11 ［レイヤースタイル］ダイアログボックスが表示されるので、［描画モード］を［ソフトライト］❶にし、［パターン］❷をクリックして一覧から［カンバス］❸を選択し、［OK］をクリックします。

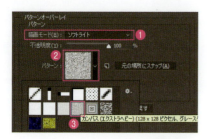

12 「多角形1」レイヤーを右クリックし、表示されるメニューから［レイヤースタイルをコピー］をクリックします。

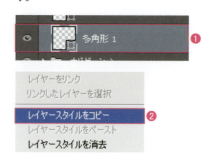

13 「多角形1のコピー」レイヤーと「多角形1のコピー2」レイヤーを Ctrl（command）キー＋クリックで複数選択し❶、右クリックをします。表示されるメニューから［レイヤースタイルをペースト］をクリックし❷、同様に質感を入れます。

14 ［移動］ツール❶を使って、カンバス上の木を選択し、左端と上下に合うように移動します❷。

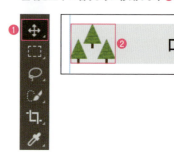

15 背景のグレーの長方形は不要になったので、削除しておきます。［移動］ツールのままカンバス上の長方形をクリックで選択し、Delete キーを押します。

16 次に、店名を入力します。［文字］ツールを選択し❶、カンバス上の「ロゴ」の文字をクリックします❷。

17 店名の「Forest Coffee 103」を入力し、［移動］ツール❶を選択します。カンバス上の文字をドラッグして左に45px移動します❷（Shiftキー＋←キーで10pxずつの移動ができます）。

18 パソコン内にあるフォントから、お店の雰囲気に合ったフォントを選びます。ここでは、［Myriad Pro］の［Bold］を選び、サイズを「24」pt、カラーを#「41290e」にします。

14-4 メイン画像をつくる

メイン画像も、ロゴと同様にお店の雰囲気を伝える重要な要素です。
メイン画像に使う写真は、店内写真や料理などの商品写真、
外観写真などを選びましょう。

STEP 01　背景の写真を配置する　CC　CS6

背景の写真は、クリッピングマスクを使って切り抜きます。クリッピングマスクは、写真を切り抜くときに手軽に使える機能ですので、ぜひ覚えておきましょう。

Lesson14 ▶ 14-4 ▶ 14_401.psd

1 [ファイル]❶メニューから[埋め込みを配置]❷を選択し、「photo.jpg」を選択します。

2 上部のオプションバーで[縦横比を固定]❶をクリックし、[W]に「960px」を入力し❷、Enter (Return)キーを2回押します。

3 [移動]ツール❶でカンバス上の写真を[メイン画像]のグレーの長方形上に移動します❷。

4 [レイヤー]パネルで「photo」レイヤーを「長方形 2」レイヤーの上に移動します。

5 クリッピングマスクを作成します。レイヤーの間にカーソルをもっていき、[Alt]([option])キーを押しながら、下のように変化したらクリックします。

高さを調節したい場合は、下の「長方形 2」レイヤーを選択し、[Ctrl]([command])＋[T]キーを押してカンバス上の[バウンディングボックス]を操作します。

7 [アンシャープマスク]ダイアログボックスが表示されるので、[量]を「30」、[半径]を「1.0」にし、[OK]を押します。これによって、若干きりっとした印象にすることができます。

9 [属性]パネルが開くので、下の赤い円のあたりをドラッグして緩やかなS字形になるようにし、写真を見ながらコントラストを調整します。

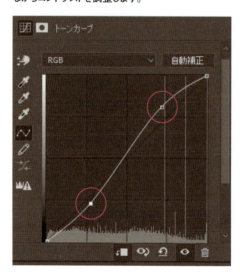

6 写真をレタッチ・調整します。[フィルター]❶メニューの[シャープ]から[アンシャープマスク]❷を選びます。

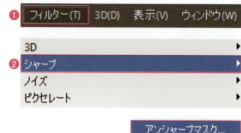

8 コントラストを調整します。[レイヤー]パネルの下にある[塗りつぶしまたは調整レイヤーを新規作成]ボタン❶をクリックし、[トーンカーブ]❷を選択します。

10 調整レイヤーが写真にだけ効くよう、クリッピングマスクをかけます。レイヤーの間にカーソルをもっていき、[Alt]([option])キーを押しながら、下のように変化したらクリックします。

メイン画像を配置したので、ラベルとして置いていた文字レイヤー「メイン画像」は削除しておきます。

STEP 02　料理の写真を配置する　CC　CS6

Before
After

料理の写真も同様に配置します。写真は白い枠線をつけてアナログ風にし、全体にアクセントをつけます。

Lesson14 ▶ 14-4 ▶ 14_402.psd

1 ［長方形］ツール❶を選択し、カンバス上でクリックします。［長方形］ダイアログボックスの幅に「180」px、高さに「135」pxを入力します❷。

2 ［ファイル］❶メニューの［埋め込みを配置］❷を選択し、「photo2.jpg」を選択します。

3 上部のオプションバーで［縦横比を固定］❶をクリックし、［W］に「180」pxを入力します❷。

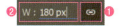

4 ［移動］ツール❶でカンバス上の写真を1で作成した長方形上に移動します❷。また、「photo2」レイヤーを「長方形9」レイヤーの上にします❸。

5 クリッピングマスクを作成します。レイヤーの間にカーソルをもっていき、[Alt]（[option]）キーを押しながら、下のように変化したらクリックします。

6 「photo2」レイヤーと「長方形9」レイヤーを[Shift]キーを押しながら複数選択し❶、［移動］ツール❷で背景画像の左上あたりに移動します❸。

7 Ctrl (command) + T キーを押して自由変形します。上部のオプションバーで [回転] に「5」°を入力し、Enter (Return) キーを2回押します。

8 料理の写真に枠線をつけます。「長方形 9」レイヤーをクリックして選択し❶、[レイヤースタイルを追加]❷の[境界線]❸を選択します。

9 [サイズ]を「8」px、[位置]を[内側]、[描画モード]を[通常]、[不透明度]を「100」%、[カラー]を#「ffffff」にします。

10 次に影をつけます。[ドロップシャドウ]❶を選択し、不透明度を「35」%、[角度]を「120」°、[距離]を「3」px、サイズを「5」px❷にし、[OK]をクリックします。

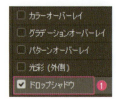

11 背景の写真と同様に、写真をレタッチ・調整します。[フィルター]❶メニューの[シャープ]から[アンシャープマスク]❷を選びます。[量]を「30」%、[半径]を「1.0」pixelにし❸、[OK]を押します。

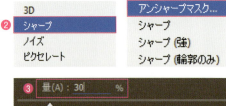

12 コントラストを調整します。[塗りつぶしまたは調整レイヤーを新規作成]ボタン❶をクリックし、[トーンカーブ]❷を選択します。下の赤い円のあたりをドラッグして緩やかなS字形になるようにします❸。

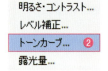
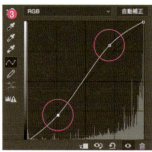

13 調整レイヤーが写真にだけ効くよう、クリッピングマスクをかけます。レイヤーの間にカーソルをもっていき、Alt (option) キーを押しながら、下のように変化したらクリックします。

14 もう1枚の写真「photo3.jpg」も同様に配置・作成します。角度は、対称の角度「-5」°にします。

15 [移動] ツール❶で2つの料理写真の位置を調整し、下のように配置します❷。

14-5 ナビゲーションをつくる

ナビゲーションは、各ページへ移動するための要素です。
ユーザーにとっての使いやすさやわかりやすさを考えて、
現在地の画像や、マウスを重ねたときの画像も忘れずに作成しておきましょう。

STEP 01　塗りの色・枠線・フォントを設定　CC　CS6

枠線をつけるには、レイヤースタイルを使用します。CS6からはシェイプに枠線をつけられるようになりましたが、ここでは枠線にノイズをのせるため、レイヤースタイルのほうを使います。

📥 Lesson14 ▶ 14-5 ▶ 14_501.psd

1 [レイヤー] パネルで「ナビゲーション」フォルダの一番下にある「長方形 4」レイヤーを選択し、サムネール部分❶をダブルクリックします。[色]を#「ffffff」にします❷。

2 枠線に手描きの風合いを加えます。「長方形 4」レイヤーを選択した状態で、[レイヤースタイルを追加]❶の [光彩 (内側)] ❷をクリックします。

3 [描画モード]を[通常]にし、[不透明度]を「100」%、[ノイズ]を「100」%にします。[カラー]を#「4b7909」にします❶。[チョーク]を「100」%、[サイズ]を「3」pxにし、[OK]をクリックします❷。

4 「長方形 4」レイヤーの [塗り] を [0] %にします❶。「長方形 4」レイヤーを右クリックし❷、表示されるメニューから[レイヤースタイルをコピー]をクリック❸します。

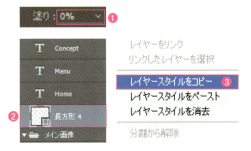

5 [Shift]キーを押しながら「長方形 7」から「長方形 7 のコピー3」までのレイヤーを複数選択します❶。「長方形 7」のレイヤーを右クリックして、表示されるメニューから[レイヤースタイルをペースト]をクリックします❷。

6 フォントを変更します。「Home」から「Contact」までの文字レイヤーを[Shift]キーを押しながら複数選択し❶、サイトの雰囲気に合ったフォントを選びます。ここでは、[Myrad Pro]の[Regular]、[文字サイズ]を「16」pt、[カラー]を#「4b7909」にします❷。

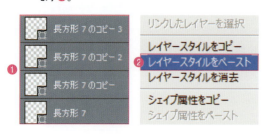
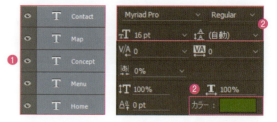

STEP 02 現在地とマウスオーバー時の画像をつくる [CC] [CS6]

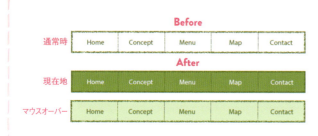

ナビゲーションは選択状態がユーザーにわかるように画像を変化させます。Step01の通常時の画像をコピーして、「現在地」(表示中のページ)と「マウスオーバー」時の画像をそれぞれ作成し、背景色や文字色を変えます。

Lesson14 ▶ 14-5 ▶ 14_502.psd

1 「ナビゲーション」フォルダの中の全レイヤーを[Shift]キーを押しながら複数選択し、[Ctrl]([command])+[G]キーでフォルダを作ります。フォルダ名は「通常時」にします。

2 「通常時」フォルダを右クリックし、表示されるメニューから[グループを複製]を選択します❶。[新規名称]に「現在地」と入力し❷、[OK]をクリックします。

3 「現在地」フォルダの一番下にある「長方形 4」レイヤーを選択し、サムネール部分をダブルクリックします❶。[色]を#「82a64d」にします❷。

4 「Home」から「Contact」までの文字レイヤーを[Shift]キーを押しながら複数選択し❶、[文字]パネルの[カラー]をクリックして❷、#「ffffff」に変更します❸。

これで「現在地」の画像ができました。いったんフォルダ横の目のアイコンをクリックして非表示にしておきます。

5 **2**の操作を繰り返して[新規名称]を「マウスオーバー」としたグループを複製します。**3**と同じ操作で「マウスオーバー」フォルダの「長方形4」レイヤーの色を#「e1f2c8」(薄い緑色)にします。完成したら、「マウスオーバー」フォルダも目のアイコンをクリックして非表示にしておきます。

14-6 画像の書き出し

1枚のデザインを各パーツに分けて書き出します。
書き出しには現在主流となっているアセット機能を使った書き出し方法と、
スライス機能を使った書き出し方法を紹介します。

STEP 01　アセット機能で画像を書き出す　CC　CS6

アセット機能を使うと、レイヤーやフォルダの名前を「名称.(ドット)png」などとつけるだけで、指定した形式の画像として書き出すことができます。ここでは、レイヤーとフォルダに1つずつ書き出しのための名前をつけてから、全パーツを画像として書き出してみましょう。

Lesson14 ▶ 14-6 ▶ 14_601.psd

1 まずレイヤー単位での指定です。ここでは「お知らせ」横にある鉛筆アイコンに書き出しのための名前をつけます。[選択]ツールを選び❶、アイコンをクリックします❷。

2 [レイヤー]パネルで、選択されている「長方形13」というレイヤーの名前部分をダブルクリックして❶、「icon_info.png」と入力します❷。

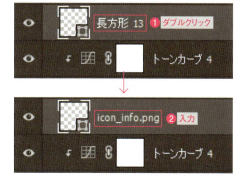

3 次にフォルダ単位で書き出す指定をします。ここでは「メイン画像」フォルダの名前を書き出し用に変更します。[レイヤー]パネルで、「メイン画像」フォルダの名前部分をダブルクリックします。

4 名前を「main_visual.jpg80％」と入力します。これは、80％の画質のjpg画像を書き出すという指定です。数値が高いほど、画質が高くなります。

画質を指定しないときは、90％の画質で書き出されます。

3 画像を自動で書き出す設定をします。[ファイル]メニューから[生成]→[画像アセット]を選択してチェックをつけます。

4 PSDファイルが格納されているフォルダと同じ階層に自動的に「ファイル名-assets」というフォルダがつくられ、その中に画像として書き出されます。
これで、アセット機能を使った画像の書き出しは完了です。ファイルを編集すると同時にアセットの画像は自動的に更新されて、保存されます。

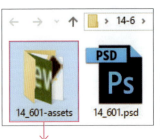

CC2017より以前ではCtrl（command）+Sでファイルの保存操作をするとアセットの画像が更新されて、保存されます。

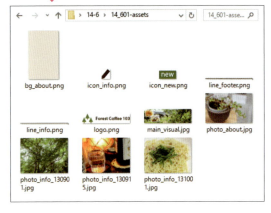

COLUMN 書き出し形式について

アセット機能では、拡張子を指定することで4つの形式の画像を書き出すことができます。

- 「ファイル名.png」…PNG画像
- 「ファイル名.jpg」…JPG画像
- 「ファイル名.gif」…GIF画像
- 「ファイル名.svg」…SVG画像

アイコンなどの色数の少ない画像はGIFやPNG、写真などの色数の多い画像はJPGで書き出すことが一般的です。パスのデータを、パスを保持したまま書き出したいときは、SVGで書き出します。ほかにも種々のパラメータを入力することで、多様な書き出しができます。詳しくは、Adobeの以下のページを参照してください。
https://helpx.adobe.com/jp/photoshop/using/generate-assets-layers.html

STEP 02　スライスツールでスライスする　CC　CS6

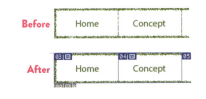

ここでは、ナビゲーション部分をスライスして画像を保存します。[スライス]ツールは、Step01のアセット機能でパーツをレイヤーやフォルダでまとめられず、うまく画像を書き出せないときに利用します。

Lesson14 ▶ 14-6 ▶ 14_602.psd

1 [スライス]ツールを選択し❶、ナビゲーションの先頭の「Home」に合わせてドラッグします❷。

2 スライスをダブルクリックして、[スライスオプション]ダイアログボックスで[名前]を入力します。ここでは「nav_home」とします。[OK]をクリックします。

3 同様に「Concept」から「Contact」までのナビゲーションをスライスして、それぞれ「nav_concept」「nav_menu」「nav_map」「nav_contact」と名前をつけます。

4 [ファイル]❶メニューの[書き出し]❷から[Web用に保存（従来）]を選択します❸。

5 [Web用に保存]ダイアログボックスが開きます。ここで書き出し画像の形式や画質などを設定します。左のプレビューエリアで、スライスした5つのナビゲーション部分を[Shift]キー＋クリックで選択します❶。[最適化ファイル形式]から[PNG-8]を選びます❷。[sRGBに変換]にチェックが入っていない場合はチェックを入れ❸、ほかはそのままで[保存]をクリックします❹。

❶プレビューエリアで、書き出すスライスをクリックして指定します。[Shift]キーを押しながら複数のスライスを選択をすることができます。左上の4つのタブで表示を切り替えられます。
[元画像]元画像が表示されます。
[最適化]書き出し設定に応じた変換後の画像が表示されます。
[2アップ]元画像と書き出し後の、2つの画像を並べて比較できます。
[4アップ]元画像と3つの異なる書き出し設定の、4つの画像を比較できます。プレビュー左下には画像の容量が表示されます。
❷[プリセット]は、画像の形式や画質、色数を選ぶことができます。写真はJPEG、ロゴやボタンはGIFやPNGが一般的に使われます。画質は見た目と画像容量とのバランスで選びます。設定に応じて[最適化]のプレビュー画像が変化します。
❸[sRGBに変換]は、sRGB以外のカラープロファイルが埋め込まれた画像を最適化する場合、画像の色をsRGBに変換するオプションです。
❺[カラーテーブル]は、GIFやPNGの場合に使用する色の一覧が表示されます。
❻[画像サイズ]は、画像を指定したサイズやパーセントで縮小・拡大して書き出すことができます。

6 [最適化ファイルを別名で保存]ダイアログボックスが開きます。保存するフォルダをStep01で画像を書き出した「14_601-assets」にして、[フォーマット]は[画像のみ]、[スライス]は[選択したスライス]を選んで[保存]します。

ここでの[ファイル名]は関係なく、[スライスオプション]でつけた名前で画像が書き出されます。

7 指定したフォルダに「images」というフォルダがつくられ、その中に5つのスライス画像が書き出されます。

Lesson 14　練習問題

　Lesson 14 ▶ Exercise ▶ 14_Q 01.psd

Q ページ左上にあるサイトのロゴを、
［スライス］ツールでスライスして画像として書き出してみましょう。
色数の少ないロゴは、画像容量を小さくできるGIF形式、もしくはPNG形式で保存します。

logo.gif

A
❶［スライス］ツールを選択して、ロゴの範囲をドラッグして選択します。
❷スライスをダブルクリックして、［スライスオプション］ダイアログボックスで［名前］を入力します。ここでは「logo」とします。
❸［ファイル］メニューから［書き出し］→［Web用に保存（従来）］をクリックします。［Web用に保存］ダイアログボックスが開きますので、プレビューエリア内のロゴのスライスをクリックで選択します。
❹［プリセット］の［最適化ファイル形式］から［GIF］を選びます。
❺［保存］ボタンをクリックすると、［最適化ファイルを別名で保存］ダイアログボックスが開きます。任意の保存先フォルダを選択します。
❻［設定］を［カスタム］、［スライス］を［選択したスライス］にし、［保存］ボタンをクリックします。
❼保存先のフォルダに「images」フォルダがつくられ「logo.gif」が書き出されたことを確認します。

　Lesson 14 ▶ Exercise ▶ 14_Q 02.psd

Q アセット機能を使って、14-6のStep 01で書き出した「main_visual.jpg」の画像を、
スマートフォン用に小さくリサイズした画像を同時に書き出してみましょう。
スマートフォンのサイズは横幅750pxとし、同比率になるよう縦幅をあらかじめ計算します。
ここでは横幅が750pxのとき、縦幅は約220pxになります。

main_visual_sp.jpg

A
❶［レイヤー］パネルで「main_visual.jpg 80％」フォルダを選択します。
❷フォルダの名前部分をダブルクリックして変更します。「main_visual.jpg 80％」の後ろに続けて「, 750x220 main_visual_sp.jpg 80％」と入力します。カンマで区切って別の名前をつけることで、通常サイズのメイン画像と、リサイズされた画像の2枚を生成することができます。
フォルダ名に追加した記述は、横750px、縦220pxのサイズで、「main_visual_sp.jpg」という名前の、画質80％の画像を書き出すという意味です。縦のサイズは、元の画像の比率（960×280）に応じて計算し、指定します。
❸［ファイル］メニューの［生成］→［画像アセット］にチェックをつけます。または、ついていることを確認します。
❹PSDファイルが格納されているフォルダと同じ階層に自動的にフォルダがつくられ、そのフォルダの中に「main_visual_sp.jpg」が書き出されたことを確認します。
PCのOSバージョンや、Photoshop CCのバージョンによって、縮小された画像を書き出せないことがあります。そんなときは、そのパーツと同サイズのマスクを追加することでうまく書き出せる場合がありますので、今回の該当フォルダにはマスクを追加しています。

媒体に合わせて出力する

An easy-to-understand guide to Photoshop

Lesson 15

レタッチなどが完了したデータは、印刷向け、Web向けなどの違いによってデータの最適化を行います。たとえば印刷向けであればCMYKへの変換を行います。ただし印刷にもさまざまな種類があり、用紙の違いなどによっても再現される色は変わるのでそれぞれに合わせた変換が必要です。またサイズを変更したり、シャープネス処理をしたりすることも重要です。

Lesson15　媒体に合わせて出力する

15-1　色を合わせるために

画像処理で問題になるのは色が合わないことです。
しかし、色合わせのための技術は確立しています。
それがカラーマネージメントの技術です。どんな設定が必要なのか？
きちんと理解をして色合わせをしましょう。

RGBからCMYKへ

適切なCMYK変換が必要

デジタルカメラで撮影した画像データはRGBで、それを閲覧するディスプレイもRGBです。RGBとは光の三原色の「レッド、グリーン、ブルー」のことです。赤と緑と青の組み合わせでカラーの表示をします。
一方「CMYK」は「シアン、マゼンタ、イエロー、ブラック」のことで、印刷をする場合にこの4色のインクの組み合わせでカラーの再現をします。
RGBの画像は印刷をするためにはCMYKへと変換をしなければなりません。ただ単純にCMYK化するだけでは色がマッチしないため、適切なCMYK変換を行う必要があります。

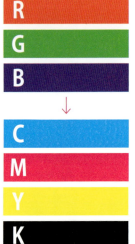

RGBのままでは印刷できないので、CMYKへの変換が必要です。この本ではディスプレイ上の鮮やかなRGBの色は再現できないので、どうしても明度や彩度は落ちてしまいます。RGBにも後述するように種類がありますが、RGBの赤、緑、青と、CMYKの赤、緑、青が、別物である点にも注意してください。

それぞれ異なるディスプレイ

色は違って当たり前

右の図はある画像データを異なるディスプレイに表示した状態を示しています。ディスプレイにはさまざまな種類があるため、ただ画像を表示させただけでは色は一致しません。つまり大前提として、ディスプレイによって色は違って当たり前だと思わなければいけません。
ただし、それでは正確な色のコントロールを必要とする仕事はできません。そこでそれぞれのディスプレイの色が合うように計算を行うのが、カラーマネージメントの技術です。

画像を異なるディスプレイで表示した場合、色が違ってしまうのは当たり前です。

カラーマネージメントとは？

忠実に色再現するための技術

カラーマネージメントとは異なるメディア間の色を一致させるための技術です。デジタルカメラで撮影した写真をディスプレイで見たり、印刷したりするときに、何もしなければ色は一致しませんが、ディスプレイや印刷物の色を測定して色が合うように計算を行うのがカラーマネージメントです。

まず、制作環境で使用するディスプレイ上の色が信じられる状態になるように調整をすること。そして、そのディスプレイ上の色を印刷物上でも忠実に再現できるように色変換を行うこと。そんなことに留意しながら完成データを用意する作業を行いましょう。

ディスプレイ上の色を合わせるためには、単にRGBを表示するのではなく、色が合うように計算したRGBを出力します。

どうやって変換するのか

Labを基準にして変換する

「RGB」というのはその数値だけでは正確な色を表すことができません。ディスプレイによっても色は変わります。一方「CMYK」の場合も、同じアミ％であっても用紙やインクの種類などによって色は異なります。

そこでPhotoshopでは内部的に「Lab」（CIELAB）に換算しながら色の計算を行います。たとえばあるディスプレイ上の色（RGB）をLabに換算するとどんな色になるか？ その色を印刷するためにCMYK化するとどんな色になるか？ というふうに常に色の基準である「Lab」を通じて変換します。

ただし、4色のカラー印刷で再現できる色の範囲というのはあまり広くないので、完全に一致させるということはできません。再現できる範囲のなるべく近い色に置き換えるわけです。

何にも設定をしなければ色は合わなくて当たり前ですが、カラーマネージメントをきちんと行うことにより、実用上問題のないレベルまで色を合わせることが可能になります。

RGBからCMYKへの変換

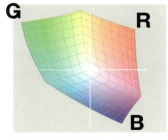

変換前の元のRGBのカラースペース。さまざまなRGBがあります。

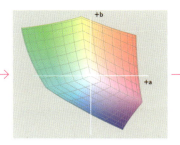

いったんLabに換算します。「赤は赤でもどんな赤なのか？」ということを正確に表します。

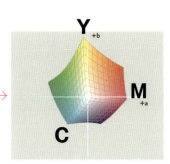

CMYKに変換します。まったくの同じにはできないので、近いCMYKの色に置き換えます。

Lesson 15　媒体に合わせて出力する

15-2　カラーマネージメントの基本

Photoshopを扱う上で最低限覚えておきたい、カラーマネージメントの基本があります。
カラー設定はどうすればいいのか？　プロファイルの指定と変換では何が違うのか？
色をコントロールするための技術を身につけましょう。

カラー設定を最初に行う　CC　CS6

使いはじめる前に設定しておきたい

Photoshopでは使用目的別の[カラー設定]（[編集]メニュー内）があります。印刷目的で使う場合は[プリプレス用-日本2]❶に、Web目的の場合は[Web・インターネット用-日本]❷に設定しておくというのが基本です。最低限この設定だけしておき、普段はあまり切り替えて使ったりする必要はありません。

またAdobe Bridgeの[カラー設定]ではほかのCreative Cloudアプリケーションもまとめて同期させることができま
すが、この作業を行っておくことによって、InDesignやIllustratorなどと[カラー設定]を揃えることができます。スムーズにファイルのやりとりをするためにも設定を同期させておくといいでしょう。

カラー設定自体はカスタマイズしてファイルとして保存することができます。同じ作業をするグループで共有することにより、色に関わるミスを抑止する効果があります。

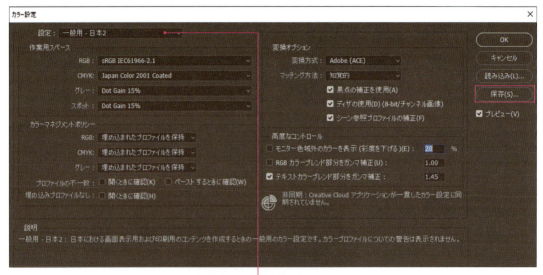

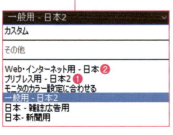

使用目的別にカラー設定のプリセットがあります。以前はアメリカの輪転機向けの設定が初期設定になっていたためにトラブルもありました。ふだんは特に意識する必要はないですが、アプリケーションの使い始めにはチェックをしておきたい設定です。

プロファイルとは？

色に関する情報が
書き込まれたファイル

カラーマネージメントを行うために重要なのが「プロファイル」です。プロファイルというのは色に関する情報が書き込まれたファイルのことで、色変換などの計算に利用します。

たとえば個々のディスプレイのプロファイルには、そのディスプレイの原色がどんな色なのか、白の明るさや色温度は？ といった情報が書かれています。また印刷のプロファイルには、コート紙に輪転機で刷った場合のCMYKのそれぞれの色は？紙白の色味は？ といったことが書いてあります。

そしてそれらのプロファイルを元にディスプレイや印刷物で忠実な色再現が行われるというしくみです。

プロファイルにはさまざまな情報が記述されています。これは印刷用のCMYKのプロファイルです。実際に印刷機で刷ったカラーチャート上の色を測定し、その色の傾向がまとめられています。CMYK変換する際などに利用します。

ディスプレイのプロファイルです。ディスプレイ上にさまざまな色を表示させ、それを測定することによって作成します。個々のディスプレイの色の傾向がわかり、そのプロファイルを利用することによって、画像の色を忠実に再現することができるようになります。

正しく色を扱うために
プロファイルは絶対に必要

プロファイルは画像ファイルとセットにして扱います。プロファイルとセットにすることを「画像にプロファイルを埋め込む」といった言い方をします。画像に対しては常に正しいプロファイルが埋め込まれている必要があります。もし間違ったプロファイル、精度の低いプロファイルが埋め込まれていた場合は、正確な色の計算ができません。

RGBのプロファイルとしては「Adobe RGB」や「sRGB」などの汎用的なプロファイルがありますが、同じ画像に対して違うプロファイルを埋め込むと色は違って見えます。画像ファイルが変化したわけではなく、原色などの定義が違うためです。

「タグのないRGB」というのは、この画像にはプロファイルが埋め込まれていないということを示します。このままレタッチをしても正確な色のコントロールはできません。

Photoshopでは開いている画像ウィンドウの左下で、さまざまな表示の切り替えが可能です。ここでは[ドキュメントのプロファイル]を選択して、プロファイルを表示させています。

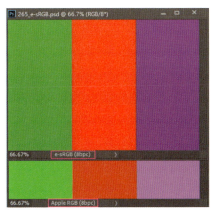

左の画像はデータ的にはまったく同じ画像です。ただし、セットにしているプロファイルが違うため、色が違って見えます。プロファイルの取り違えによる色のトラブルは多いので、注意をしましょう。

プロファイル変換 CC CS6

カラースペースを変換することで色を近似させる

[編集]メニューの[プロファイル変換]は、カラースペースを変換するための機能です。たとえば、RGBの画像データを印刷向けのCMYKデータに変換する、あるいはAdobe RGBの画像データをWeb向けのsRGBに変換するといった場合に利用します。

これがカラーマネジメントそのものともいえる機能で、近似した色に変換をしてくれます。ただし、変換後のカラースペースが変換前よりも狭い場合には、まったく同じにすることはできません。

RGBからCMYKに変換した場合に明度や彩度が落ちてしまいますが、これはある程度仕方のないことといえます。しかしこの設定をきちんと行うことが非常に重要です。

[ソースカラースペース]（現在のカラースペース）から[変換後のカラースペース]に変換を行うのが[プロファイル変換]です。

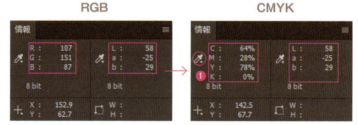

[情報]パネルでプロファイル変換前とあとのカラー値を見てみます。RGBからCMYKへの変換ですが、Lab値が近ければ、色の変化は少ないということになります。RGB、Lab、CMYKなどの各モードの切り替えは、各モードの左にあるスポイトアイコンをクリックして行います❶。

プロファイルの指定 CC CS6

正しいプロファイルを埋め込む

[編集]メニューの[プロファイルの指定]は、プロファイルのない画像に対して、正しいプロファイルを埋め込んだり、削除したりすることのできる機能です。

Photoshopでの色の計算はすべてプロファイルを参照しながら行われるので、プロファイルがない場合は正しい色の計算ができません。

画像データを渡すときには必ずプロファイルが埋め込まれた状態で渡すことです。またプロファイルがないデータをもらった場合には、データ作成者に正しいプロファイルを聞いて、[プロファイルの指定]により埋め込んで作業をするようにしましょう。

[プロファイルの指定]で埋め込むプロファイルは正しいプロファイルでなければなりません。

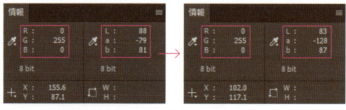

[プロファイルの指定]をする前とあとでの[情報]パネルの変化。RGB値は変わっていませんがLab値が変化しています。つまり見た目の色が変わってしまったということです。通常は別のプロファイルをつけ直すという操作はしません。

ファイルを開いた際のアラートへの対応 CC CS6

[カラーマネジメントポリシー]で設定されている

画像ファイルを開く際に[プロファイルなし]や[埋め込まれたプロファイルの不一致]などの警告のダイアログボックスが表示されることがあります。これはファイルを開く際のカラーマネジメントの方法についてのアラートですが、選択を間違えると色が変わってしまったり、正しい色の情報が伝わらなくなったりしてしまうので、きちんと理解しておくようにしましょう。

このアラートは[編集]メニューの[カラー設定]で表示される[カラー設定]ダイアログボックスの[カラーマネジメントポリシー] ❶ で設定されています。

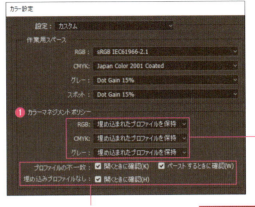

ここにチェックが入っているとアラートが表示されます。基本的にはチェックを入れた状態で運用することをおすすめします。

カラーマネジメントの基本的なふるまい方を決めておく設定です。ここも基本は初期設定の[埋め込まれたプロファイルを保持]がおすすめです。[オフ]にはしないようにしましょう。

アラートへの対処

[プロファイルなし]

開こうとしている画像にプロファイルが埋め込まれていない場合に表示されます。[そのままにする(カラーマネージメントなし)]はファイルにタッチせずに展開する方法。ただしレタッチしたりする場合は正しいプロファイルを埋め込む必要があります。

ここで間違ったプロファイルを指定すると色は変わってしまいます。プロファイルがない場合は、正しいプロファイルを指定しましょう。

[埋め込まれたプロファイルの不一致]

カラー設定と異なる場合に表示されます。[作業用スペースの変わりに埋め込みプロファイルを使用]で展開すれば、ファイルに対して何も変化させずに開くことができます。

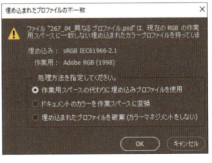

[埋め込まれたプロファイルを破棄(カラーマネジメントしない)]ではプロファイルが削除されてしまうので、通常は選択しないようにします。

[プロファイルの不一致(ペースト)]

ある画像を別の画像にペーストする際に、2つのファイルのプロファイルが異なる場合に表示されます。見た目の色を一致させたい場合は[変換(カラーアピアランスを保持)]、RGBやCMYKのカラー値を一致させたい場合は[変換しない(カラー値を保持)]を選択します。

写真の合成作業などでは通常は[変換(カラーアピアランスを保持)]を選択します。

Lesson15 媒体に合わせて出力する

15-3 カラーマネージメントの実践

印刷用にCMYK変換をしたり、プリンタでイメージ通りの色再現を行うには、設定の仕方を理解しておく必要があります。適切なプロファイルを選択して、イメージ通りの色再現をめざしましょう。

カラースペースを変換する　CC　CS6

適切なプロファイル変換が必要

画像データやレイアウトしたファイルを印刷したり、ディスプレイに出力して正しい色で見るためにはポイントがあります。まずデータ自体に正しいプロファイルが埋め込まれていること、次に適切な印刷のプロファイルやディスプレイのプロファイルに色変換を行うことです。
色変換を行うためには、[編集] メニューの [プロファイル変換] を選択して、用途に合わせた正しい設定をします。この設定が間違っていると色の忠実な再現はできなくなってしまうので注意が必要です。
[イメージ] メニューの [モード] から [RGBカラー] や

[CMYKカラー] を選択するだけでも色変換は可能ですが、重要な設定なので、[プロファイル変換] を使って設定をきちんと確認しながら変換する習慣をつけておくといいでしょう。
一番注意をすべきなのは [変換後のカラースペース] の設定です。この設定を間違えないように注意しましょう（次ページ参照）。また何度も変換を繰り返すと画質が劣化したり、色域が狭まってしまったりということが起こるので、レタッチなどの作業が済んだ最終段階で変換するのが基本です。

❷ [変換方式] とは実際に色変換を行うエンジンのことです。デフォルトの [Adobe（ACE）] がおすすめです。この変換方式によりMacとWindowsで色変換の結果を揃えることができます。

❸ [マッチング方式] では変換する際の4つの計算方法が選択できます。変換後の色をなるべく近似させたい場合には [相対的な色域を維持] を選びます。もしも写真のグラデーションなどに問題が出る場合は [知覚的] を使ってみましょう。

色がおかしくなってしまわないために最低限確認すべきなのは [変換後のカラースペース] ❶です。そのほかの [変換オプション] などはよくわからなければ、初期設定のままの運用でも大丈夫です。さらに自分でカスタマイズして運用したいという場合には [詳細] ❹設定も用意されています。

印刷用にCMYKに変換する CC CS6

印刷用プロファイルには さまざまな種類がある

印刷用に色変換を行う場合に重要なのは、印刷の方式や用紙の違いによって変換用のプロファイルを変えるということです。

たとえば光沢度の高いアート紙にする場合と、新聞の用紙にする場合では、色再現は大きく異なります。新聞の用紙でアート紙のような鮮やかな色を出すことはできませんが、再現できる範囲内で色を近づけるのがカラーマネージメントの技術です。

同じデータを使って成り行きで色が変わってしまうのではなく、なるべく元データの色に近づくように変換をするわけです。そのためにはただCMYK化するのではなく、適切なプロファイルを選択する必要があります。基本はRGBで入稿することです。もしもCMYKで入稿するように指示があった場合は、どのプロファイルを使って変換したらいいのか確認をとりましょう。

[カラー設定]のCMYKの[作業用スペース]ではインストールされているCMYKのプロファイルが確認できます。プロファイル名の部分にカーソルを置くと下の[説明]欄にそのプロファイルの説明が表示されます。輪転機用や枚葉機用など、あるいは用紙の違いによりプロファイルが用意されています。

プロファイルにはさまざまありますが、Adobe製の日本向けプロファイルは質が高いです。

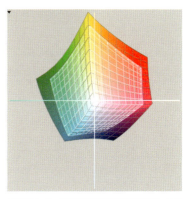

内側のメッシュ部分は新聞用の色再現域で、外側の虹色の部分はコート紙に刷った場合の色再現域です。印刷の方式と用紙により再現できる色が異なるので、それに合わせた変換が必要になります。

Web用のRGBプロファイル CC CS6

sRGBかAdobe RGB

RGBのカラースペースもさまざまなものがありますが、デジタルカメラの初期設定でもあるsRGBは、現在一番汎用性のあるカラースペースといえます。ただしsRGBでは印刷の色再現域でカバーできない部分があるため、印刷を目的とする場合はAdobe RGBを使うことが推奨されています。

インターネットの基準はsRGBなので、Web用のデータはsRGBに色変換をして統一するようにしましょう。またブラウザでカラーマネージメントをサポートできるものが増えてきているので、プロファイルも埋め込んでおきましょう。

[カラー設定]のRGBの作業用スペースをクリックして表示されるプロファイル。よく使用するのはAdobe RGBとsRGBですが、この2つのプロファイルの取り違えによる、色に関するトラブルはかなり多いので注意しましょう。

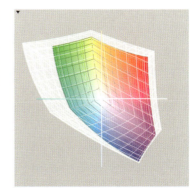

外側の白いメッシュの部分がAdobe RGBのカラースペースを示し、内側の虹色の部分がsRGBのカラースペースを示します。カラースペースが広いAdobe RGBでは、より鮮やかに色を扱うことができます。

プリンタで忠実な色を再現するには CC CS6

用紙別のプロファイルに変換する

プリンタで画像本来の色を再現するためには、アプリケーションとプリンタ側できちんと設定をする必要があります。プリンタといってもさまざまな製品があり、使用する用紙によっても色再現は変わってきます。

忠実に再現をするためには画像のプロファイルからプリント用紙のプロファイルに色変換を行います。この場合、Photoshop側かプリンタ側のどちらかで変換しますが、どちらかで一度だけ変換がかかるように設定をするというのがポイントです。

Photoshopによるカラー管理

アプリケーション側で色変換する → プリンタ側では無補正

プリンタによるカラー管理

アプリケーション側で色変換しない → プリンタ側で色変換する

プリント時の設定方法はPhotoshopによるカラー管理

プリントは[ファイル]メニューの[プリント]から行います。[Photoshop プリント設定]ダイアログボックスでは、位置やサイズなどさまざまな設定ができますが、色に関する設定は[カラーマネジメント]❶から行います。Photoshop側で色変換を行う場合は[カラー処理]で[Photoshopによるカラー管理]を選択します❷。

重要なのは[プリンタープロファイル]で使用する用紙の正しいプロファイルを選ぶことです。自分が使っている用紙のプロファイル名を確認して設定しましょう。この設定によりPhotoshop側で用紙に合わせた変換が行われプリンタ側へ送られます。すでに色変換済みのデータなので、プリンタ側では色補正をしないように設定します❸。プリンタ側で色変換する方法もありますが、プリンタでは「いい色に演出」される場合があるので、忠実な再現を望む場合はこの方法がおすすめです。

[ドキュメントのプロファイル]は画像に埋め込まれたプロファイルが反映されます。大前提として、このプロファイルが正しい必要があります。

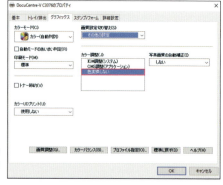

❷[カラー処理]には3つの選択肢がありますが、色の忠実な再現ということでいうと[Photoshopによるカラー管理]がおすすめです。

❸Photoshop側で色変換済みの場合は、プリンタ側では色補正をしないよう設定します。

印刷の色をシミュレートする　CC CS6

[ハードプルーフ]を使う

通常のカラー印刷は4色で行いますがインクジェットプリンタなどでは多くのインクを使い、より鮮やかな色再現を行います。つまりただプリントをしただけでは印刷では再現できないような色まで出てしまうので、色校正には向きません。

そこで印刷の色再現をシミュレートしたい場合はいったん印刷のプロファイルに向けて色変換し、色域を狭めた上で再度プリント用紙のプロファイルへと変換を行います。

プリント時の設定は[Photoshop プリント設定]のダイアログボックスで[カラーマネジメント]の[通常プリント]を[ハードプルーフ]❶に切り替えます。[調整プロファイル]の変更は、[表示]メニューから[校正設定]→[カスタム]で、[シミュレートするデバイス]のプロファイルを切り替えて行います。

一度、[調整プロファイル]の色域に圧縮するため、印刷のシミュレーションが可能になる。

[プリントカラーをプレビュー]はどんな色にプリントされるのか、画面上でシミュレートする機能です[色域外警告]では、プリントで再現できない色を教えてくれる機能ですが、あまり気にしすぎないほうがいいでしょう。[紙色を表示]はプリントする用紙の色味も含めて画面上で確認できる機能です。

画面上で色をシミュレートする　CC CS6

[色の校正]を使って画面上でシミュレート

印刷のシミュレートは画面上でも可能です。通常ディスプレイのカラーマネージメントは画像のプロファイルからディスプレイのプロファイルへと色変換をして表示することにより、画像本来の色に近づけて表示するしくみになっています。

ただしディスプレイで見る色はカラー印刷よりもかなり鮮やかな発色なので、印刷物とは違ったイメージになってしまいます。

そこで[表示]メニューの[色の校正]❶にチェックを入れることにより、いったんCMYKの色域に圧縮し、画面上の色と印刷物の色とを近づけることが可能になります。

[色の校正]は他のカラースペース上ではどのように見えるのかをシミュレートしてくれる機能です。

初期設定では[カラー設定]の[作業用CMYK]の設定が反映されます。プルダウンにあるさまざまな印刷のシミュレートができるほか、Web用のsRGBのシミュレートをするなど、さまざまな使い方があります。

ディスプレイを信じられる状態にする

キャリブレーションとは？

Photoshopを扱う上で重要なのは、ディスプレイ上の色が信じられる状態になっているということです。ディスプレイにはさまざまなタイプの製品があり、また同じ製品であっても個体差や経年変化により色や明るさは変わります。色の偏ったディスプレイでレタッチをしても正しい調整はできません。使い始める前にキャリブレーションとプロファイルの作成を行いましょう。キャリブレーションとは機器の能力を引き出し、安定した状態で利用するための調整です。ディスプレイの取り扱い説明書を見て、明るさやコントラストなどの調整をしておきましょう。

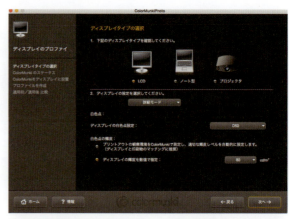

エックスライト社のカラーマネージメントツールの最初の画面です。まずディスプレイがLCDなのか、ノート型なのか、プロジェクタなのかの選択をします。

白色点は印刷目的の場合はD50（5000K）、Web用途の場合はD65（6500K）に設定すします。

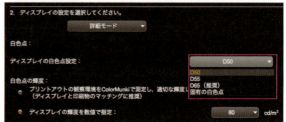

モニタプロファイルの作成

ディスプレイの調整はキャリブレーションを取るだけでは不十分です。ディスプレイ上の色を頼りにレタッチを行うのであれば、モニタプロファイルの作成もしておきましょう。
モニタプロファイルは測定器とアプリケーションがセットになったカラーマネージメントツールを使って行います。さまざまな製品が販売されていますが、モニタプロファイルを作成するためだけの安価な製品もあるので、そういったものでもかまいません。
測定器をセッティングすると、画面上に多くの色が映し出され、その色を測定することにより、個々のディスプレイの色に関する特徴を反映したプロファイルを作ることができます。
プロファイルができると、そのプロファイルをシステムに設定するかどうかを尋ねられるので、そのままOKするだけです。
この作業により、画像本来の色を忠実に再現することができるようになります。

画面に映し出されるさまざまな色を測定器で測定します。そしてその測定結果からプロファイルが作成されます。

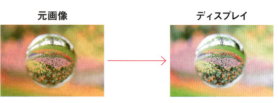

ただディスプレイに出力しても、色は異なります。

プロファイルを作成することによって、色は近似します。

15-4 メディア向けの処理

レタッチが済んだ画像データは印刷向け、Web向けなどの用途に合わせた画像処理が必要です。最低限何を行うべきか？
複数ファイルをまとめて処理する方法なども合わせて覚えましょう。

最適なファイル形式を使い分ける　CC　CS6

Photoshopの
ネイティブファイル形式

デジタル画像データのファイル形式にはさまざまなタイプがあります。基本は使用目的に合わせた汎用的なファイル形式を選択することです。たとえばDTPの場合でいえばTIFFやJPEGで受け渡しをすることにより、相手方が無理なく開くことが可能です。
一方、Photoshopのネイティブファイル形式である[PSD]で保存をすれば、[レイヤー]などをそのまま保持することができます。しかし、使用バージョンなどにより受け取った側がファイルをそのまま開けない可能性も出てきます。[PSD]での運用自体は便利なので、うまく使い分けをするとよいでしょう。

[ファイル]メニューから[別名で保存]を選択すると、さまざまな形式に変換することができます。

データの受け手が最新バージョンのPhotoshopを使っているとは限らないため、レイヤー機能などを駆使したファイルなどは、そのまま開けない可能性があります。

JPEGでファイル容量を小さく

[JPEG]はファイル形式ではなく、圧縮形式のことです。ファイルを圧縮して保存することにより、ファイルを容量を小さくすることが可能です。ただし、あまり圧縮率を高くしすぎると画質が劣化してしまうので、注意が必要です。DTPで画質優先の場合は圧縮率を高めないことです。一方、Webの画像の場合は表示のスピードに関係してくるので、許せる範囲内で圧縮率を高めて、ファイル容量を小さくします。[JPEGオプション]のダイアログで[プレビュー]にチェックが入っていれば、圧縮後の画質を画面上で確認することができます。

[最高(低圧縮率)]は圧縮率が低くて画質が高いという意味で、[低(高圧縮率)]は圧縮率が高くて、画質が低いという意味です。

女性の髪の毛の写真をJPEGで圧縮して拡大したもの。左が低圧縮率で、右が高圧縮率です。一度画質を落とすと元に戻らないので注意が必要です。

Web用に保存する　CC　CS6

プレビューで確認しながら調整できる

PhotoshopにはWeb向けのデータを作る方法がいくつかありますが、新しくておすすめの方法は［書き出し形式］（［ファイル］メニュー）です❶。書き出しができるのは、PNG、JPEG、GIF、SVGの4種類。書き出したいファイルを開いた状態で、この［書き出し形式］を選び、さらに［形式］❷を選んでください。

形式により設定は異なりますが、たとえばJPEGであれば、画質の数値（0～100％）を変化させながらプレビューで画質の変化を確認して調整します。Web用の画像の場合画質を劣化させずになるべく軽く（ファイルサイズを小さく）するのがポイントですが、JPEGの圧縮技術が向上したとのことで、［Web用に保存（従来）］❸と比較してもかなり軽く書き出すことができるようになっています。

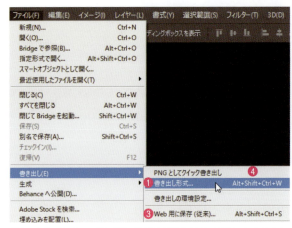

従来の方式である［Web用に保存（従来）］も［書き出し］から選ぶことができます。ただし、［書き出し形式］のほうがおすすめです。

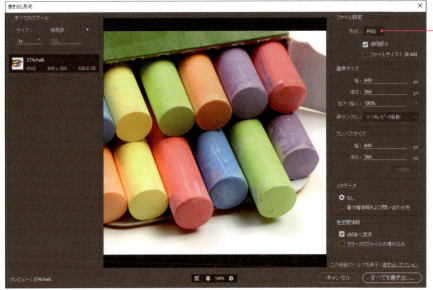

まず［ファイル設定］の［形式］で書き出したいファイル形式を選択します。

［書き出し形式］ダイアログボックス。［画像サイズ］や［メタデータ］の設定を行います。［色空間情報］のデフォルト設定は［sRGBに変換］で、［カラープロファイルの埋め込み］にチェックを入れておけば、カラーマネージメントをサポートしたブラウザで正しい色の表示が可能です。

Web向けの画像形式の選択

［ファイル］メニューの［書き出し］→［PNGとしてクイック書き出し］❹は［書き出し形式］ダイアログボックスを表示させずに簡単に書き出すための機能です。

あらかじめ［書き出しの環境設定］（［ファイル］メニューの［書き出し］）で、ファイル形式を選んでおけば、PNGだけでなく他のファイル形式への書き出しが可能です。たとえば［JPG］を選ぶとメニュー名が［JPGとしてクイック書き出し］に変わります。いちいち設定をする必要がなく、同じ処理を繰り返すような場合にぜひ使いたい方法です。

15-4 メディア向けの処理

STEP 01　アクションを作成して処理を自動化する

Before

After

［アクション］とは作業工程を記録し、再び同じ工程を繰り返すことのできる機能です。作成した［アクション］はほかのファイルに対しても、ボタン1つで繰り返すことができるようになります。

Lesson 15 ▶ 15-4 ▶ 15_401.psd

1 ［アクション］パネルを表示して、右下の［新規アクションを作成］ボタンをクリックします。

❶［再生／記録を中止］
❷［記録開始］
❸［選択項目を再生］
❹［新規セットを作成］
❺［新規アクションを作成］
❻［削除］

2 ［新規アクション］のダイアログボックスが表示されます。［アクション名］に任意の名前をつけて、［記録］ボタンをクリックします。ここでは「セピア調に」として［OK］をクリックします。

3 記録したい工程を一度実行します。自動化したい複数の操作をまとめて記録できます。ここでは［白黒］を使ってセピア調にします。

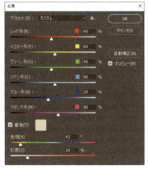

❶［イメージ］メニューから［色調補正］→［白黒］を実行します。
❷［白黒］ダイアログボックスで［着色］にチェックを入れ、好みの色に設定にします。
❸［OK］をクリックします。

4 すべての工程が完了したら、［アクション］パネルの［停止］ボタンをクリックします。記録が停止され、アクションとして保存されます。

これで、ほかのファイルを開き、パネルの［セピア調に］を選択して［選択項目を再生］ボタンをクリックするだけで、一連の工程が実行され、同じ設定でセピア調に変換することができます。

［バッチ］で複数ファイルに一度にアクションを実行する

［アクション］は、ファイルを開いて［アクション］パネルで実行するほかに、複数ファイルにまとめて適用することが可能です。
それには［ファイル］メニューから［自動処理］→［バッチ］を選択して［バッチ］ダイアログボックスを開きます。［アクション］で上の方法で記録しておいたアクションを選択し、［ソース］❶で対象とするファイルを選んで［OK］すると、一度に処理が可能です。

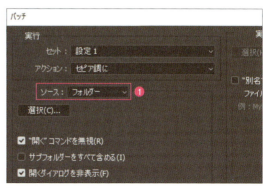

［ソース］は［フォルダー］［読み込み］［開いたファイル］［Bridge］といった単位で選べます。たとえば［フォルダー］を選択すれば、そのフォルダ内の画像に対してすべて同じアクションが実行されます。

適切な画像解像度にする CC CS6

適切なサイズと解像度に変更する

デジタル画像の最小単位は画素（ピクセル）で、その画素が集まることにより画像が形成されます。画素数が少ないと四角い画素が見えてしまい滑らかな描写にはなりません。一方、必要以上に画素数が多いと転送に時間がかかったり、適切なシャープネスがかけられません。そこで利用サイズに合わせたサイズへの変更が必要になります。

画像サイズの変更は[イメージ]メニューから[画像解像度]で行います。[解像度]とは画素の密度のことですが、[dpi]（1インチに何ピクセル並んでいるか）という単位で表します。

印刷の場合は300〜350dpi程度の解像度が必要です。たとえば横幅60mmにしたい場合は[縦横比を固定]した状態で、[幅]に「60」（mm）と入力、また解像度に「350」（pixel/inch）と入力して、[OK]をクリックします。

解像度だけを変更するには

[画像解像度]の[再サンプル]チェックボックスにチェックが入っている場合、解像度を上げればそれに伴いサイズも大きくなり、解像度を下げればサイズは小さくなります。

一方、[再サンプル]にチェックが入っていない場合は解像度を変更しても全体のサイズは変わらず、[幅]と[高さ]が変化します。ファイル自体は変化しないということです。

デジタルカメラの画像解像度は機種により違いがあるので、[再サンプル]にチェックを入れずに解像度を統一することにより、印刷した場合にどの程度のサイズで使うことができるのかといったことがわかりやすくなるというメリットがあります。

画像の最小単位は四角い画素で、それぞれに色や明るさがあります。解像度が足りない画像を印刷すると、ジャギーが出たり、ボケてしまったりするので、適切な解像度が必要です。

画像解像度を変更する場合、いくつかの演算方式が用意されています。縮小する場合は「バイキュービック法（滑らかなグラデーション）」を使い、最終的には適切なシャープネスをかけましょう（次ページ参照）。

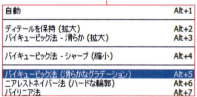

[再サンプル]にチェックが入っていると[幅]や[高さ]は同じで、[解像度]に応じてファイルのサイズが増減します。

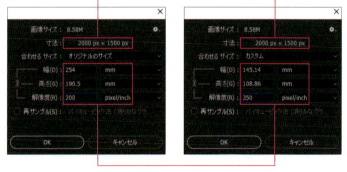

[再サンプル]にチェックが入っていないと全体のファイルのサイズ自体は変化しないので、[解像度]を上げると[幅]や[高さ]が短くなります。

シャープネス処理をする `CC` `CS6`

アンシャープマスクが基本

シャープネス処理とは画像上の境界部分を強調して、メリハリを出す効果のことです。印刷用の画像でもWeb用の場合でもこのシャープネス処理を加えることにより、見栄えがアップします。

たとえば髪の毛や自転車のスポークなどの細かいもの、あるいは物の輪郭をハッキリさせることにより、写真に締まった印象を与えることができます。

コントラストのある部分を検出し、境目の明るい部分をより明るく、暗い部分はより暗く強調することにより、シャープな印象を与えます。

シャープネス効果のあるツールはいくつかありますが、[フィルター]メニューの[シャープ]→[アンシャープマスク]が定番です。

印刷目的の場合は画面で見えている効果よりも強めにかけておくことがポイントです。Web用の場合はディスプレイでの見た目に合わせてコントロールします。

[フィルター]メニューの[シャープ]→[アンシャープマスク]を選択します。そのほかに[スマートシャープ]も使いやすい機能です。

印刷目的の場合は[半径]を「1.2」pixel程度に。[量]は「150〜250」%程度で調整をします。またWebの場合は[半径]を「0.3」pixel程度にして、画面の見た目でコントロールします。

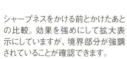

シャープネスをかける前とかけたあとの比較。効果を強めにして拡大表示にしていますが、境界部分が強調されていることが確認できます。

印刷用データを仕上げる順番 `CC` `CS6`

シャープネスは必ず最後に

画質の劣化を避けるために画像処理には順番があります。まず、基本的にRGBモードでレタッチを仕上げることです。レタッチが完成したら、CMYKに変換をし、レイアウトソフトでのサイズに合わせて[画像解像度]でリサイズを行います。

特に重要なのは、シャープネス処理は一番最後に行うことです。シャープネスの効果を活かすことができます。

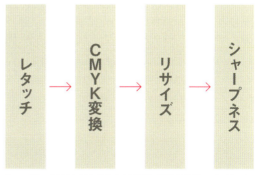

シャープネスをかけたあとにリサイズを行うと、画質の劣化につながるので、順番には注意しましょう。

Adobe Bridgeを使って画像の整理 CC CS6

[レーティング] をうまく使う

Adobe Bridgeは高機能な画像閲覧ソフトですが、そのままPhotoshopでファイルを開いたり、連動してバッチ処理をすることも可能です。

画像を閲覧しながら、不要なファイルを削除したり、フォルダ分けしたり、画像を選んだり整理するのにも最適です。整理に便利なのは、ファイルに☆印をつける [レーティング] の機能です。

画像を選択して Ctrl （command）＋ [数字] キーで任意の数の☆印がつけられます❶。そのあと、ダイアログボックス左端にある [フィルター] を使って❷、☆が2つ付いている画像だけを表示させる、といった使い方ができます。このレーティングをうまく使えば、まとめてファイルを移動させたり、コピーをしたりという整理が、簡単にできるようになります。

サムネイルに対して☆をつけておけば、左の [フィルター] にある [レーティング] で☆のあるなし、数によって抽出することが可能になります。

まとめて自動処理をするために

各メディア向けの画像処理では、色変換やシャープネスなど、複数画像をまとめて処理したほうがいいものがいろいろあります。

Bridgeではカラープロファイル別の選択などもできるので、カラープロファイルのない画像にカラープロファイルを指定することや、RGB画像をCMYK画像に一括で変換するといったことも可能です。Bridgeによるバッチ処理は、[ツール] メニューから [Photoshop] → [バッチ] で行います。

[カラープロファイル] では画像への埋め込みプロファイルの確認ができ、チェックを入れると、あるプロファイルの画像だけを表示させることも可能です。

Photoshop CC 主要ショートカットキー一覧

Photoshop CC 2017の主要なショートカットキーの一覧です。Windowsのキー表記で記載していますが、Macの場合、特に指定のないときは以下のキーで読み替えてください。

Windows		Mac
Ctrl	⇒	command
Alt	⇒	option
Enter	⇒	return

アプリケーションメニュー

コマンド	ショートカット

■ Photoshop CC メニュー（Macのみ）

環境設定	
一般	command＋K
Photoshop を隠す	control＋command＋H
他を隠す	option＋command＋H
Photoshop を終了	command＋Q

■ ファイル

新規	Ctrl＋N
開く	Ctrl＋O
Bridge で参照	Alt＋Ctrl＋O
	Shift＋Ctrl＋O
指定形式で開く	Alt＋Shift＋Ctrl＋O
閉じる	Ctrl＋W
すべてを閉じる	Alt＋Ctrl＋W
閉じて Bridge を起動	Shift＋Ctrl＋W
保存	Ctrl＋S
別名で保存	Shift＋Ctrl＋S
	Alt＋Ctrl＋S
復帰	F12
書き出し	
書き出し形式	Alt＋Shift＋Ctrl＋W
Web 用に保存（従来）	Alt＋Shift＋Ctrl＋S
ファイル情報	Alt＋Shift＋Ctrl＋I
プリント	Ctrl＋P
1 部プリント	Alt＋Shift＋Ctrl＋P
終了（Windowsのみ）	Ctrl＋Q

■ 編集

取り消し／やり直し	Ctrl＋Z（またはMacのみF1）
1 段階進む	Shift＋Ctrl＋Z
1 段階戻る	Alt＋Ctrl＋Z
フェード	Shift＋Ctrl＋F
カット	Ctrl＋X
	F2
コピー	Ctrl＋C
	F3
形式を選択してコピー	
結合部分をコピー	Shift＋Ctrl＋C
ペースト	Ctrl＋V
	F4
特殊ペースト	
同じ位置にペースト	Shift＋Ctrl＋V
選択範囲内へペースト	Alt＋Shift＋Ctrl＋V
検索	Ctrl＋F
塗りつぶし	Shift＋F5
コンテンツに応じて拡大・縮小	Alt＋Shift＋Ctrl＋C
自由変形	Ctrl＋T
変形	
再実行	Shift＋Ctrl＋T
カラー設定	Shift＋Ctrl＋K
キーボードショートカット	Alt＋Shift＋Ctrl＋K
メニュー	Alt＋Shift＋Ctrl＋M
環境設定（Windowsのみ）	
一般	Ctrl＋K

■ イメージ

色調補正	
レベル補正	Ctrl＋L
トーンカーブ	Ctrl＋M
色相・彩度	Ctrl＋U
カラーバランス	Ctrl＋B
白黒	Alt＋Shift＋Ctrl＋B
階調の反転	Ctrl＋I
彩度を下げる	Shift＋Ctrl＋U
自動トーン補正	Shift＋Ctrl＋L
自動コントラスト	Alt＋Shift＋Ctrl＋L
自動カラー補正	Shift＋Ctrl＋B
画像解像度	Alt＋Ctrl＋I
カンバスサイズ	Alt＋Ctrl＋C
解析	
計測値を記録（Macのみ）	Shift＋command＋M

■ レイヤー

新規	
レイヤー	Shift＋Ctrl＋N
選択範囲をコピーしたレイヤー	Ctrl＋J
選択範囲をカットしたレイヤー	Shift＋Ctrl＋J
PNGとしてクイック書き出し	Shift＋Ctrl＋'
書き出し形式	Alt＋Shift＋Ctrl＋'
クリッピングマスクを作成／解除	Alt＋Ctrl＋G
レイヤーをグループ化	Ctrl＋G
レイヤーのグループ解除	Shift＋Ctrl＋G
レイヤーを非表示	Ctrl＋,
重ね順	
最前面へ	Shift＋Ctrl＋]
前面へ	Ctrl＋]
背面へ	Ctrl＋[
最背面へ	Shift＋Ctrl＋[
レイヤーをロック	Ctrl＋/
レイヤーを結合	Ctrl＋E
表示レイヤーを結合	Shift＋Ctrl＋E

■ 選択範囲

すべてを選択	Ctrl＋A
選択を解除	Ctrl＋D
再選択	Shift＋Ctrl＋D
選択範囲を反転	Shift＋Ctrl＋I
	Shift＋F7
すべてのレイヤー	Alt＋Ctrl＋A
レイヤーを検索	Alt＋Shift＋Ctrl＋F
選択とマスク	Alt＋Ctrl＋R
選択範囲を変更	
境界をぼかす	Shift＋F6

■ フィルター

フィルターの再実行	Alt＋Ctrl＋F
広角補正	Alt＋Shift＋Ctrl＋A
Camera Raw フィルター	Shift＋Ctrl＋A
レンズ補正	Shift＋Ctrl＋R
ゆがみ	Shift＋Ctrl＋X
Vanishing Point	Alt＋Ctrl＋V

■3D

ポリゴンを表示・非表示	
選択範囲内	Alt＋Ctrl＋X
すべての領域を表示	Alt＋Shift＋Ctrl＋X
3Dレイヤーをレンダリング	Alt＋Shift＋Ctrl＋R

■表示

色の校正	Ctrl＋Y
色域外警告	Shift＋Ctrl＋Y
ズームイン	Ctrl＋＋
	Ctrl＋；
ズームアウト	Ctrl＋-
画面サイズに合わせる	Ctrl＋0
100％	Ctrl＋1
	Alt＋Ctrl＋0
エクストラ	Ctrl＋H
表示・非表示	
ターゲットパス	Shift＋Ctrl＋H
グリッド	Ctrl＋@
ガイド	Ctrl＋：
定規	Ctrl＋R
スナップ	Shift＋Ctrl＋；
ガイドをロック	Alt＋Ctrl＋；

■ウィンドウ

アレンジ	
最小化（Macのみ）	control＋command＋M
アクション	Alt＋F9
	F9
カラー	F6
ブラシ	F5
レイヤー	F7
情報	F8

■ヘルプ

Photoshop オンラインヘルプ	F1（Macはcommand＋／または Shift＋command＋／）

パネルメニュー

コマンド	ショートカット

■3D

レンダリング	Alt＋Shift＋Ctrl＋R

■ヒストリー

1段階進む	Shift＋Ctrl＋Z
1段階戻る	Alt＋Ctrl＋Z

■レイヤー

新規レイヤー	Shift＋Ctrl＋N
PNGとしてクイック書き出し	Shift＋Ctrl＋'
書き出し形式	Alt＋Shift＋Ctrl＋'
レイヤーをロック	Ctrl＋／
クリッピングマスクを作成／解除	Alt＋Ctrl＋G
レイヤーを結合	Ctrl＋E
表示レイヤーを結合	Shift＋Ctrl＋E

ツール

ツール	ショートカット
同じショートカットキーでツールを順番に表示する（「ツールの変更にShiftキーを使用」オプションが選択されている場合）	Shift＋ショートカットキー
隠れたツールを順番に表示する（アンカーポイントの追加ツール、アンカーポイントの削除ツール、アンカーポイントの切り替えツールを除く）	Alt＋ツールをクリック
移動ツール	V
アートボードツール	
長方形選択ツール	M
楕円形選択ツール	
なげなわツール	L
多角形選択ツール	
マグネット選択ツール	
クイック選択ツール	W
自動選択ツール	
切り抜きツール	C
遠近法の切り抜きツール	
スライスツール	
スライス選択ツール	
スポイトツール	I
3Dマテリアルスポイトツール	
カラーサンプラーツール	
ものさしツール	
注釈ツール	
カウントツール	
スポット修復ブラシツール	J
修復ブラシツール	
パッチツール	
コンテンツに応じた移動ツール	
赤目修正ツール	
ブラシツール	B
鉛筆ツール	
色の置き換えツール	
混合ブラシツール	
コピースタンプツール	S
パターンスタンプツール	
ヒストリーブラシツール	Y
アートヒストリーブラシツール	
消しゴムツール	E
背景消しゴムツール	
マジック消しゴムツール	
グラデーションツール	G
塗りつぶしツール	
3Dマテリアルドロップツール	
覆い焼きツール	O
焼き込みツール	
スポンジツール	
ペンツール	P
フリーフォームペンツール	
横書き文字ツール	T
縦書き文字ツール	
横書き文字マスクツール	
縦書き文字マスクツール	
パスコンポーネント選択ツール	A
パス選択ツール	

Photoshop CC 主要ショートカットキー一覧

長方形ツール	
角丸長方形ツール	
楕円形ツール	
多角形ツール	U
ラインツール	
カスタムシェイプツール	
手のひらツール	H
回転ビューツール	R
ズームツール	Z
初期設定の描画色と背景色	D
描画色と背景色を入れ替え	X
画像描画モード／クイックマスクモードの切り替え	Q
スクリーンモードの切り替え	F
透明ピクセルのロックを切り替え	/
ブラシサイズを減少	[
ブラシサイズを増加	]
ブラシの硬さを減少	{
ブラシの硬さを増加	}
前のブラシ	,
次のブラシ	.
最初のブラシ	<
最後のブラシ	>

メニューコマンドやツールヒントに表示されないショートカット

目的	ショートカット

■ 画像の表示に使用するショートカットキー

目的	ショートカット
開いているドキュメントを順番に表示する	Ctrl＋Tab
前のドキュメントに切り替える	Shift＋Ctrl＋Tab（Macは Shift＋command＋｀）
Photoshop でファイルを閉じて Bridge を開く	Shift＋Ctrl＋W
画像描画モードとクイックマスクモードを切り替える	Q
標準スクリーンモード、メニューバー付きフルスクリーンモード、フルスクリーンモードを切り替える（順方向）	F
標準スクリーンモード、メニューバー付きフルスクリーンモード、フルスクリーンモードを切り替える（逆方向）	Shift＋F
カンバスの色を順番に切り替える	スペースバー＋F（またはカンバスの背景を右クリックして色を選択、Macは control キーを押しながらカンバスの背景をクリックして色を選択）
カンバスの色を逆順に切り替える	スペースバー＋Shift＋F
画像をウィンドウサイズに合わせる	手のひらツールをダブルクリック
100％で表示する	ズームツールをダブルクリックまたは Ctrl＋1
手のひらツールに切り替える（テキスト編集モードの場合を除く）	スペースバー
手のひらツールで複数のドキュメントを同時にパンする	Shift＋ドラッグ
ズームインツールに切り替える	Ctrl＋スペースバー
ズームアウトツールに切り替える	Alt＋スペースバー（Macは option＋command＋スペースバー）
ズームツールのドラッグ時に点線のボックスを移動	スペースバー＋ドラッグ
ズーム率を適用し、ズーム率ボックスをアクティブな状態に保つ	ナビゲーターパネルのズーム率ボックスで、Shift＋Enter
ドラッグした範囲を拡大する	ナビゲーターパネルで、プレビュー内を Ctrl＋ドラッグ
画像を一時的に拡大する	Hキーを押したまま画像をクリックし、マウスボタンを押したまま保持
手のひらツールで画像をスクロールする	スペースバー＋ドラッグ、またはナビゲーターパネル内の表示ボックスをドラッグ
上下に1画面ずつスクロールする	Page Up または Page Down*
上下に10単位ずつスクロールする	Shift＋Page Up または Page Down*
画面の表示を左上または右下に移動する	Home または End
レイヤーマスクの半透明カラーのオン／オフを切り替える（レイヤーマスクの選択が必要）	Shift＋Alt＋¥（円記号）

*Ctrlキー（Windows）または commandキー（Mac）を押しながら左（Page Up）または右（Page Down）にスクロール

■ オブジェクトの選択時と移動時に使用するキー

目的	ショートカット
選択範囲作成中に選択範囲を移動する**	選択ツール（一列選択ツールと一行選択ツールを除く）＋スペースバー＋ドラッグ
選択範囲に追加する	任意の選択ツール＋Shift＋ドラッグ
選択範囲から削除する	任意の選択ツール＋Alt＋ドラッグ
選択範囲と重なる領域を選択する	任意の選択ツール（クイック選択ツールを除く）＋Shift＋Alt＋ドラッグ
正円または正方形の選択範囲を作成する（アクティブな選択範囲がない場合）**	Shift＋ドラッグ
選択範囲を中央から作成する（アクティブな選択範囲がない場合）**	Alt＋ドラッグ
正円または正方形の選択範囲またはシェイプを中央から作成する**	Shift＋Alt＋ドラッグ
移動ツールに切り替える	Ctrl（手のひら、スライス、パス、シェイプまたはペンの各ツールが選択されている場合を除く）
マグネット選択ツールからなげなわツールに切り替える	Alt＋ドラッグ
マグネット選択ツールから多角形選択ツールに切り替える	Alt＋クリック
マグネット選択ツールの操作を適用またはキャンセルする	Enter / Esc または Ctrl＋.（ピリオド）
選択範囲と内容のコピーを移動する	移動ツール＋Alt＋選択範囲をドラッグ**
選択範囲を1ピクセルずつ移動する	選択範囲＋右向き矢印、左向き矢印、上向き矢印、下向き矢印*
選択範囲と内容を1ピクセルずつ移動する	移動ツール＋右向き矢印、左向き矢印、上向き矢印、下向き矢印*/**
何も選択されていないときにレイヤーを1ピクセルずつ移動する	Ctrl＋右向き矢印、左向き矢印、上向き矢印、下向き矢印*
認識する幅を増減する	マグネット選択ツール＋[または]
切り抜きを確定または取り消しする	切り抜きツール＋Enter または Esc
切り抜きシールドのオフとオンを切り替える	/（スラッシュ）
分度器を作成する	ものさしツール＋終点から、Alt を押しながらドラッグ
ガイドを定規の目盛りにスナップ（表示／スナップがチェックされている場合のみ）	Shift＋ガイドをドラッグ
ガイドの方向を切り替える	Alt＋ガイドをドラッグ

*Shiftキーを押しながら操作すると、10ピクセルずつ移動します。
**シェイプツールにも適用されます。

■ パスの編集時に使用するキー

目的	ショートカット
複数のアンカーポイントを選択する	パス選択ツール＋Shift＋クリック
パス全体を選択する	パス選択ツール＋Alt＋クリック
パスを複製する	各種ペンツール、パスコンポーネント選択ツールまたはパス選択ツール＋Ctrl＋Alt＋ドラッグ
パスコンポーネント選択、ペン、アンカーポイントの追加、アンカーポイントの削除、アンカーポイントの切り替えの各ツールからパス選択ツールに切り替える	Ctrl
ペンツールまたはフリーフォームペンツールからアンカーポイントの切り替えツールに切り替える（ポインターがアンカーポイントまたは方向点上にある場合）	Alt
パスを閉じる	フリーフォームペンツール（マグネットオプションオン時）＋ダブルクリック
直線のセグメントのパスで閉じる	フリーフォームペンツール（マグネットオプションオン時）＋Alt＋ダブルクリック

■ ペイント時に使用するキー

目的	ショートカット
カラーピッカーから描画色を選択する	ペイントツール＋Shift＋Alt＋右クリックとドラッグ（Macはcontrol＋option＋command＋ドラッグ）
スポイトツールを使用して画像から描画色を選択する	ペイントツール＋Alt、またはシェイプツール＋Alt（パスオプションが選択されている場合を除く）
背景色を選択する	スポイトツール＋Alt＋クリック
カラーサンプラーツール	スポイトツール＋Shift
カラーサンプルを削除する	カラーサンプラーツール＋Alt＋クリック
ペイントモードの不透明度、許容値、強さ、露光量を設定する	ペイントツールまたは編集ツール＋数字（例：0は100％、1は10％、4と5を連続して押すと45％）
ペイントモードのインク流量を設定する	ペイントツールまたは編集ツール＋Shift＋数字
混合ブラシのミックス設定を変更する	Alt＋Shift＋数字
混合ブラシのにじみ設定を変更する	数字キー
混合ブラシのにじみおよびミックスをゼロに変更する	00
描画モードを順番に表示する	Shift＋＋または - (テンキー上のプラスまたはマイナス)、Shift＋; または -（ハイフン）
背景レイヤーまたは標準レイヤーで塗りつぶしダイアログボックスを開く	BackspaceまたはShift＋Backspace（Macはdeleteまたはshift＋delete）
描画色または背景色で塗りつぶし	Alt＋BackspaceまたはCtrl＋Backspace（Macはoption＋deleteまたはcommand＋delete）*
ヒストリーから塗りつぶし	Ctrl＋Alt＋Backspace（Macはcommand＋option＋delete）*
塗りつぶしダイアログボックスを表示する	Shift＋Backspace（MacはShift＋delete）
透明ピクセルをロックオプションのオン/オフを切り替える	/（スラッシュ）
ポイントを直線で結ぶ	ペイントツール＋Shift＋クリック

*Shiftキーを押しながら操作すると、透明部分は保護されます。

■ 描画モードのショートカットキー

目的	ショートカット
描画モードを順番に表示する	Shift＋＋または - (テンキー上のプラスまたはマイナス)、Shift＋; または -（ハイフン）
通常	Shift＋Alt＋N
ディザ合成	Shift＋Alt＋I
背景（ブラシツールのみ）	Shift＋Alt＋Q
消去（ブラシツールのみ）	Shift＋Alt＋R
比較（暗）	Shift＋Alt＋K
乗算	Shift＋Alt＋M
焼き込みカラー	Shift＋Alt＋B
焼き込み（リニア）	Shift＋Alt＋A
比較（明）	Shift＋Alt＋G
スクリーン	Shift＋Alt＋S（MacはShift＋option＋control＋S）
覆い焼きカラー	Shift＋Alt＋D（MacはShift＋option＋control＋D）
覆い焼き（リニア）- 加算	Shift＋Alt＋W
オーバーレイ	Shift＋Alt＋O
ソフトライト	Shift＋Alt＋F
ハードライト	Shift＋Alt＋H
ビビッドライト	Shift＋Alt＋V
リニアライト	Shift＋Alt＋J
ピンライト	Shift＋Alt＋Z（MacはShift＋option＋control＋Z）
ハードミックス	Shift＋Alt＋L
差の絶対値	Shift＋Alt＋E
除外	Shift＋Alt＋X（MacはShift＋option＋control＋X）
色相	Shift＋Alt＋U
彩度	Shift＋Alt＋T
カラー	Shift＋Alt＋C
輝度	Shift＋Alt＋Y
彩度を下げる	スポンジツール＋Shift＋Alt＋D
彩度を上げる	スポンジツール＋Shift＋Alt＋S
シャドウを覆い焼き/焼き込みする	覆い焼きツール／焼き込みツール＋Shift＋Alt＋S
中間調を覆い焼き/焼き込みする	覆い焼きツール／焼き込みツール＋Shift＋Alt＋M
ハイライトを覆い焼き/焼き込みする	覆い焼きツール／焼き込みツール＋Shift＋Alt＋H
モノクロ2階調画像の描画モードを「2階調化」に、他のすべての画像の描画モードを「通常」に設定する	Shift＋Alt＋N

■ テキストの選択および編集用のショートカットキー

目的	ショートカット
画像内でテキストを移動する	テキストレイヤーが選択されている状態で、Ctrl＋文字をドラッグ
左右の1文字、前後の1行、左右の1単語（欧文のみ）を選択する	Shift＋左向き矢印／右向き矢印または下向き矢印／上向き矢印、またはCtrl＋Shift＋左向き矢印／右向き矢印
挿入ポイントからクリックポイントまでの文字を選択する	Shift＋クリック
左右に1文字、上下に1文字、左右に1単語（欧文のみ）ずつ移動する	左向き矢印／右向き矢印、下向き矢印／上向き矢印、またはCtrl＋左向き矢印／右向き矢印
レイヤーパネルでテキストレイヤーが選択されているときに、新規テキストレイヤーを作成する	Shift＋クリック
単語（欧文のみ）、行、段落またはすべての文字を選択する	ダブルクリック、3回連続クリック、4回連続クリック、5回連続クリック
選択した文字のハイライト表示を切り替える	Ctrl＋H

Photoshop CC　主要ショートカットキー一覧

テキストの編集中に変形するテキストの周囲にバウンディングボックスを表示する、またはバウンディングボックス内にカーソルがあるときに移動ツールを有効にする	Ctrl
バウンディングボックスのサイズを変更するときにバウンディングボックス内のテキストのサイズを変更する	バウンディングボックスのハンドルをCtrl＋ドラッグ
テキストボックスの作成中にテキストボックスを移動	スペースバー＋ドラッグ

■ レイヤーパネルのショートカットキー

レイヤーの塗りの部分を選択範囲として読み込む	Ctrl＋レイヤーのサムネールをクリック
現在の選択範囲に追加する	Ctrl＋Shift＋レイヤーサムネールをクリック
現在の選択範囲から一部を削除する	Ctrl＋Alt＋レイヤーサムネールをクリック
現在の選択範囲との共通範囲を選択する	Ctrl＋Shift＋Alt＋レイヤーサムネールをクリック
フィルターマスクを選択範囲として読み込む	Ctrl＋フィルターマスクのサムネールをクリック
レイヤーをグループ化する	Ctrl＋G
レイヤーのグループ化を解除する	Ctrl＋Shift＋G
クリッピングマスクを作成/解除する	Ctrl＋Alt＋G
すべてのレイヤーを選択する	Ctrl＋Alt＋A
表示中のレイヤーを結合する	Ctrl＋Shift＋E
ダイアログボックスを表示して新規の空白レイヤーを作成する	Alt＋新規レイヤーを作成ボタンをクリック
選択中のレイヤーの下に新規レイヤーを作成する	Ctrl＋新規レイヤーを作成ボタンをクリック
一番上のレイヤーを選択する	Alt＋．(ピリオド)
一番下のレイヤーを選択する	Alt＋，(カンマ)
レイヤーパネルのレイヤー選択範囲に追加する	Shift＋Alt＋［または］
1つ上／下のレイヤーを選択する	Alt＋［または］
選択中のレイヤーを1つ上／下に移動する	Ctrl＋［または］
すべての表示レイヤーのコピーを選択中のレイヤーにコピーする	Ctrl＋Shift＋Alt＋E
レイヤーを結合する	結合するレイヤーをハイライトし、Control＋E
レイヤーを一番下または一番上に移動する	Ctrl＋Shift＋［または］
現在のレイヤーを下のレイヤーにコピーする	Alt＋パネルメニューの「下のレイヤーと結合」
現在選択しているレイヤーの上の新しいレイヤーにすべての表示レイヤーを結合	Alt＋パネルメニューの「表示レイヤーを結合」
現在のレイヤー／レイヤーグループと他のすべてのレイヤー／レイヤーグループの表示を切り替える	目のアイコンを右クリック(Macはcontrol＋クリック)
現在のすべての表示レイヤーを表示するまたは非表示にする	Alt＋目のアイコンをクリック
選択中のレイヤーの透明ピクセルのロックまたは最後に適用したロックを切り替える	／(スラッシュ)
レイヤー効果／スタイルのオプションを編集する	レイヤー効果／スタイルをダブルクリック
レイヤー効果／スタイルを隠す	Alt＋レイヤー効果名をダブルクリック
レイヤースタイルを編集する	レイヤーをダブルクリック
ベクトルマスクの有効／無効を切り替える	Shift＋ベクトルマスクのサムネールをクリック
レイヤーマスク表示オプションダイアログボックスを開く	レイヤーマスクのサムネールをダブルクリック
レイヤーマスクの有効／無効を切り替える	Shift＋レイヤーマスクのサムネールをクリック
フィルターマスクの有効／無効を切り替える	Shiftキーを押しながらフィルターマスクのサムネールをクリック
レイヤーマスクと合成チャンネルの表示を切り替える	Alt＋レイヤーマスクのサムネールをクリック
フィルターマスクと合成チャンネルの表示を切り替える	Alt＋フィルターマスクのサムネールをクリック
半透明の赤いレイヤーマスクのオン／オフを切り替える	Shift＋Alt＋¥(円記号)、またはShift＋Alt＋クリック
すべての文字を選択する、文字ツールを一時的に選択する	テキストレイヤーのサムネールをダブルクリック
クリッピングマスクを作成する	Alt＋2つのレイヤーの分割線上をクリック
レイヤー名を変更する	レイヤー名をダブルクリック
フィルター設定を編集する	フィルター効果をダブルクリック
フィルターの描画オプションを編集する	フィルターの描画アイコンをダブルクリック
現在のレイヤー／レイヤーグループの下に新規レイヤーグループを作成する	Ctrl＋新規グループボタンをクリック
ダイアログボックスを表示して新規レイヤーグループを作成する	Alt＋新規グループボタンをクリック
全体または選択範囲を隠すレイヤーマスクを作成する	Alt＋レイヤーマスクを追加ボタンをクリック
全体または選択範囲を表示するベクトルマスクを作成する	Ctrl＋レイヤーマスクを追加ボタンをクリック
全体を隠す、または表示パス範囲を表示するベクトルマスクを作成する	Ctrl＋Alt＋レイヤーマスクを追加ボタンをクリック
レイヤーグループのプロパティを表示する	レイヤーグループを右クリック(Macはcontrol＋クリック)して「グループのプロパティ」を選択するか、グループをダブルクリック
隣接するレイヤーを選択または選択解除する	Shift＋クリック
隣接していないレイヤーを選択または選択解除する	Ctrl＋クリック

■ パスパネルのショートカットキー

パスを選択範囲として読み込む	Ctrl＋パス名をクリック
選択範囲にパスを追加する	Ctrl＋Shift＋パス名をクリック
選択範囲からパスを削除する	Ctrl＋Alt＋パス名をクリック
選択範囲とパスの共通範囲を選択範囲として保持する	Ctrl＋Shift＋Alt＋パス名をクリック
パスを隠す	Ctrl＋Shift＋H
パスを描画色を使って塗りつぶすボタン、ブラシでパスの境界線を描くボタン、パスを選択範囲として読み込むボタン、選択範囲から作業用パスを作成ボタン、新規パスを作成ボタンのオプションを設定する	Alt＋各ボタンをクリック

■ スウォッチパネルのショートカットキー

描画色から新しいスウォッチを作成する	パネル内の空白の領域をクリック
スウォッチカラーを背景色として設定する	Ctrl＋スウォッチをクリック
スウォッチを削除する	Alt＋スウォッチをクリック

■ ファンクションキー

ヘルプを開始する(Macは取り消す／やり直す)	F1
カット	F2
コピー	F3
ペースト	F4
ブラシパネルを表示するまたは隠す	F5
カラーパネルを表示するまたは隠す	F6
レイヤーパネルを表示するまたは隠す	F7
情報パネルを表示するまたは隠す	F8
アクションパネルを表示するまたは隠す	F9 (Macはoption＋F9)
復帰	F12
塗りつぶし	Shift＋F5
選択範囲をぼかす	Shift＋F6
選択範囲を反転する	Shift＋F7

INDEX

― 英数字 ―

1段階進む……………………………………25
1段階戻る……………………………………25
2アップ……………………………………259
2つの写真を自然に合成する……………217
3D…………………………………………168
3D（フィルター）…………………………143
4アップ……………………………………259
Adobe Bridge……………………………278
Adobe RGB…………………………265, 269
BMP形式……………………………………28
Bridge……………………………………278
Camera Raw…………………………82, 186
CMYK………………………………………23
CMYKに変換する……………24, 262, 269
Digimarc…………………………………151
eps…………………………………………28
HUDカラーピッカー………………………65
JPEG形式……………………………28, 273
Lab……………………………………24, 263
pdf…………………………………………29
Photoshop EPS……………………………28
Photoshop PDF形式………………………29
Photoshop形式………………………27, 273
Photoshopによるカラー管理……………270
PNGとしてクイック書き出し……………274
psb…………………………………………139
psd……………………………………27, 273
RGB…………………………………………23
sRGB…………………………………265, 269
sRGBに変換………………………………259
TIFF形式……………………………………29
Webセーフカラー…………………………51
Webデザイン……………………………244
Web用に保存（従来）…………………259, 274
Web用に保存する…………………………274
Web用のRGBプロファイル………………269

― あ ―

アーティスティック………………………143
明るさ……………………………………175
明るさ・コントラスト……………………172
明るさと色を揃える………………………219
アクション…………………………………275
アセット機能で画像を書き出す…………257
アルファチャンネル…………………47, 119
アンカーポイント…………………………93
アンカーポイントの削除…………………96
アンカーポイントの追加…………………95
アンシャープマスク………………140, 277
アンチエイリアス…………………………35
イラストを描く……………………………236
色かぶりを補正する………………183, 184
色の校正…………………………………271
色の設定……………………………………50
印刷の色をシミュレートする……………271
印刷用データを仕上げる順番……………277
インデックスカラー………………………24
ウェットメディアブラシ…………………66
埋め込まれたプロファイルの不一致……267
エフェクトレイヤー………………………136
円形グラデーション……………………205
［鉛筆］ツール……………………………61
オープンパス………………………………93
オプションバー……………………………13

― か ―

階調の縞模様……………………………179
階調を調整する…………………………178
書き出し形式……………………………274
角度のジッター…………………………238
影を描く……………………………220, 222
［カスタムシェイプ］ツール……………100
画像アセット……………………………258
画像解像度……………………………21, 276
画像の書き出し…………………………257
画像を統合…………………………………83
画面上で色をシミュレートする…………271
［カラー］パネル…………………………52
カラーオーバーレイ………………………57
［カラーサンプラー］ツール……………65
カラースペースを変換する……………268
カラー設定………………………………264
カラーハーフトーン……………………232
カラーバランス…………………………184
［カラーピッカー］ダイアログボックス…50
カラーマネージメント…………………263
カラーモード………………………………23
カラフルなブラシ………………………237
カンバスサイズ……………………………22

INDEX 索引

キャリブレーション	272
境界線を調整	46, 209, 215, 218
境界をぼかす	45
曲線から直線を描く	97
曲線を描く	96
切り抜き	83
近似色を選択	45
金属の質感	226
[クイック選択] ツール	40
クイックマスク	117
暗く	175
グラデーション	104
グラデーション状のレイヤーマスク	127
グラデーションで写真を補正	112
グラデーションの形状	105
グラデーションの登録	109
グラデーションの編集	107
グラフィックデザインをつくる	239
クリッピングマスクを作成	252
グレースケール	24
クローズパス	93
[消しゴム] ツール	63
光彩	157
光沢輪郭	162
コーナーポイント	93
互換性を優先	27
刻印の表現	164
[コピースタンプ] ツール	191, 195, 216
[コピーソース] パネル	17
ゴミや不要物を消す	190
[混合ブラシ] ツール	62
[コンテンツに応じた移動] ツール	194
コンテンツに応じる	56, 193
コントラスト	172, 176
コントラストの変更	77

― さ ―

再サンプル	21, 276
サイズのジッター	238
最適化ファイルを別名で保存	259
彩度	180
サブツール	18
サンプルカラー	52
シェイプ	92
シェイプツール	100
シェイプレイヤー	80

色域外の警告	51, 52
色域選択	42
色相・彩度	180
色調補正	81
自動選択	245
[自動選択] ツール	41
シャープ	140, 144
シャープネス	277
シャドウ	154
シャドウ・ハイライト	178
周辺光量補正	198
定規	244
乗算	76
商品に反射をつける	202
[情報] パネル	64
ショートカットキー	279
白黒	185
新規ファイルを作成する	12
スウォッチ	52
[スウォッチ] パネル	52
スケッチ	145
[スタート] ワークスペース	12
スタイルファイルの保存場所	167
スナップショット	26
[スポイト] ツール	64
[スポット修復ブラシ] ツール	190
スマートオブジェクト	82, 137
スマートオブジェクトの編集	139
スマートシャープ	140
スマートフィルター	82, 137
スマートフィルターマスク	138
スマートフォンのWebデザイン	245
スムーズポイント	93
[スライス] ツール	258
スライスを書き出す	258
正円	33
正方形	33
選択ツール	33
選択とマスク	46, 128, 209, 215, 218
選択範囲	32
選択範囲から一部削除	34
選択範囲に追加	34
選択範囲の拡張と縮小	44
選択範囲の境界をぼかす	35
選択範囲を保存	47
選択範囲を拡張	45
選択範囲を調整する	43

選択範囲を滑らかに	44
選択範囲を反転	43
選択範囲をふちどる	44
選択範囲を変形	45
選択範囲を読み込む	47
その他（フィルター）	151
ソフトライト	250

― た ―

[楕円形選択]ツール	33
[多角形選択]ツール	38
ダスト&スクラッチ	141
タブ	13
ダブルトーン	24
[段落]パネル	88
[チャンネル]パネル	119
中心から選択する	33
調整レイヤー	81
調整レイヤーでのレイヤーマスク	129
[長方形選択]ツール	32
直線を描く	58, 94
ツールバー	14
ディスプレイの色	262, 272
ディスプレイのプロファイル	265
テキストレイヤー	80
テクスチャ	146, 161
透明部分	108
トーンカーブ	174
トーンカーブで色補正を行う	177
トーンジャンプ	179
ドキュメントサイズ	21
取り消し	25
ドロップシャドウ	79, 154

― な ―

[なげなわ]ツール	37
ナビゲーションをつくる	255
[ナビゲーター]パネル	17
塗りつぶし	54
[塗りつぶし]ツール	54
塗りつぶしレイヤー	56
ノイズ	141, 146
ノイズを加える	141
ノイズを軽減	196

― は ―

パースに合わせて不要物を消す	192
パースを補正する	197
ハードプルーフ	271
「背景」をレイヤーにする	70
[背景消しゴム]ツール	63
背景色	50
背景をぼかす	212
[パス]パネル	92
[パス]パネル	99
パスから選択範囲やマスクを作成する	122
パスに沿って文字を入力	91
パスを選択範囲として読み込む	99
パスの境界線を描く	99
パスの作成	94
パターン	110
[パターンスタンプ]ツール	111
パターンで塗りつぶす	55
バッチ	275, 278
バニシングポイント	192
パネル	16
パネルの操作	18
パネルメニュー	16
ハロ	179
バンディング	179
ハンドル	96
比較（暗）	112
ピクセレート	147
[ヒストグラム]パネル	173
[ヒストリー]パネル	25
ヒストリー数	26
ビットマップ画像	20
ビデオ	147
非破壊的な切り抜き	83
描画（フィルター）	150
描画系ツール	58
描画色	50
描画モード	76
表現手法	149
ファイルを開いた際のアラート	267
フィルター	134
フィルターギャラリー	135
フィルターの効果	143
複数ファイルに一度にアクションを実行する	275
複数のフィルターを組み合わせる	136

INDEX 索引

不透明度 ... 77
［ブラシ］ツール ... 58
［ブラシ］パネル ... 238
ブラシストローク ... 148
ブラシプリセットピッカー ... 60
［フリーフォームペン］ツール ... 98
プリンタープロファイル ... 270
プリンタで忠実な色を再現する ... 270
ぶれの軽減 ... 199
プロファイル ... 265
プロファイルなし ... 267
プロファイルの指定 ... 266
プロファイルの不一致（ペースト） ... 267
プロファイル変換 ... 266, 268
ベクトル画像 ... 20
べた塗り ... 56, 71
ベベルとエンボス ... 160, 227
［ペン］ツール ... 94
変換後のカラースペース ... 268
変形（フィルター） ... 150
方向ぶれを低減する ... 201
ぼかし ... 142, 148
ぼかし（ガウス） ... 142
ぼかしギャラリー ... 149
ぼかしの焦点距離 ... 213
ぼかし予測領域 ... 200
補色 ... 177
保存形式 ... 27

── ま ──

マーキュリー ... 227
マグネットオプション ... 98
［マグネット選択］ツール ... 39
［マジック消しゴム］ツール ... 63
マスク ... 116
マスクを調整 ... 128
マルチチャンネル ... 24
水玉模様 ... 232
メイン画像をつくる ... 251
メニューバー ... 13
［文字］パネル ... 88
文字の設定 ... 88
文字の変形 ... 89
文字のラスタライズ ... 91
文字を金属質にする ... 226
文字を選択する ... 87

文字を入力する ... 86
モニタプロファイル ... 272
モノクロ2階調 ... 24
モノクロ画像に変換する ... 185

── や・ら・わ ──

やり直し ... 25
［指先］ツール ... 210
ラバーバンド ... 97
立体感の表現 ... 159
履歴 ... 25
輪郭 ... 160, 229
隣接 ... 54
レイヤー ... 68
［レイヤー］パネル ... 69
レイヤーカンプ ... 240
レイヤースタイル ... 78
レイヤースタイルの組み合わせ ... 157
レイヤースタイルのコピー ... 165
レイヤースタイルの登録 ... 166
レイヤーの種類 ... 69
レイヤーのスナップ ... 204
レイヤーの変形 ... 75
レイヤーマスク ... 74
レイヤーマスクで合成する ... 208
レイヤーマスクによる切り抜き合成 ... 123
レイヤーマスクの編集 ... 124
レイヤーマスクを一時的に無効にする ... 125
レイヤーをグループにする ... 73
レイヤーを結合 ... 72
レイヤーを複製する ... 70
レイヤーをリンクする ... 73
レイヤーをロックする ... 72
レーティング ... 278
レベル補正 ... 173
レンズフィルター ... 183
レンズ補正 ... 197
ロゴをつくる ... 248
ワークスペース ... 12
ワークスペースを保存する ... 19
ワープテキスト ... 89
歪曲収差 ... 198
ワイヤーフレーム ... 246

アートディレクション　山川香愛
カバー写真　川上尚見
カバー＆本文デザイン　原 真一朗（山川図案室）
本文レイアウト　加納啓善　白土朝子（山川図案室）
編集担当　和田 規

世界一わかりやすい
Photoshop
操作とデザインの教科書
CC/CS6 対応版

2017年2月5日　初版　第1刷発行
2018年5月6日　初版　第3刷発行

著　者	柘植ヒロポン、上原ゼンジ、吉田浩章、大西すみこ、坂本可南子
発行者	片岡 巌
発行所	株式会社技術評論社 東京都新宿区市谷左内町21-13 電話 03-3513-6150　販売促進部 　　 03-3513-6160　書籍編集部
印刷／製本	共同印刷株式会社

定価はカバーに表示してあります。
本書の一部または全部を著作権の定める範囲を越え、
無断で複写、複製、転載、データ化することを禁じます。
©2017　柘植ヒロポン、マミンカ、吉田浩章、大西すみこ、坂本可南子

造本には細心の注意を払っておりますが、
万一、乱丁（ページの乱れ）や落丁（ページの抜け）がございましたら、
小社販売促進部までお送りください。送料小社負担でお取り替えいたします。
ISBN978-4-7741-8630-6 C3055　Printed in Japan

お問い合わせに関しまして

本書に関するご質問については、右記の宛先にFAXもしくは弊社Webサイトから、必ず該当ページを明記のうえお送りください。電話によるご質問および本書の内容と関係のないご質問につきましては、お答えできかねます。あらかじめ以上のことをご了承の上、お問い合わせください。
なお、ご質問の際に記載いただいた個人情報は質問の返答以外の目的には使用いたしません。また、質問の返答後は速やかに削除させていただきます。

宛先：〒162-0846
東京都新宿区市谷左内町21-13
株式会社技術評論社
書籍編集部
「世界一わかりやすいPhotoshop
操作とデザインの教科書
CC/CS6対応版」係
FAX:03-3513-6167

技術評論社Webサイト
http://gihyo.jp/book/

なお、ソフトウェアの不具合や技術的なサポートが必要な場合は、
アドビシステムズ株式会社　Webサイト上のサポートページを
ご利用いただくことをおすすめします。

アドビシステムズ株式会社　アドビサポート
http://helpx.adobe.com/jp/support.html

著者略歴

柘植ヒロポン (Hiropon Tsuge)
Lesson 01、03、05、06、08

グラフィックデザイナー。横浜美術大学 美術学部 美術・デザイン学科 非常勤講師。デザイン関連の書籍の企画、レイアウト、執筆を多数手がける。近著に『やさしい配色の教科書』（エムディエヌコーポレーション）がある。

上原ゼンジ (Zenji Uehara)
Lesson 02、04、15

実験写真家。色評価士。「宙玉レンズ」「手ぶれ増幅装置」などを考案。写真の可能性を追求している。また、カラーマネージメントに関する執筆や講演も多く行っている。著作『改訂新版 写真の色補正・加工に強くなる～Photoshopレタッチ＆カラーマネージメント101の知識と技』（技術評論社）、『こんな撮り方もあったんだ！アイディア写真術』（インプレスジャパン）など多数。
http://www.zenji.info/

吉田浩章 (Hiroaki Yoshida)
Lesson 07、10、11、12

パソコン雑誌やDTP雑誌の編集に関わったのちフリーランスのライターに。実際のDTP作業における画像のハンドリングと、もともとの写真好きがきっかけでPhotoshopにのめり込む。Photoshop、デジタルカメラ、デジタルフォトなどについての記事を多く手がける。

大西すみこ (Sumiko Onishi)
Lesson 09、13

ポストカード・書籍装丁・パンフレット・ロゴなどのグラフィックザイン全般とイラストを制作。他にPhotoshop・Illustrator・Painter・GIMP・Inkscapeといったグラフィックソフトや、デジタルカメラの楽しい使い方を解説した記事や単行本も執筆。

坂本可南子 (Kanako Sakamoto)
Lesson 14

Web制作会社で4年、フリーランスで1年半経験を積み、その後Webサービスの会社でUI/UXデザイナーに。Webサイトやアプリのグラフィックデザイン、UI/UX設計などのデザイン全般に携わっている。Archという個人ブログでWeb制作に関する情報を発信中。著書に『おしゃれなWebサイトテンプレート集』（技術評論社、共著）。
Arch◆http://www.ar-ch.org/